交通职业教育教学指导委员会推荐教材
高职高专院校公路监理专业教学用书

高等职业教育规划教材

监理概论

jianli Gailun

主编　　陈方晔
主审　　夏连学

人民交通出版社

内 容 提 要

本书是高等职业教育规划教材，由交通职业教育教学指导委员会路桥工程专业指导委员会组织编写。全书共六章，内容包括：工程监理的基本概念、监理阶段的划分、工程质量保证体系、监理组织机构、监理单位的选择、工程监理的主要内容（五控制二管理一协调），也可作为工程监理规划性文件的编写等。

本书是高职高专院校公路监理专业教学用书，也可供相关专业教学使用，或作为有关专业继续教育及职业培训教材，也可作为公路工程技术人员学习参考用书。

图书在版编目（CIP）数据

监理概论/陈方晔主编. --北京：人民交通出版社，2007.2

ISBN 978-7-114-06385-5

Ⅰ. 监… Ⅱ. 陈… Ⅲ. 建筑工程 - 监督管理 Ⅳ. TU712

中国版本图书馆 CIP 数据核字（2007）第 009965 号

书　　名：监理概论
著 作 者：陈方晔
责任编辑：曹延鹏
出版发行：人民交通出版社股份有限公司
地　　址：（100011）北京市朝阳区安定门外外馆斜街 3 号
网　　址：http://www.ccpress.com.cn
销售电话：（010） 59757973
总 经 销：人民交通出版社股份有限公司发行部
经　　销：各地新华书店
印　　刷：北京市密东印刷有限公司
开　　本：787×1092　1/16
印　　张：14.25
字　　数：350 千
版　　次：2007 年 3 月第 1 版
印　　次：2020 年 12 月第 10 次印刷
书　　号：ISBN 978-7-114-06385-5
定　　价：26.00 元
（有印刷、装订质量问题的图书由本社负责调换）

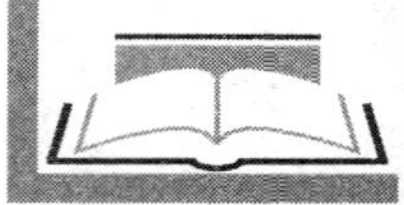

交通职业教育教学指导委员会
路桥工程专业指导委员会

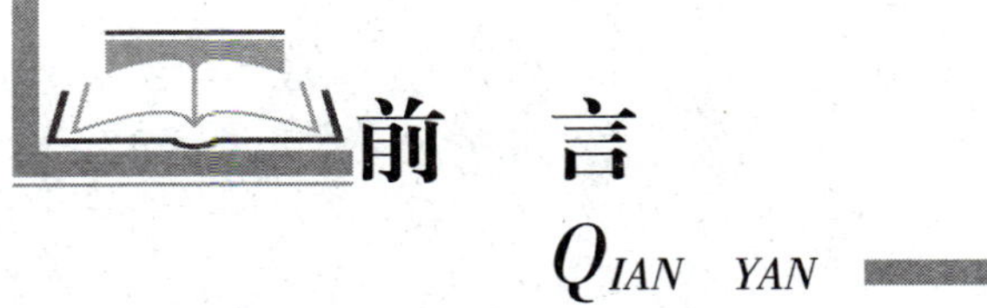

前 言

QIAN YAN

为深入贯彻落实《高等教育面向21世纪教学内容和课程体系改革计划》，按照教育部“以教育思想、观念改革为先导，以教学改革为核心，以教学基本建设为重点，注重提高质量，努力办出特色”的基本思路，交通职业教育教学指导委员会路桥工程专业指导委员会在总结道路桥梁工程技术专业教学文件编制及其教材编写工作经验的基础上，又组织开发了相关专业的教学指导方案及部分专业教材，其中包括三年制高职高专院校公路监理专业教学指导方案及7门课程的规划教材。

公路监理专业教材依据教育部对高职高专人才培养目标、培养规格、培养模式及与之相适应的知识、技能、能力和素质结构的要求进行编写，并融入了全国交通类高职高专院校公路监理专业的教学改革成果，紧密跟踪我国公路监理技术的发展，采用了最新的行业技术标准、规范、规程，具有较强的针对性。教材编写中全面贯彻素质教育思想，力求体现以人为本、注重知识实用性的现代职业教育理念，从交通行业岗位群对人才的知识结构和技能要求出发，结合对培养学生创新能力、职业道德方面的要求，提出教学目标和教学内容，在教材的理论体系、组织结构、内容描述上与传统教材有了明显的区别。

《监理概论》是高职高专院校公路监理专业规划教材之一，内容包括：工程监理的基本概念，监理阶段的划分，工程质量保证体系，监理组织机构，监理单位的选择，工程监理的主要内容，工程监理规划性文件的编写。

参加本书编写工作的有：湖北交通职业技术学院陈方晔（编写第一、二、五章）、杨太秀（与陈方晔共同编写第三章），广西交通职业技术学院仇益梅（编写第四章），云南交通职业技术学院赵友松（编写第六章），全书由陈方晔担任主编，河南交通职业技术学院夏连学担任主审。

本套教材是路桥工程专业指导委员会委员及长期从事公路监理专业教学与工程实践的教师们工作经验的总结。但是，随着各项改革的逐步深入，书中难免有不妥之处，敬请广大读者批评指正。

本套教材在编写过程中得到了交通职业教育教学指导委员会的关心与指导，全国各交通职业技术学院的领导也给予了大力支持，在此，一并向他们表示诚挚的谢意。

交通职业教育教学指导委员会

路桥工程专业指导委员会

2006年11月

目　录

MULU

第一章

绪　论

教学要求

1. 描述我国公路建设概况、建设规划；
2. 描述我国公路监理概况；
3. 分析我国推行工程监理制度的必要性；
4. 描述公路工程基本建设程序；
5. 描述工程监理的依据、范围和内容；
6. 描述各监理工作阶段的工作内容。

● 第一节　我国公路建设概况 ●

一、公路发展史

早在公元前2000年前，我国就有了可以行驶牛车、马车的道路。秦始皇统一六国后，大修驰道，颁布“车司轨”法令，使得道路建设得到一个较大的发展。

上世纪初(1902年)，汽车传入我国，通行汽车的公路开始缓慢发展起来。从1906年在广西友谊关修建第一条公路开始，到1949年年底，全国公路通车里程仅有8.1万公里。

中华人民共和国成立以后，为了迅速恢复和发展国民经济，巩固国防，国家对公路建设做出了很大的努力，取得了显著成就。特别是改革开放后的十几年来，公路建设的发展尤为迅速。

1978年年底，全国公路通车里程达88万公里。1994年年底，公路通车里程达到110万公里，并实现了县县通公路，97%的乡及78%的村通了汽车。截止到2006年年底，我国公路通车总里程达到了348万公里(包括从2006年开始纳入统计的155万公里村道)。

我国高速公路建设也非常迅速，从1990年第一条高速公路(沈大高速公路)建成通车后，截止到2006年年底，我国高速公路总里程达4.54万公里，仅次于美国，居世界第二位。

二、公路现状分析

新中国成立后，特别是改革开放以来，我国公路建设取得了巨大成就，但是与发达国家相比，差距仍然很大；与国内其他工业相比，仍相对滞后，远不能满足新形势下对公路运输的要

求。归纳起来,还存在如下几方面的问题:

1. 公路数量少,通达深度不够

1)公路通车总里程少

2006 年年底,我国公路通车里程虽然已达 348 万公里,但是其中包括了 2006 年才纳入统计的 155 万公里村道,与公路建设水平高的国家相比,相差仍然较大。如美国公路通车总里程为 631 万公里。

2)公路密度低

公路密度指每百平方公里国土面积拥有的公路里程数。由于我国公路里程少、密度低、通达深度不够,很多地区的经济发展仍受到制约。

2. 路网等级低、路面质量差、标准低

在通车里程中,二级以上的公路,占公路总里程的比例还较低,等级外公路还占有比较大的比例。高级、次高级路面里程占公路总里程的比例仍然很低,而且,有的公路防护设施不全,抗灾能力很差。据统计,每年水毁公路造成的经济损失就达几亿元。

当前最突出的问题是公路建设发展速度跟不上经济发展的速度,也跟不上交通量发展的速度。据统计:我国干线公路有 50% 的路段,其交通量都在 2000 辆/昼夜以上,处于超负荷运行状态。

3. 发展不平衡

东西部差距较大,平原区与山区差别大。公路密度各省市差距大,上海、天津、北京、海南、广东、江苏公路密度相对较大,而相对较低的有西藏、青海、新疆、内蒙古、甘肃等。

4. 通行能力低

通行能力大、运营效益高的公路主骨架尚未形成。由于我国二级以上公路所占比重较小,在公路几何条件、交通组成和汽车行驶环境等条件影响下,公路通行能力普遍偏低。

5. 公路服务水平低

公路服务水平是由汽车行驶速度、交通密度、交通中断情况、车辆行驶舒适度等来衡量的。总体上看,我国的公路服务水平还较低,还不能完全达到人民群众对公路运输服务水平的要求。

三、发展规划

1. 发展方向

由于我国公路总量仍然偏少,今后很长一段时间还必须坚持提高公路质量、等级与加大公路密度并重的原则,积极建设新公路,沟通断头路,加速国道主干线高速公路网建设与旧路的技术改造。

2. 发展规划

从 20 世纪 80 年代末开始,在“五纵七横”国道主干系统规划的指导下,我国高速公路从无到有,实现了持续、快速和有序的发展。特别是 1998 年以来,国家实施积极的财政政策,加大了包括公路在内的基础设施建设投资力度,高速公路建设进入了快速发展期,年均通车里程超过 4000km。高速公路的快速发展,极大地提高了我国公路网的整体技术水平,优化了交通

运输结构,对缓解交通运输的"瓶颈"制约发挥了重要作用,有力地促进了我国经济发展和社会进步。

2004年年底,交通部推出了新一轮国家高速公路网规划。我国将建成布局为"7918"的高速公路网络,即7条射线、9条纵线、18条横线,总里程约8.5万公里。规划的国家高速公路网将连接所有现状人口在20万以上的319个城市,包括所有的省会城市以及港澳台。规划中,东部地区平均半小时可上高速,中部地区平均1小时上高速,西部地区平均2小时上高速。

此外,国家高速公路网还包括辽中环线、成渝环线、海南环线、珠三角环线、杭州湾环线、台湾环线共6条环线,2段并行线和35条联络线。

1)7条北京放射线

北京—上海(1245km)
北京—台北(1973km)
北京—港澳(2387km)
北京—昆明(2865km)
北京—拉萨(3733km)
北京—乌鲁木齐(2582km)
北京—哈尔滨(1280km)

2)9条南北纵线

鹤岗—大连(1394km)
沈阳—海口(3711km)
长春—深圳(3618km)
济南—广州(2110km)
大庆—广州(3460km)
二连浩特—广州(2685km)
包头—茂名(3132km)
兰州—海口(2577km)
重庆—昆明(838km)

3)18条东西横线

绥芬河—满洲里(1523km)
珲春—乌兰浩特(887km)
丹东—锡林浩特(960km)
荣成—乌海(1880km)
青岛—银川(1601km)
青岛—临汾(920km)
连云港—霍尔果斯(4286km)
南京—洛阳(712km)
上海—西安(1490km)
上海—成都(1960km)
上海—重庆(1898km)
杭州—瑞丽(3405km)
上海—昆明(2336km)
福州—兰州(2488km)
南昌—南宁(1250km)
厦门—成都(2307km)
汕头—河池(1029km)
广州—昆明(1610km)

在2013年6月20日,交通运输部在国务院新闻办举行的新闻发布会上正式公布了《国家公路网规划(2013年—2030年)》,在新的规划里国家高速公路网进一步完善,在西部增加了两条南北纵线,成为"71118"网,规划总里程增加到了11.8万公里,如图1-1所示。

图1-1 国家高速公路网布局方案

•第二节 我国公路监理概况•

一、中国历史上的监工制度

在我国封建社会里，建设活动大体可分为两类：一是官府组织的建设活动，二是民间的建设活动。民间的建设活动，多为个人建房，一般是砖木结构、茅草或泥瓦盖顶，施工时多为互助性质，不取报酬。在封建社会中后期，砖瓦匠、木匠、石匠等手艺工匠有报酬，而一般壮工则没有。由于当时建筑规模小、工程简单，建筑材料由业主自己备办，施工的管理与监督也由业主自己负责。官府的建设活动多为宫殿、防御工事、陵墓、道路、水利工程等，靠行政力量强制征调工匠施工，建造过程中虽然有官吏负责组织设计与施工活动，但主要靠刀枪棍棒进行监督，工匠只得工食，无任何报偿，如秦始皇遣刑徒 70 万修筑长城等。

这一时期的建筑活动带有浓厚的封建色彩和小生产方式色彩。民间的建设活动，具体由请来的工匠负责，业主的监督并不重要；官府的建设活动，实行的是奴役式监督，施工中不计成本，不讲核算，监督的重点是迫使工匠干活，保证质量。如明十三陵中的定陵，耗资 800 万两白银，而当时一年的全国财政总收入却仅为 400 万两白银。

随着商品经济的发展，到封建社会后期，资本主义生产方式开始萌芽，建设活动中出现了具有商品色彩的包工制度。业主将修建工程作价包给一个工匠，由这个工匠独自或另找合伙人一起施工。这样一种经济关系，使得业主对施工过程的监督变得越来越重要。

1840 年鸦片战争以后，随着帝国主义列强侵入中国，一些资本主义的生产方式开始传入我国，使我国建设活动的经营管理体制发生了很大的变化。由中国人自营或与外国人合营的承揽建筑工程业务的营造厂相继成立，逐渐形成了土建工程承包业。与此同时，设计与施工进一步分离，出现了专营设计的建筑师事务所。业主营造工程，先请事务所的建筑师进行设计，设计完成后刊登招标启事，凡愿意承包的营造厂均可投标，建筑师便帮助业主进行比较优选，营造厂选定后，业主就与之签订工程承包合同。

施工开始后，涉及建筑工程的各方都派监工员。首先，业主对工程的进度、质量最关心，要派监工驻地现场；其次，建筑事务所关注营造厂是否认真执行设计要求，达到设计意图，也派出监工；营造厂是工程的营造者，为维护本身的利益，厂部和工地都派有监工，另外工部局、工务局等管理城市建设的部门也要派出监工人员。业主的监工往往委托事务所监工代行职权，其他三种监工也都对施工过程行使监督权，只是各自角度不一，所起的作用也不同。如钢筋绑扎好浇注混凝土前，需要经建筑事务所监工、营造厂现场监工、政府部门监工一一查验，符合设计要求方可以继续施工。在施工的监督过程中，事务所监工的权力很大，如营造厂未能按期完成规定的工程进度，事务所监工则不予签发领款证书；确需增加造价时，必须由业主、事务所建筑师及营造厂三方会签“工程更改证书”。

解放前，工程营造中的这套监工制度，虽弊端累累，但对监督工程进度、质量和造价起到了一定的作用。

二、建国以来工程监督方式的变化

新中国成立以后，社会主义公有制迅速占领了国民经济主导地位，工程建设的目的是为了建立完整的工业体系和国民经济体系，不断改善人民的物质文化生活。工程建设各参与者的根本利益形成一致，建设活动中监督的性质有了转变，监督方式也在不断地完善和发展。50余年来，我国建设领域的广大职工对国民经济的建设做出了巨大贡献，但回顾50余年来我国建设事业的发展历程，其中也有许多经验和教训值得认真总结。

1.20世纪70年代末，政府部门的单向行政监督和施工单位的自我监督

建国后的前30年期间，我国实行高度集中的计划经济体制，形成了一种自然经济色彩浓厚的工程建设管理格局。在工程建设的具体实施中，由于工程费用实报实销，不计盈亏，不讲核算，工程建设各参与方关注的重点是工程进度和质量。为了保进度，不惜投入大量人力，采用兵团式的人海战术。而对工程质量的保证又主要依据施工单位的自我监督。因此，我国在工程质量的监督方面有许多经验教训。

1977～1979年，为了改变屡受冲击的工程质量状况，国家有关部门颁发了《关于保证基本建设工程质量的若干规定》，明确要求设计单位把好设计质量关；对施工企业要求建立技术岗位责任制，建立健全质量检查机构；要求各省、市、自治区定期开展工程质量大检查，引进政府监督工程质量的机构，以保证工程质量。

2.20世纪80年代前期，政府的专业质量监理监督与企业自检相结合

20世纪80年代以后，我国进入了改革开放的新时期，工程建设活动发生了一系列重大变化，这些变化使得原有的工程建设管理方式和体制模式越来越不适应发展的要求。当时建筑市场混乱，出现了无证设计、无图施工、盲目蛮干等现象。另外，施工企业自评自报的工程质量合格率、优良率严重不准，水分很大。这些都迫切需要建立严格的外部监督机制，形成企业内部保证和外部监督认证的双控体制。为适应这种要求，1983年我国开始实行工程质量监督制度。1984年9月国务院颁发的《关于改革建筑业和基本建设管理体制若干问题的暂行规定》，明确提出了改变工程质量监督制度，建立有权威的工程质量监督机构。交通部也于1987年10月成立了交通部基本建设工程质量监督总站，并颁发了《交通部基本建设工程质量监督管理暂行办法》的通知，各省、市、自治区的交通部门也相应地建立了工程质量监督站。1992年6月10日，交通部颁布《公路工程质量监督暂行规定》，废止了原《交通部基本建设工程质量监督暂行办法》，2005年5月8日，交通部颁布了《公路工程质量监督规定》，取代了原《公路工程质量监督暂行规定》经过几年的努力，政府对工程质量的监督工作取得了很大的发展，带来了明显的成效。

工程质量监督制度的建立，标志着我国的工程建设监督由原来的单向行政监督向政府专业质量监督的转变，由仅仅依靠企业自检自评向第三方认证和企业内部保证相结合的转变。这种转变使我国工程建设监督方式向前迈进了一大步。

3.20世纪80年代中后期监理制度的萌芽与发展

随着改革的不断深化和社会主义市场经济的发展，20世纪80年代中后期，出现了一种对工程建设活动更全面、更完善的管理方式，即工程监理制度。最早应用这一制度的是利用世界银行贷款的鲁布革水电站引水工程，而首次应用工程监理制度的公路工程项目是陕西省的西安—三原一级公路建设工程。

1988 年上半年，随着我国土木建筑行业管理体制的深化改革和按照国际惯例组织工程建设的需要，国务院做出了土木建筑领域中实施工程监理的决定。其后，国务院建设、交通、铁道、原能源等部委和各省、市、自治区有关部门就工程监理的推广实施做了大量、细致的工作。

（1）多次邀请国外、境外有关专家来华讲学，并派出有关人员出国考察，举办工程监理研讨班，通过对工程监理的有关理论、政策和实际工作问题的充分研讨和论证，理清了工程监理的思路。

（2）有关高等院校在有关部委的委托下，积极抽调教师编写教材，举办多种形式的监理工程师培训班，迅速培养了一大批中国的监理工程师，担负起了工程监理的重大任务。

（3）国务院有关部委和各省、市、自治区有关部门就工程监理制度的实施、监理单位的资格审批和监理工程师的注册，制订了相应的政策和规定。

（4）在积极、慎重地进行工程监理试点工作的同时，迅速扩大了工程监理的覆盖面。

三、国内公路工程监理现状

在国务院提出土木工程建筑行业中实施工程监理制度之前，交通部已经在利用世界银行贷款建设的西安—三原一级公路和京津塘高速公路上实施了工程监理，这两个工程中取得的经验和教训对我国公路工程监理的实施有巨大的影响和推动作用，因而交通部将其作为全国实施工程监理的首批试点单位之一。

交通部在总结全国各地的经验和教训的基础上，于 1989 年 4 月提出了《公路工程施工监理暂行办法》。

为了更好地指导、监督公路工程监理制度健全地实施，交通部于 1989 年 6 月组建了交通工程建设监理总站。建站以来，监理总站做了大量深入细致的工作，并且适时地制订有关规定和办法（见附件Ⅱ），指导公路工程监理制度的正确实施，如 1992 年 5 月制订了《公路工程施工监理办法》，同时废止了 1989 年 4 月制订的《公路工程施工监理暂行办法》。2006 年 11 月 2 日发布了中华人民共和国行业标准《公路工程施工监理规范》（JTG G10—2006），同时废止了原《公路工程施工监理规范》（JTJ 077—95）。1997 年 9 月 15 日交通部颁布了《公路工程施工监理合同范本》等有关法规，初步建立了一套符合我国公路工程实际情况、结合国际惯例的监理工程师制度。这个制度的核心，就是把公路工程施工活动中的各项管理工作交给监理工程师单位，树立其在项目管理和监督中的权威，对质量、计划、支付、变更、索赔等方面，用技术、经济和合同手段全面实行监督管理，对工程支付有签认权和否决权，从而控制项目施工过程，保证合同履行。该制度既符合国际惯例，又考虑了公路行业的现行体制。实践使人们认识到，推行工程施工监理制度是对内深化改革、对外继续开放的需要；是提高施工企业素质，使其尽快走向世界市场的需要；同时，也对公路行业治理整顿起到了很好的促进作用。

公路工程施工监理制度，以国际通用的 FIDIC 土木工程合同为基础，形成了建设单位、承建单位、监理单位三方相互制约、以监理单位为核心的管理模式。这种模式与国内传统做法相比较，一是建设各方的权利、义务和责任更为合理、明确，有利于建设各方克服随意性，增强合同意识，提高管理水平；二是突破了建设单位"自编、自导、自演"的小生产管理方式的局限，有利于积累经验，促进建设项目管理向专业化、社会化方式转变；三是突出监理单位的管理作用，有利于减少甲乙双方的扯皮纠纷，促使建设活动顺畅进行。公路工程监理制度不仅保证了生产要素的合理配置，促进了生产力的发展，为社会提供了优质工程，而且促使了建设各方观念、职能和行为机制的变化。建设主管部门由单纯靠行政命令、事无巨细一手抓的做法，向充分利用经济手段、支持监理工程师的工作方面转变，以往的行政干预变成了有效的协调服务；建设单位由“自筹、自建、自管”方式，向委托监理工程师组织建设转变，其职能集中在选择承包商、创造外部协作条件、筹集资金、及时支付工程款等方面；承建单位由以往习惯于依赖上级行政命令、合同意识淡薄，向严格履行合同转变，在监理制度面前，由不适应到适应，自身的素质和管理水平也有很大的提高。

经过不断的努力，公路工程施工监理工作已取得了初步的成效。这套制度的引入，改变了多年来一些公路工程建设中存在的管理松懈、质量低劣、工期没有保证、投资一超再超等放任自流的局面；开始在制度上建立起一种比较科学的制约机制，工程管理逐步从单纯依靠行政手段向信合同、守程序、讲科学的依法管理过渡。由各方面技术人员组成相对稳定的监理工程师队伍，也逐步成长壮大，发挥了日益重要的作用，并逐步起到项目管理中心的作用。在建立和推行监理制度的同时，主管各地公路行政的建设单位，也陆续自觉地转变着自己的职能，开始从大包大揽介入工程管理事务中解放出来，注重在大政方针上、宏观决策上发挥政府机关的职责和作用。凡在有监理工程师的项目上，施工企业也受益匪浅。企业管理者认识到，在这套监理制度下，队伍更好带了，许多过去没人认真执行的内部规章制度，如今都能自觉地做到了。近几年我国公路尤其是高等级公路工程的质量不断提高就能充分说明这一点。在施工中实行国际惯例监理工程师制度的京津塘高速公路，于 1990 年 9 月亚运会前开通了 75km。中外专家高度称赞其工程质量，认为达到了国内公路施工的最高水平，反映了中国的现代化筑路技术和严格的工程管理水平。我国里程最长的沈大高速公路施工 5 年，其间工程监理制度不断完善和改进，监理工程师在现场有职有权。特别是从 1986 年以来，沈大公路学习借鉴国际惯例，把工程支付的否决权交给了监理工程师，使工程质量和财务支付通过监理工程师实现挂钩，使沈大高速公路的工程质量不断提高，达到了当地公路工程质量的最佳水平。以后建成的成渝高速公路、济青高速公路等特大公路项目，均采用监理工程师制度，工程质量良好，管理井然有序，受到世界银行专家和中方同事的广泛好评。

交通部在积极推行公路工程监理制度的同时，继续加强法规制度的建设，完善质量监督机制，加强对工程质量的监督管理，进一步加强对监理工作和监理市场的管理；并且极为重视监理工程师的培训工作，打开了试验检测管理工作的局面；积极组织在建工程质量大检查，推行对外技术交流活动。

随着我国公路建设的蓬勃发展，公路工程监理制度将日臻完善。

•第三节　推行工程监理制度的必要性•

一、工程监理

1. 基本概念

工程监理是指监理人员依据监理合同对工程质量、安全、环保、费用、进度等实施的监督和管理活动。

工程监理是对工程建设有关活动的“监理”，是一项目标性很明确的具体行为，它有巡视、检查、评价、控制等从旁纠偏、督促目标实现的意思。它不同于一般的监督管理，而是以严密的制度构成为显著特征的综合管理行为。工程监理通过对工程建设参与者的行为进行监控、督导和评价，并采取相应的管理措施，保证工程建设行为符合国家法律、法规和有关政策，制止建设行为随意性和盲目性，促使工程建设费用、进度、质量按计划（合同）实现，确保工程建设行为的合法性、科学性、合理性和经济性。

2. 与工程监理有关的行为主体

建设单位：又称业主，在招标阶段则称“招标单位”。它是指某项工程的投资者或资金筹集者，并在工程建设的前期、实施阶段对工程建设的费用、进度、质量等重大问题有决策权的国有单位、集体单位或个人。

承建单位：又称承包单位或承包方，在招标阶段则称“投标单位”，中标后称为“中标单位”。它是指通过投标或其他方式取得某项工程的施工权，材料、设备的制造、供应权，并和建设单位签订合同，承担工程费用、进度、质量责任的单位或个人。

监理单位：是指具有法人资格并取得交通主管部门颁发的公路工程施工监理资质证书的企业。监理机构由监理单位派出并代表监理单位履行监理合同的现场监理组织。监理工程师是监理机构中具有交通部核准的公路工程监理工程师或专业监理工程师资格人员的统称。

二、工程监理中各方的关系

工程监理活动涉及到建设单位、承包单位和监理单位。建设单位和承包单位是合同关系；监理工程师（单位）和承包单位没有合同关系，而是监理与被监理的关系，这种关系由建设单位与承包单位所签订的合同所确定；建设单位和监理单位之间是委托合同关系。

工程建设过程中，三者之间的关系归纳如下：

业主和监理工程师：委托与被委托关系，通过监理委托合同确定，监理工程师代表业主利益工作。业主不得随意干涉监理工程师的工作，否则为侵权违约。监理工程师必须保持公正，不得与承包方有经济联系，更不能串通承包方侵犯业主利益，否则业主将利用法律手段，使监理工程师离开。

业主和承包方：通过合同确定的经济法律关系，业主将工程发包给承包方，承包方按合同的约定完成工程，得到利润，违约者要赔偿对方损失。

监理工程师和承包方：监理与被监理的关系，这个关系在业主与承包方签订的合同中予以明确。在监理过程中，监理工程师代表业主利益工作，但也要维护承包方的合法利益，正确而公证地处理好工程变更、索赔和款项支付。若监理工程师的行为不是公正的，承包方可以向有关部门申诉，使监理工程师离开。

需要特别强调的是，作为行使政府监督职能的各级质量监督部门（交通部基本建设质量监督总站，各省、市自治区质量监督站等）在整个建设活动中将对上述三者实施强有力的监督，四方之间的关系如图 1-2 所示。

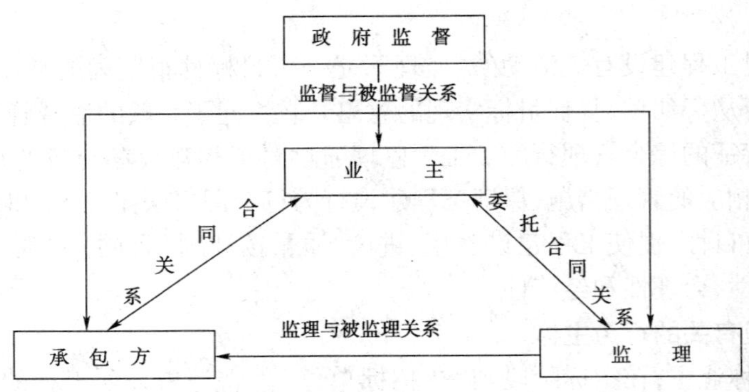

图 1-2　工程建设中四方的关系

三、工程监理的必要性

新中国成立以来,我国的经济体制可分为两个阶段:建国到十一届三中全会的前 30 年为高度集中的计划经济体制,十一届三中全会以后则为逐步建立、完善社会主义市场经济体制的阶段。

高度集中的计划经济体制曾在实现国家的政治统一、集中力量建设工业化基础和发展国民经济等方面起到过不可抹杀的重要作用,但也不能不看到这种经济运行机制存在着严重的缺陷,即:

(1)所有制形式过于单一;

(2)权力过分集中;

(3)分配上的平均主义;

(4)忽视商品经济和价值规律的作用;

(5)党政职能不分;

(6)民主和法制建设不够;

(7)官僚主义严重存在。

随着生产力的发展,上述种种缺陷越来越清楚地显露出来,乃至严重地阻碍了社会生产力的发展,经济体制的改革势在必行。十一届三中全会以后,我国实施了改革开放的政策,高度集中的计划经济体制正在被社会主义市场经济的体制所代替。

不同阶段的经济体制决定了该体制下工程建设的不同特点。

第一阶段工程建设的特点可归纳为:

(1)投资的主体是国家;

(2)建设单位自行组织筹建机构管理投资拨款、准备材料、进行设备订货,负责施工监督管理;

(3)设计、施工任务由国家分配给勘测设计单位和建筑施工企业;

(4)物随钱走,主要材料、设备由国家按计划供应;

(5)建筑物是由国家无偿分配调拨的“产品”。

第二阶段工程建设的特点则转变为:

(1)投资主体成为国家、企业、个人多元化;
(2)建设方式向承包和设计、施工一体化转变;
(3)向企业投标承揽转变;
(4)变为计划供应和市场供应双轨制;
(5)建筑物由“产品”向“商品”转化。

经过十年“文革”对20世纪50年代各项管理制度的批判和否定,“文革”后的公路工程施工管理基本上变成了施工单位自己管理所承建工程的模式。尽管在“文革”后,国家也采取诸如推行全面质量管理(TQC)等措施,以加强施工单位的内部管理水平,但基本模式没有改变。利用行政手段加强施工单位内部管理,是我国高度集中的计划经济体制下采用的主要办法。在当时的历史条件下,这种单纯行政手段是比较有效的。但是随着我国改革开放的深化与拓展,公路工程中出现了一些用单纯行政手段不可能完全有效地解决的难题。这些问题在高等级公路的建设中反映得尤为突出。

在社会主义市场经济体制下,公路工程尤其是高等级公路和大型桥梁的建设打破了传统的指令性安排施工任务的旧体制,逐步引入竞争机制、进入市场竞争,实行招标投标。公路施工单位逐步实行可自负盈亏、自主经营的企业化管理,施工企业不再是单纯从属于国家行政机关的“施工单位”,而是作为独立法人的企业,具有可能与国家长远利益并不一致的企业短期、直接利益。在这种情况下,应该采取怎样的手段和办法,来制约竞争中各方行为,约束企业自身行为和利益,保证以最优的效果实施工程,改变以往常常出现的“投资无底洞、工期马拉松、质量无保证”的情况,是摆在公路建设、管理者面前的重大课题。

党的十二大后,交通、能源、通信建设成为国家建设的重点,国家采取了多种政策扶助公路事业的发展,公路建设资金由单一的国家投资向多元化发展。采取多方集资、利用贷款等措施来扩大财源,使我国公路建设资金有了一个比较稳定的渠道。利用世界银行贷款后,必须采用国际惯例的监理工程师制度。这套制度与多年来我国实行的施工单位内部质量监督制度完全不是一个概念,用好来之不易的建设资金,争取各方面尤其是国际金融组织对我国建设事业的支持,是国家长远利益的要求,是我国坚持改革开放的需要。但在现行公路工程管理体制下实行国际惯例的管理办法,就必须解决许多突出的矛盾。

改革开放以来,我国公路建设行业在国外承揽的经济援助项目比重下降,新承建的绝大多数工程都是通过竞争性投标中标的承包项目。习惯于传统管理方式的国内施工企业进入国际市场后,立刻表现出诸多不适应的情况,竞争力下降,管理水平跟不上,工程中出现很多问题。其中很主要的原因,就是不适应国外承建项目中监理工程师充分利用经济、技术、法律等多种科学手段严格管理工程及承包行为的一套管理办法。一旦投入了国际竞争性招标,各种旧体制下的弊病集中暴露出来,质量、进度、劳动生产率、遵守合同等方面均不能与国际上一些知名公司相比,国外市场相应萎缩,压力很大。我国的公路工程施工队伍要冲出亚洲,走向世界,要在激烈的国际竞争中站住脚,必须改进传统的管理方法,提高队伍素质。

随着国家在建筑行业中积极推行工程监理制度,公路工程监理工作取得了很大的成绩。近年来,如西安—三原一级公路、京津塘高速公路等一些利用世界银行贷款的公路工程,率先实行了工程监理制度,随后其他利用世界银行、其他国际金融组织贷款和国内资金修建的大中型公路工程和独立大桥中工程监理制度得到推广实施。受到监理的工程一般都取得了降低造价、控制投资、加快工程进度等成效。监理工程师拥有按照实际验收的工程质量和数量签署工程款支付等权力，可以使施工单位自行约束施工操作的随意行为，不敢对工程质量稍有疏忽。同时监理工程师常驻现场，帮助施工单位改善施工管理，对所使用的设备、材料把关，达不到质量标准的不准进入下道工序。这种严格的约束机制不仅促进了施工企业自检系统的完善和发育，也保证了工程质量，并在施工过程中，合理协调了工程承包合同双方的利益，改善了协作关系。监理工程师(单位)不仅监督承包单位保证合同规定的质量、进度与费用要求，而且也维护其正当利益，从而使工程建设在各方积极主动配合下顺畅进行。工程监理的实施不仅满足了国际金融组织、外商投资的工程必须实行监理的贷款条件，有利于吸引外资，而且还减少了国外贷款和中外合资工程中外国监理人员的数量，节省了为数可观的外汇支出。工程监理制度是对工程管理职能分工的一种调整，赋予它以必要的协调与约束机制，不但不增加管理人员，相反可减少管理人员，避免许多繁杂的问题。工程实行监理制度带来的效益给予我们很大的启示和信心。

综上所述，实行工程监理制度，是深化公路建设领域改革的需要，是坚持对外开放、加强国际交流与合作，发展我国对外承包工程和劳务合作的需要。

四、工程监理的相关学科

与工程项目决策咨询服务有关的学科，主要是投资学和技术经济学；与工程项目实施监理服务有关的学科，主要是组织论和工程监理学。

1. 投资学

投资学是工程项目决策咨询工作的理论依据，其研究领域、研究对象、研究任务和研究内容如图 1-3 所示。

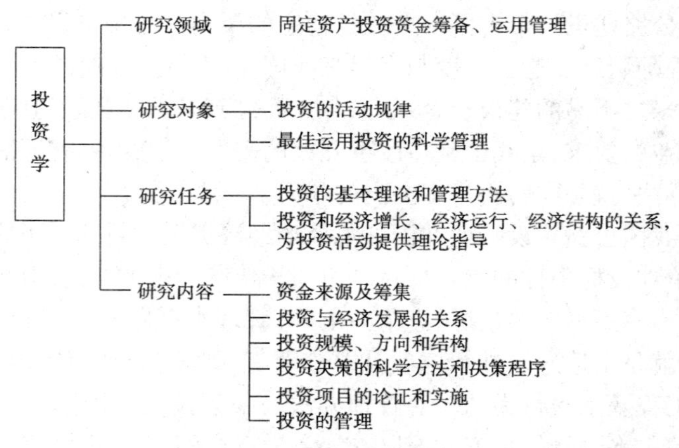

图 1-3　投资学体系框图

改革开放以来，随着社会主义市场经济的日益发育，投资理论的研究得到了很大进展。如中国工程建设概算预算定额委员会在国家计委的支持下，编写了《建设工程造价管理丛书》，其中的《社会主义投资管理学》一书，就着重研究探讨了我国的宏观、中观、微观及涉外投资问题，并对当前投资主体多元化、投资渠道多元化的情况下，投资的规模和结构以及提高投资经济效果等方面进行了系统的阐述。

公路建设资金不足，是世界上许多国家公路基础设施建设所面临的共同问题，也是长期制约我国公路发展的关键因素。本世纪要实现国道主干线的建设规划，资金投入是巨大的。要满足如此巨大的资金需求，必须继续执行“统筹规划、条块结合、分层负责、联合建设”的方针，充分发挥中央和地方两方面的积极性，集中财力增加投入。除进一步扩大利用世行、亚行和外国政府贷款等已有的促进公路发展的政策措施外，还必须在资金筹措上有新的突破。国家已提出一些加快交通等基础设施建设筹资政策，如必须适当加大交通等行业的投资力度；要扩大基础设施建设利用外资的规模；股票、债券的发行要优先考虑基础设施建设的需要等等，为我国的公路建设筹资指明了方向。从公路建设的现实情况看，以下几种融资渠道潜力很大：

(1)积极争取公开发行股票、债券，将社会闲散资金筹集起来用于公路建设。现在我国城乡居民银行储蓄存款达数万亿元，潜力很大。

(2)充分利用国外资金市场。目前，世界上有近万亿美元的游资在寻找市场，外商对投资我国公路建设的热情又比较高，只要政策对头，措施得力，通过中外合资、合作、BOT 方式和转让公路经营权等多种形式，多引进外资是可能的。要继续探讨国外征收燃油税、轮胎税等政策措施在我国实施的可能性，以进一步拓宽公路建设资金来源。

2. 技术经济学

技术经济学是研究生产技术的经济法律，是使生产技术更有效地服务和推动生产力发展的科学。它是一门技术科学和经济科学相结合的边缘科学，是自然科学和社会学的交叉学科。

一般来说，技术是人类进行生产斗争的手段；而经济的含义则是多种多样的，在这里主要是指节约。技术和经济虽然是两个不同的范畴，但他们在生产中却是密切联系的，他们之间的关系是对立统一的辩证关系。

技术经济学的研究领域、研究对象、研究内容和特点如图 1-4 所示。

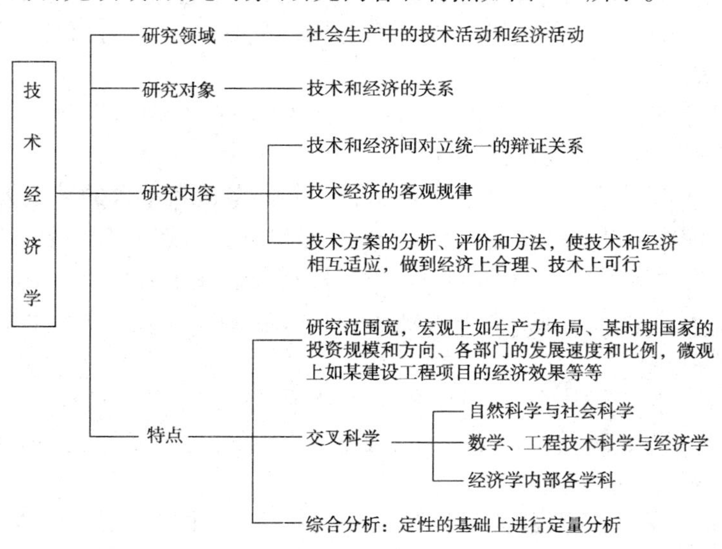

图 1-4 技术经济学体系框图

技术经济学具体研究技术方案分析、评价的理论和方法，是工程项目投资的重要工具。公路工程中的技术经济主要是在项目实施过程中，应排除干扰，深入地进行技术经济分析，尽可能地确保投资目标的实现。

投资学和技术经济学与一般的力学、数学等自然科学相比，具有受到社会政治、经济、文化、生活方式以及人们心理状态强烈影响的特点，在工程项目的决策和实施中，有很多的具体情况、人为因素使技术经济分析难以贯彻始终。但尽管如此，技术经济对监理工作来说依然是重要的理论指导，不能忽视。

3. 组织论

组织论研究一个系统的组织结构和工作流程结构，其组织结构和工作流程组织如图 1-5 所示。

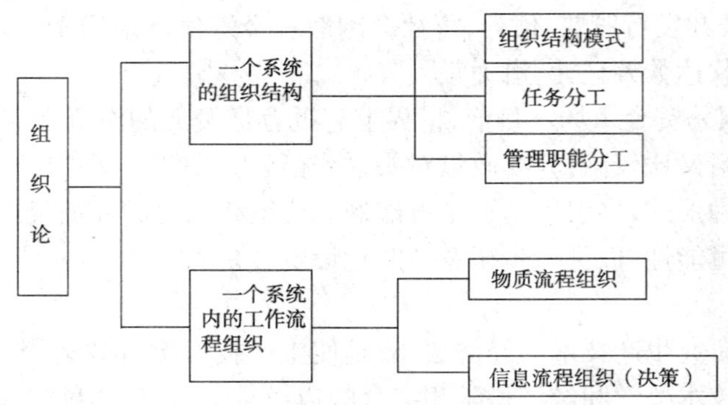

图 1-5　组织论体系框图

“系统”这个词用得很多，它的抽象定义是：人们对客观事物观察的一种方式。系统在一定程度上取决于人们如何观察，它可大可小，最大的系统是宇宙，最小的系统是粒子。若把企业看作系统，那么研究系统就是研究企业的组织结构；若把项目看作系统，那么研究系统就是项目的组织结构。系统由多个相互关联的元素构成一个整体，无关的元素不会构成一个系统。

系统组织包括：

(1)组织结构模式。主要反映哪个部门可以指挥、命令哪个部门，哪个人可以指挥、命令哪个人，反映的是一套命令系统、指挥系统。

(2)一个系统里的任务分工。施工高峰期施工人员多达数千人的某项大型工程，谁负责费用控制讲不清，谁负责进度控制也讲不清，费用、进度失控由谁来负责还是讲不清，错误人人有份，实际上就人人无份了，所以工程项目的目标控制要落实分工。

(3)管理职能分工。管理包括提出问题、规划、决策、执行、检查等五个职能，在项目实施过程中，对职能必须分工。

工作流程组织是指先做什么、后做什么，包括物质流程组织和信息流程组织。物质流程组织如施工中的施工工序、工厂的生产流程等；信息流程组织是指监理工作中产生的大量信息的传递途径，如费用控制流程、进度控制流程等。

组织论不是新兴学科，而是经典学科，组织论的发展大体经过四个阶段：1840 ~ 1890 年，工业发展的第一阶段，主要研究生产的组织；1890 ~ 1920 年，泰勒最早提出设立科室，其职能为管人、财、物，研究工厂的管理模式，研究一个企业组织；1920 ~ 1940 年，对组织理论进行研究；1940 年以后才正式形成学科。

4. 工程监理学

工程监理学是研究工程建设在实施阶段组织与管理规律的科学,与工程监理学有关的学科及其相互关系如图 1-6 所示。

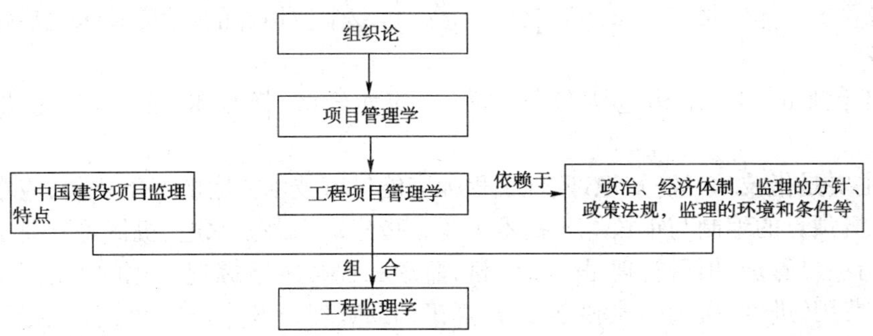

图 1-6 与工程监理学有关的学科

工程项目管理学是国际上有关工程项目管理的一门学科。不言而喻,它依赖于所在国的政治、经济体制,监理的方针、政策、法规,监理的环境和条件等情况,把工程项目管理学的基本理论同我国的情况相结合,即形成了工程监理学。

工程项目管理学的母学是项目管理学,简称 PM(Project Management),其上一层学科是组织论。显而易见,项目管理与组织是密切相关而不可分的,组织是项目目标能否实现的关键,监理不能回避组织结构问题。

工程监理学的研究领域、研究对象、研究任务和特点如图 1-7 所示。

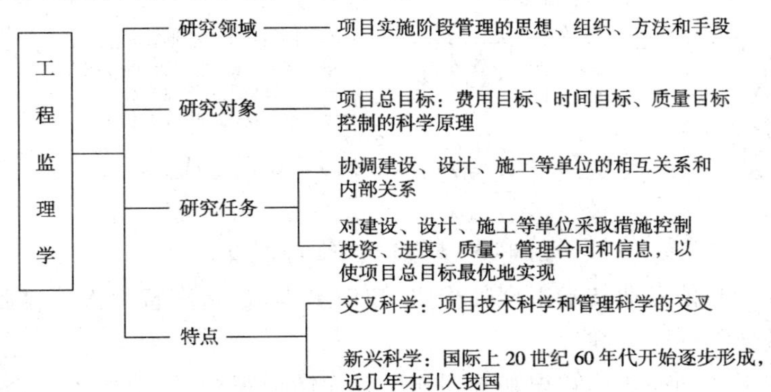

图 1-7 工程监理学体系框图

总目标对建设单位、施工单位、设计单位来讲,其含义是不一样的。如费用目标,对建设单位是控制总投资;对施工单位是控制成本;而对设计单位来说一是控制设计成本,二是帮助业主(建设单位)控制投资,如控制设计标准等。时间进度对建设单位来说,不仅仅是施工进度,而且是项目的总进度,即从设计准备直到施工、验收交工、投产的总进度;而对施工单位,则仅仅控制施工进度;设计单位仅仅是控制设计进度。质量目标对建设单位是整个工程项目的质量;对施工单位则是施工质量;对设计单位则是设计质量。

值得注意的是:现在讲的监理指的是建设单位的项目管理,仅研究业主如何控制目标,而不是研究设计单位、施工单位如何控制目标。

五、监理工程师的知识结构

国际上监理工程师通常由经济工程师担任。经济工程师既懂技术，又懂管理，融技术知识、经济技术于一体。很多国家经济工程师是通过双学位培养的，学完技术之后再学两年经济与管理课程。

监理工程师的知识结构包括四个方面，即应懂经济、懂技术、懂管理、懂法律，如图 1-8 所示。

经济主要是指技术经济知识，监理工程师应能进行技术方案的经济比较，应掌握可行性研究的方法、概预算的编制与审核等。技术主要是指建筑、结构、水电、机械等专业工程技术。管理主要是指项目管理，项目管理是一门学科，监理工程师要掌握现代化的方法和手段，如网络计划技术，费用、进度、质量的控制方法，计算机辅助管理技术等。法律主要是指经济合同法以及国际上三个 FIDIC 条例，即业主和施工单位合同条例、业主与设计单位合同条例和业主与项目管理咨询机构（如监理单位）合同条例，以及我国交通部颁发的《公路工程国内招标文件范本》（2003 年版，人民交通出版社）、《公路工程施工监理合同范本》等。

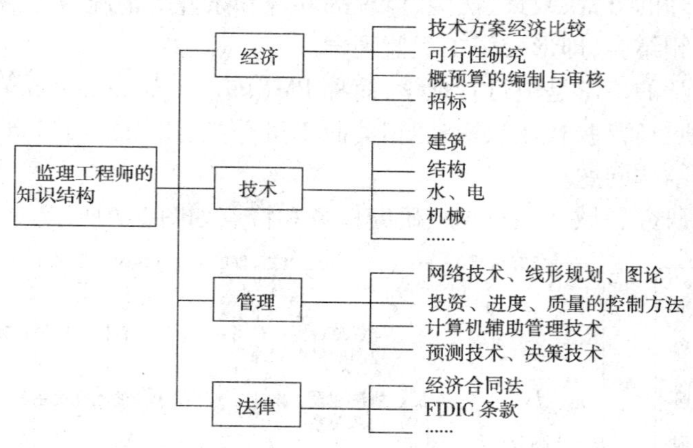

图 1-8　监理工程师的知识结构

监理工程师与其他专业技术工程师相比，知识更丰富，是高智力人才，因此国际上监理工程师的工资比其他工程师要高。

我国的土木工程师在法律知识和管理知识方面懂得很少，因此作为一个监理工程师应努力学习和掌握这些方面的知识。在组建一个监理组织时，应注意组成人员的知识结构应包括上述四个方面的内容。

作为一个监理工程师，仅有理论知识还不行，还必须要有实践经验，或者有多年的设计经验，或者有丰富的施工经验，或者有做过经济工作、管理工作的经历，有较强的工作能力。

• 第四节　公路工程基本建设程序 •

公路建设，尤其是高等级公路建设，有着细致的分工和广泛的外部协作关系。一项公路工程从计划修建到竣工交付使用，要经过许多阶段和环节。这些阶段和环节都是有机地联系在一起，有着内在的规律和客观必然的先后顺序。它们互相衔接，循序渐进，不能超越，也不能省略。一般的工程都要经过调查和勘测（了解掌握地质、地貌、水文等情况）、设计、编制概算、施工、竣工验收等阶段。其主要内容有：

一、进行可行性研究，编制设计任务书

可行性研究是在公路建设项目决定之前，对建设项目和与项目有关的各项主要问题进行比较详细的调查分析，然后提出多种比较方案，从技术、经济、物资、设备等不同方面对各方案进行准确的计算比较，在分析、研究、比较的基础上，选出最佳方案，提出可行性报告。可行性研究是建设项目决策的基础和依据，是科学地进行建设、加快工程进度、缩短工期、提高工程效益的重要手段。目前，一些工业比较发达的国家都很重视公路建设工程的可行性研究，并把可行性研究作为公路建设工程的首要环节。

做了可行性研究后，即可根据可行性报告，编制设计任务书。设计任务书是确定基本建设项目、编制设计文件的主要依据，由公路部门会同勘测、设计单位编制，经交通主管部门批准后报计划部门审批。公路建设设计任务书的内容一般包括：

（1）建设目的和依据。

（2）建设规模，包括路线、桥梁长度，起讫点及主控制点，建设标准，如公路等级、路面等级、桥梁宽度等。

（3）要求达到的技术水平和经济效益，如建成以后的通过能力、载重标准、结构形式、微观和宏观效益等。如果是改建工程，还应说明对原有公路如何利用。

（4）水文、地质、材料、燃料、动力、运输等协作条件。

（5）需占用的土地。

（6）防震要求。

（7）建设工期。

（8）投资控制费用及投资来源。

设计任务书还应附有必需的附件，如可行性研究报告，应有有关县和乡对土地占用的意见，水利、地质部门的水文、地质资料，材料、燃料、动力、运输等有关协作单位的意见或协议等。

设计任务书根据项目规模的大小按国家、省、市、自治区规定的有关审批权限上报审批。

二、设计和编制概算

设计是从技术上和经济上对计划建设工程全面规划，是具体指导工程建设的蓝图。在设计任务书批准后，即可委托设计单位进行设计，或进行设计招标，选择设计单位。

公路工程的设计，根据单项投资的多少和技术的繁简程度不同，分为一阶段设计、两阶段设计和三阶段设计。

一阶段设计，即只进行施工图设计。两阶段设计，包括初步设计和施工图设计。三阶段设计就是在初步设计和施工图之间，增加一个技术设计阶段。公路大、中修和小型新、改建工程，一般均采用的阶段设计；大、中型工程采用两阶段设计；只有重大复杂项目，才采用三阶段设计。

初步设计是设计工作的第一阶段，是根据批准的设计任务书的要求，对建设项目进行概略

的计算和初步的规定。初步设计要求就总体布局、技术结构、工程造价等做出基本技术决定和经济估计，是指导工程建设或者说是未来建筑物的初步蓝图和初步规划。初步设计的目的在于正确地选择公路的线形和桥梁结构形式；提供主要材料、燃料、动力和水的供应来源；说明设计对象在技术上的可行性和经济上的合理性。内容包括设计指导思想和依据，线形或桥梁结构方案，总体布置，主要辅助设施，建筑材料和施工设备需要量，劳动力需要量，临时建筑设施，占地面积和征地数量，建设工期，主要技术经济指标，施工组织规划设计，总概算等设计图表文字说明。

初步设计必须起到以下几个作用：

(1)能够作为下一步技术设计或施工图设计的依据；

(2)能够据之进行施工准备；

(3)能够作为安排基本建设计划、控制基本建设投资额的依据；

(4)能够据之进行设备订货、材料申请、土地征用和使用投资。

公路大中型建设项目的初步设计和总概算，按照国家计委《关于改进计划体制的若干暂行规定》，归交通部门或者省、自治区、直辖市审批，设计概算不得超过设计任务书规定投资金额的10%。小型建设项目初步设计的审批权限，由各省、市、自治区自行规定。

初步设计批准后，即可要求列入年度基本建设或公路改建工程计划，并开始进行下阶段设计。如采用三阶段设计，接着就是进行技术设计。技术设计是根据更详细的调查研究资料，对批准的初步设计中有关技术、经济的各项初步规划和技术决定进一步具体化，提出较为详细的设计方案和拟采取的施工工艺过程，校正材料、设备和劳力需要量，核实各项技术经济指标，并修正施工组织规划设计和总概算。

技术设计的审批权限与初步设计相同。

施工图设计是根据批准的初步设计或技术设计进行设计和绘制的施工所直接依据的图纸，分为施工总图和施工详图两部分。

施工总图表明线路走向及桥梁、涵洞等各种构造物的布置、配合等。施工详图表明线路的纵断面、横断面、交叉、桥梁和涵洞的上下部详细结构，以及其他各种附属设施或配件、构件的尺寸、连接、断面图和明细表等。采用新技术施工时，还应做出工艺过程设计，并经过实验，把设计建立在技术先进而又安全、稳妥、可行的基础上。

工程概(预)算是工程全部建设费用文件，是设计文件的一个重要部分。交通主管部门根据批准的概(预)算编报基本建设计划，建设银行根据概(预)算控制工程拨款。因此概(预)算不仅对于精确地确定投资计划，控制建设费用，加强用款监督，进行财务结算有重要的作用，而且对于促进建设单位和施工单位合理使用人、财、物力，改善经营管理，降低成本，提高工程效益也有重要的作用。工程概(预)算包括如下内容：

(1)总概(预)算。它是关于建设项目全部建设费用的文件，由各个分项概(预)算汇总编制而成。

(2)分项概(预)算。它是建设项目内一个单项工程的建设费用的文件。如某公路工程中的某座桥梁、某座涵洞、隧道等，根据工程数量、工程单价、设备使用数量和设备使用价格及间接费用金额等编制。

(3)其他工程和费用概算。它是不能在分项工程中分摊的，如建设场地的准备费、完工后

的清理费、建设单位管理费用等各项工程费用的文件。

工程概算和预算在费用项目的划分、计算、表格的式样、组成上都基本一样，只是概算比较粗略，而预算则比较细致、具体。

三、列入年度基本建设计划

建设项目必须经过批准的初步设计和总概算，并经计划部门综合平衡，在资金、材料和施工力量有保证后，才能列入年度基本建设计划。年度基本建设计划是确定年度基本建设任务，进行建设拨款的依据。

四、施　　工

工程列入年度计划以后，即可开始招标，由中标单位开始施工准备；开工要有开工报告。公路工程中地下工程和隐蔽工程很多，开工后都要特别注意做好原始记录，并经过检验合格，然后进行下一道工序。施工一定要严格执行公路施工规范，确保工程质量，不留隐患。不合格的工程不得交工。

五、竣工验收、交付使用

公路工程按设计文件规定的内容完成，能正常交付使用后，就可进行验收。

竣工验收是全面考核公路工程建设成果，检验公路工程质量的重要环节，对于确保工程质量，发挥投资效益，总结经验教训，提高施工水平有着重要作用。所有公路工程在完成以后都必须验收，正式验收之前，建设单位要组织设计、施工单位进行交工验收，也就是初验，并提出交工验收报告。经过交工验收和质量监督站鉴定工程质量等级，符合设计要求后，即可绘制竣工图表，编制竣工决算，然后进行竣工验收，并办理交接手续。

竣工决算是计算工程施工实际耗费的全部费用，通过决算，可以分析概（预）算执行情况，考核资金使用效果。如果在竣工验收时因特殊原因，竣工决算编制不出来时，可暂缓提供，但必须提供劳力、材料、施工机械的使用消耗和财务开支的实际统计资料，并于验收后尽快补报。

上述的公路工程基本建设程序，可分为决策阶段和实施阶段。决策阶段为可行性研究和设计任务书的编制；实施阶段则从设计开始、经过施工至缺陷保修期结束。目前，根据交通部的有关规定，监理服务限于施工阶段和缺陷责任期，而对决策阶段和设计阶段称之为咨询服务的则由业主决定，尚无统一的规定。

• 第五节　监理工作的依据、范围和内容 •

工程建设监理的行为主体是监理单位，实行监理的建设工程，是由建设单位委托具有相应资质条件的工程监理企业实施监理。监理企业依法成立，具有独立性、社会性、专业化等特点。

一、监理工作依据

通常来说，监理工作依据下列文件进行：

(1)工程监理合同；

(2)工程施工合同文件,包括招标文件、投标文件、中标通知书、询标记录、补遗书等;

(3)建设方与第三方签订的其他与建设相关的合同,包括采购合同、服务合同和专业发包合同等;

(4)国家和地方的相关建设法律、法规以及国家、行业和地方的建设规范、规程和标准;

(5)勘察、设计文件,包括地质勘察报告、施工图、设计变更联系单、图纸会审纪要以及施工图引用的标准图等;

(6)政府批准的工程建设文件,包括建设规划许可证、施工许可证、质量监督登记和施工环境影响评估等开工必须具备的审批文件。

二、监理工作范围

监理工作范围应包括两个方面的内容,一是监理工作的建设阶段范围,另一个是监理工作的项目组成范围。一般工程项目分为决策、设计、施工三个阶段。监理工作的建设阶段范围是指建设单位委托的是哪个建设阶段的监理工作,是从项目决策到维修保养的全过程监理,还是仅仅是决策、设计、施工中的某一个阶段的监理。监理工作的项目由哪些工程内容所组成,仅仅是主体工程还是包括附属工程,是整个工程项目还是其中的部分单项或单位工程。

三、监理工作内容

不同的监理项目及在项目的不同建设阶段,其监理工作的内容也完全不同。一般来说,在项目实施的过程中,通常包括下述内容:

1. 工程项目决策阶段

(1)项目建议书编制监理;

(2)项目可行性研究监理。

2. 设计阶段

(1)编写设计任务书;

(2)组织设计方案竞赛或设计招标;

(3)组织勘察招标或采用其他方式选择勘测设计单位;

(4)勘察工作现场监理;

(5)检查和控制设计进度;

(6)配合设计单位开展技术经济分析,搞好方案比选,督促优化设计;

(7)配合设计进度,组织好设计与有关部门的协调工作,组织好设计单位之间的协调工作;

(8)参与主要设备、材料的选型;

(9)审核工程项目设计图纸、工程估算和概算、主要设备和材料清单;

(10)组织设计文件的报批。

3. 施工阶段

对施工阶段的监理工作内容,《建设工程监理规范》(GB 50319—2000)进行了详细规定,其主要内容如下:

(1)参加图纸交底,对图纸中存在的问题进行会审;

(2)审查施工组织设计,提出审查意见;

(3)审查施工单位的质量保证体系、施工项目部的组织机构和人员上岗资格;

(4)审查分包单位资质;

(5)审查进场施工设备;

(6)检查施工单位测量人员资格和设备检定证书,检查复核测量成果;

(7)审批开工报告;

(8)参加第一次工地会议,并主持今后的工地例会;

(9)审查重点部位、关键工序的施工方案及质量保证措施;

(10)审查新材料、新工艺、新设备的工艺方案、证明材料,必要时组织专题论证;

(11)复验确认施工测量放线成果;

(12)考核施工单位的试验室;

(13)审核进场材料质量保证资料,按有关规定进行鉴证取样,监督施工单位复试,或进行平行检测,监督试验不合格材料退场;

(14)定期检查直接影响工程质量的计量设备;

(15)整个施工过程进行巡视检查,对隐蔽工程的隐蔽过程、下道工序施工完后难以检查的重点部位以及对工程质量关系特别重大的施工过程进行旁站监督;

(16)验收隐蔽工程,签认隐蔽工程验收单;

(17)组织检验批、分项工程、分部工程质量验收;

(18)针对重大质量隐患下达停工令,要求施工单位停工整改。整改完毕,经验收符合要求,签发复工令;

(19)监督质量缺陷的整改,针对重大隐患下达停工令,并监督施工单位停工整改,整改符合要求时,签发复工令,监督对质量事故的返工或加固;

(20)分析投资控制风险,制订防范对策;

(21)对工程量进行现场计量,并签发支付凭证;

(22)审批工程变更,确定变更费用;

(23)审核竣工结算书;

(24)处理索赔,主持合同争议调解,主持合同解除工作;

(25)对进度目标进行风险分析,制订防范性对策;

(26)审批施工单位的施工总进度计划和年、月度计划;

(27)检查、记录和分析计划实施情况,指令施工单位采取补救措施;

(28)审查施工单的竣工资料,并组织对工程质量进行预验收;

(29)参加监理委托方组织的竣工验收,并提供相关监理资料;

(30)编写监理总结报告;

(31)对监理委托方进行回访,对施工单位的修复活动进行监理,对修复工程的质量进行验收;

(32)确定质量缺陷责任归属,审批修复费用支付凭证。

除此之外,一般认为施工阶段监理还可以包括以下内容:

(1)协助监理委托方草拟招标文件和评标细则;

(2)协助监理委托方草拟标底编制委托书,协助监理委托方审查标底;

(3)参与开标、评标;

(4)为监理委托方提供有关施工承包合同洽谈的建议。

•第六节　监理阶段的划分•

工程监理是一个施工全过程的监理,它贯穿于整个合同执行过程的始终。根据施工的过程,将公路工程施工监理阶段划分为施工准备、施工、交工验收与缺陷责任期三个阶段。

《公路工程施工监理规范》(JTG G10—2006)明确规定:监理合同签订之日至合同工程开工令确定的开工之日为施工准备阶段;合同工程开工之日至合同工程交工验收申请受理之日为施工阶段;合同工程交工验收申请受理之日至缺陷责任终止证书签发之日为交工验收与缺陷责任期段。

公路机电工程监理应增加试运行期阶段。

由于每个阶段有不同的特点,所以监理的内容和重点也不尽相同。

一、施工准备阶段监理

监理单位在与建设单位签订监理服务合同之后,即进行施工准备阶段监理。施工准备阶段监理的主要内容是进一步熟悉和研究合同文件(包括监理合同及施工单位与建设单位签订的合同协议书、招投标文件)、审批实施性施工组织设计、复核施工图纸、参加施工招标和放样定线、督促施工单位提交施工组织设计、准备第一次工地会议、准备发布开工通知等。

1. 准备工作

1)配备试验室设备

总监理工程师办公室中心试验室应按监理合同要求配备常规的试验检测设备;驻地监理工程师办公室试验室应按监理合同要求配备现场抽查常用的试验检测设备。

2)熟悉合同文件

监理机构应组织监理人员熟悉本规范规定的有关法律、法规、文件等,当发现有关文件不一致或有错误时,应及时书面报告建设单位。

3)调查施工环境条件

监理工程师应对施工合同约定的施工条件进行调查,掌握有关情况。

4)编制监理计划

总监理工程师应在合同规定的期限内主持编制监理计划,按合同规定报批后执行。

监理计划应明确监理目标、依据、范围和内容,监理机构各部门及岗位职责,监理人员和设备的配备及进退场计划,监理制度,监理程序及表格,监理设施等。

5)编制监理细则

驻地监理工程师应根据监理计划在相应工程开工前主持编制监理细则,明确监理的重点、难点、具体措施及方法步骤,经总监理工程师批准后实施。

2. 监理主要工作内容

1)参加设计交底

监理工程师应参加设计交底,掌握本工程的设计意图、设计标准和要点,熟悉对材料与工

艺的要求,施工中应特别注意的事项,以及对施工安全、环保工作的要求等,澄清有关问题,收集资料及记录。

2)审批施工组织设计

总监理工程师应在合同规定的期限内及时审批施工单位提交的施工组织设计,重点包括:

(1)审核施工组织设计的审批手续是否齐全有效;

(2)施工质量、安全、环保、进度、费用目标是否与合同一致;

(3)质量、安全和环保等保证体系是否健全有效;

(4)安全技术措施、施工现场临时用电方案及工程项目应急救援抢险方案是否符合要求;

(5)施工总体部署与施工方案和安全、环保等应急预案是否合理可行。

技术复杂或采用新技术、新工艺或在特殊季节施工的分项、分部工程和危险性较大的分部工程,应要求施工单位编制专项施工方案,并由驻地监理工程师审核,总监理工程师批准后实施。

3)检查保证体系

监理工程师应检查施工单位质量、安全和环保等保证体系是否落实,重点检查项目经理、技术负责人、工地试验室负责人的资格,质量、安全、环保人员的履约情况。

4)审核工地试验室

监理工程师应审核施工单位工地试验室的人员、设备和试验检测能力是否满足合同要求,管理制度是否健全。

5)审批复测结果

监理工程师应对施工单位提交的原始基准点、基准线和基准高程的复测结果进行审核和平行复测。当双方复测结果一致并满足规范要求时,监理工程师应在合同规定的期限内批复。

6)验收地面线

监理工程师应监督施工单位在原始地面线未被扰动前测定地面线,并对测定结果进行抽测,抽测频率应能判定施工单位测定结果是否真实可靠并不低于施工单位测点的30%,应对施工单位提交的土石方工程量计算资料进行审核。

7)审批工程划分

总监理工程师应于总体工程开工前对施工单位提交的分项、分部、单位工程划分予以批复,并报建设单位备案。

8)确认场地占用计划

监理工程师应对施工单位提交的场地占用计划及临时增减的用地计划予以确认,并及时提交建设单位。

9)核算工程量清单

监理工程师应对工程量清单复核结果进行核算。

10)签发开工预付款支付证书

总监理工程师应在施工单位提交了开工预付款担保后,按合同规定的金额签发开工预付款支付证书,报建设单位审批。

11)召开监理交底会

总监理工程师应在合同规定的开工日期前主持召开由施工单位项目经理、技术负责人及相关人员参加的监理交底会，介绍监理计划的相关内容。

12）召开第一次工地会议

总监理工程师应主持召开第一次工地会议。会议的组织和要求应符合本监理规范有关的规定。

13）签发合同工程开工令

监理工程师收到施工单位提交的合同工程开工申请后，应对合同工程的开工条件进行核查。具备开工条件的，由总监理工程师签发合同工程开工令，并报建设单位备案。

二、施工阶段监理

这个阶段是工程实施的阶段。施工单位按有关规范规定的施工方法和监理工程师批准的施工组织设计中的施工方案及进度计划等进行工程施工，以达到设计文件的要求。在这一阶段中，监理工程师应加强对质量、费用、进度、安全、环保的监理。

1. 质量监理

1）审查工程分包

监理工程师应按规定对工程分包进行审查。

2）审批施工测量放线

监理工程师应检查施工单位使用的测量仪器是否按规定进行了校准，审查其提交的施工测量放线数据、图表及放线成果并予以批复。监理工程师应对从基准点引出的工程控制桩进行复测，对施工放线的重点桩位100%复测，其他桩位按不低于30%抽测。

3）审批工程原材料及混合料

监理工程师应审查施工单位申报的原材料、混合料试验资料。对原材料应独立取样进行平行试验；对混合料可在施工单位标准试验的基础上进行试验验证，必要时做标准试验，在合同规定的期限内予以批复。监理工程师应对施工单位申请使用的商品混凝土或商品混合料配合比进行审查，并进行试验验证。

4）审查施工组织及人员配备

分项工程开工前，监理工程师应审查该分项工程的施工组织，包括项目负责人、技术负责人及质量、安全、环保等施工管理、自检人员和主要施工操作人员的配备是否符合合同要求并满足施工需要。

5）审查施工机械设备

监理工程师应审查施工单位进场的施工机械设备是否满足合同要求，重点审查机械设备是否满足施工质量、安全、环保、进度等要求。施工单位使用合同约定外的施工机械，监理工程师应要求施工单位另行提出使用申请。

6）审查施工方案及主要工艺

监理工程师应审查施工单位提交的分项、分部工程的施工方案及主要工艺，对技术复杂或采用新技术、新工艺、新材料、新设备的工程，应根据试验工程结果进行审批。

7）审批分项（部）工程的开工申请

监理工程师应要求施工单位提交分项、分部工程的开工申请，在合同规定的时间内重点按规定审查其是否具备开工条件，并批复开工申请。

8）验收构配件或设备

对施工单位外购或订做用于永久工程的构、配件或设备，监理工程师应要求施工单位提交产品合格证和自检报告。可采用常规仪器设备进行检测的，监理工程师应按不低于施工单位自检频率的20%进行抽检，合格后方可准予使用。

9）巡视

监理人员应重点巡视：正在施工的分项、分部工程是否已批准开工；质量检测、安全管理人员是否按规定到岗；特种作业人员是否持证上岗；现场使用的原材料或混合料、外购产品、施工机械设备及采用的施工方法与工艺是否与批准的一致；质量、安全及环保措施是否实施到位；试验检测仪器、设备是否按规定进行了校准；是否按规定进行了施工自检和工序交接。监理人员每天对每道工序的巡视应不少于1次，并按规定的格式详细地做好巡视记录。

10）旁站

监理人员应对试验工程、重要的隐蔽工程和完工后无法检测其质量或返工会造成较大损失的工程进行旁站。

旁站监理人员应重点对旁站项目的工艺过程进行监督，并对规定的内容进行检查，对发现的问题应责令立即改正；对可能危及工程质量、安全或环境的情况，应予制止并及时向驻地监理工程师或总监工程师报告。

旁站监理工程人员应按规定的格式如实、准确、详细地做好旁站记录。旁站项目完工后，监理工程师应组织检查验收，验收合格的方可进行下一道工序。

11）抽样

监理工程师应按规定重点对施工过程中使用的水泥、钢材、沥青、石灰、粉煤灰、砂砾、碎石等主要原材料及各种混合料进行抽查，抽查频率应不低于施工单位自检的20%，其余材料应不低于10%；对已完工程实体质量的抽检频率应不低于施工单位自检频率的20%。监理工程师对材料或工程的质量有怀疑时应进行进一步的判定。

12）关键工序签认

完工后无法检查的关键工序，须经监理工程师签认，并留存相应的图像资料，未经签认不得进行下一道工序。

13）质量事故处理

当发生可由监理机构处理的质量缺陷、质量隐患时，监理工程师应立即向施工单位发出工程暂时停工指令，并要求其立即书面报告质量缺陷、质量隐患发生的时间、部位、原因及已采取的措施和进一步处理方案；监理工程师应对处理方案进行审核后报建设单位批准，对处理方案的实施进行监理并予以验收，处理合格、隐患消除的可发出复工指令。当发生不属于监理机构处理的质量事故时，监理工程师应要求施工单位按规定速报有关部门。监理机构应和施工等单位一起保护事故现场，抢救人员和财产，防止事故扩大，积极配合调查。对加固、返工或重建的工程，除特殊规定外，应视同正常施工工程进行监理。总监理工程师办公室应建立专门台账，记录质量事故发生、处理和返工验收的过程和结果。

14）中间交工验收

监理工程师收到分项工程中间交工申请后，应检查各道工序的施工自检记录，交接单及监理工程师签认的关键工序的交验单；检查分项工程的质量自检和质量等级评定资料；检查质量保证资料的完整性。驻地监理工程师办公室应按合同规定对交工的分项工程进行质量等级评定并签发《中间交工证书》。

2. 费用监理

(1)监理工程师必须以质量合格、手续齐全且符合安全和环保要求作为计算预支付的先决条件。未经总监理工程师签字不得支付。

(2)监理工程师在计量与支付时应符合合同规定,并做到客观、公正、准确、及时。计量与支付的项目与数量应不漏、不重、不超。

(3)对实体质量合格,存在外观质量缺陷但不影响使用和安全的工程,监理工程师可依据合同规定折减计量与支付,并报建设单位批准。

(4)监理工程师应建立计量与支付台账,根据施工单位申请和有关规定及时登账记录,实行动态管理。当有较大差异时应报建设单位。

(5)监理工程师收到施工单位计量申请后应及时计量,对路基基底处理、结构物基础的基底处理及其他复杂、有争议需要现场确认的项目,应会同建设、设计、施工等单位现场计量。

(6)监理工程师须依据规范规定和经监理工程师签发的《中间交工证书》及核定的工程量清单等进行计量。

(7)监理工程师应对施工单位提交的工程支付申请进行审核,确认无误后签发支付证书并报建设单位。

3. 进度监理

1)监理原则

进度监理应在确保质量和安全的基础上,以计划控制为主线进行。监理工程师应要求施工单位按时提交进度计划,严格进度计划审批,及时收集、整理、分析进度信息,发现问题及时按照合同规定纠正。

2)计划编制

监理工程师应要求施工单位在合同规定的期限内编制并提交进度计划。进度计划应有文字说明、进度图表和保证措施等。总体进度计划中宜绘制网络图,并标注关键路线和时间参数。总体进度计划和月度计划应绘制资金流量S曲线图。

3)计划审核

监理工程师应在合同规定的期限内审批施工单位提交的进度计划。总体进度计划应由总监理工程师审核;月进度计划等应由驻地监理工程师审核并报总监办。经批准的进度计划作为进度监理的依据。

4)计划检查

监理工程师应根据进度计划检查工程实际进度,并通过实际进度与计划进度的比较,对每月的工程进度进行分析和评价。评价结论写入工程监理月报。

5)计划调整

(1)对总体工程进度起控制作用的分项工程的实际工程进度明显滞后于计划进度且施工单位未获得延期批准时,监理工程师必须签发监理指令,要求施工单位采取措施加快工程进度。需要调整工程进度,调整后的工程进度计划必须报监理工程师重新审核。

(2)施工单位获得延期批准后时,监理工程师应要求施工单位根据延期批复调整工程进

度计划，调整后的工程进度计划应报监理工程师审核。

(3)由于施工单位自身原因造成工程进度延误，在监理工程师签发监理指令后施工单位未明显改进，致使合同工程在合同工期内难以完成时，监理工程师应及时向建设单位提交书面报告，并按照合同规定处理。

(4)建设单位或施工单位提出工程进度重大调整时，应按合同或签订的补充合同执行。

4. 施工安全监理

(1)工程开工前，监理工程师应审查施工单位编制的施工组织设计中的安全技术措施或专项施工方案是否符合强制性标准，审查合格后方可同意工程开工。审查的重点是：

①安全管理和安全保证体系的组织机构，包括项目经理、专职安全管理人员、特种作业人员、设备的数量及安全资格培训持证上岗的情况；

②是否制订了施工安全生产责任制、安全管理规章制度、安全操作规程；

③施工单位的安全防护用具、机械设备、施工工具是否符合国家有关安全规定；

④是否制订了施工现场临时用电方案的安全措施和电气防火措施；

⑤施工场地布置是否符合有关安全要求；

⑥生产安全事故应急救援方案的制订情况，针对重点部分和环节制订的工程项目危险源监控措施和应急方案；

⑦施工人员安全教育计划、安全交底安排；

⑧安全技术措施费用的使用计划。

(2)监理工程师应审查分包合同中是否明确了施工单位与分包单位各自在安全生产方面的责任。

(3)监理工程师在巡视、旁站过程中应监督施工单位按专项安全施工方案组织施工，若发现施工单位未按有关安全法律、法规和工程强制性标准施工，违规作业时，应予制止。对危险性较大的工程作业等要定期巡视检查，如发现安全事故隐患，应立即书面指令施工单位整改；情况严重的应签发《工程暂停令》要求施工单位暂停施工，并及时报告建设单位。施工单位拒不整改或者不停止施工的，监理工程师应及时向有关主管部门报告。

(4)督促施工单位进行安全生产自查工作、落实施工生产安全技术措施，参加施工现场的安全生产检查。

(5)建立施工安全监理台账。

监理机构应建立施工安全监理台账，并由专人负责。监理人员每次巡视、检查、旁站时，对涉及施工安全的情况、发现的问题、监理的指令及施工单位处理的措施和结果等均应记入台账。总监理工程师和驻地监理工程师应定期检查施工安全监理台账记录情况。

(6)分项、分部工程交工验收时，若安全事故的现场处理未完成，不得签发《中间交工证书》。

5. 施工环境保护监理

(1)监理工程师应审查施工组织设计文件是否按计划文件和环境影响评价报告的关要求制订施工环境保护措施，审查合格后方可同意工程开工。

(2)监理工程师在巡视、旁站中应随时检查施工单位制订的环境保护措施的落实情况，检查的主要内容有：

①是否落实了施工环境保护责任人；

②是否对施工人员进行了环保要求；

③施工场地布置、布设是否符合相关环保要求；

④职业危害的防护措施是否健全；

⑤施工现场（含临时便道、拌和站、预制场等）和料场等是否洒水防尘；

⑥是否按有关要求采取降噪措施；

⑦材料堆场设置环境的合理性及采取措施减少运输漏撒情况；

⑧施工废水、渣土、生活污水、垃圾的处置是否合理；

⑨是否按照批准在拟定的取弃土场取弃土，取土结束后是否采取了有效的排水防护和植被恢复措施。

(3)如发现施工中存在违反有关环保规定、未按合同要求落实环保措施的情况，监理工程师应书面指令施工单位改正；情况严重的应签发《工程暂停令》要求施工单位暂时停工，并及时报告建设单位。

(4)施工中发现文物时，监理工程师应要求施工单位依法保护现场，并报告有关部门和建设单位。

(5)监理工程师应要求施工单位依法取得砍伐许可后按照砍伐许可的面积、株数、树种进行砍伐，并注意保护野生动、植物。

三、交工验收与缺陷责任期阶段监理

一项工程完工后，首先需进行交工验收，验收合格后才能投入使用。但施工单位还需在合同规定的期限内继续完成交工验收时未完工的项目，或修补在使用条件下因施工质量问题而出现的任何缺陷，监理工程师应继续检查该部分工程的质量。这个规定期限即为质量缺陷责任期，一般合同规定为一年，起算日期必须以签发的交工验收日期为准。而对有一个以上交工日期的工程，缺陷责任期应分别计算。在缺陷责任期监理工程师的工作内容主要包括：

1. 审查交工验收申请

监理工程师应按照合同及有关规定要求，审查施工单位提交的合同工程交工验收申请，重点检查合同约定的各项内容的完成情况、施工自检结果、各项资料的完整性、工程施工数量核对情况、对现场清理情况等。

2. 评定工程质量与编制监理工作报告

3. 参加交工验收

监理工程师应参加建设单位组织的合同工程交工验收，接受对监理单位独立抽查的资料、监理工作报告及质量评定资料的检查，协助建设单位检查施工单位的合同执行情况，核对工程数量，评定各合同段的工程质量。

4. 签认交工结账证书

合同工程交工验收证书签发后，监理工程师应认真审核施工单位提交的合同工程交工结账单，并在规定的期限内签认合同工程交工结账证书，报建设单位审批。

5. 缺陷责任期的监理

在合同工程的缺陷责任期内，监理工程师应检查施工单位剩余工程的实施；巡视检查已完

工程;记录发生的工程缺陷,指示施工单位进行修复,并对工程缺陷发生的原因、责任及修复费用进行调查、确认;督促施工单位按合同规定完成竣工资料。

6. 签发缺陷责任终止证书

在合同工程缺陷责任期结束,收到施工单位向建设单位提交的终止缺陷责任的申请后,监理工程师应进行检查。符合条件时,经建设单位同意,监理工程师应在规定的时间内签发合同工程缺陷责任终止证书,并按照规定向建设单位提交缺陷责任期工作总结。

7. 签认最后支付证书

监理工程师收到施工单位提交的最后结账单及所附资料后应进行审核。审核后的最后结账单经施工单位认可后,由总监理工程师签认并报建设单位审批。

8. 参加工程竣工验收

监理单位应参加工程竣工验收工作,负责提交监理工作报告,提供工程监理资料,配合竣工验收检查工作。

对照上述监理工作内容,监理工程师应配备缺陷责任期的监理工作人员,包括现场巡视和旁站、试验检测、合同事宜、资料整理等方面的人员。

复习思考题

1. 简述我国高速公路网的建设规划。
2. 我国实施公路工程监理的意义是什么?
3. 简述我国推行工程监理制度的必要性。
4. 我国公路工程基本建设程序是什么?
5. 简述公路工程监理的工作依据。
6. 公路工程监理划分为几个阶段?简述各监理阶段的工作内容。

第二章

工程质量保证体系

教学要求

1. 分析工程质量保证体系的重要作用；
2. 描述政府监督的依据和任务；
3. 描述社会监理的特点、依据和任务；
4. 描述企业自检系统，以及全面质量管理的方法。

公路工程建设对国民经济的发展和人民生活水平的提高具有极其重要的作用，如何确保公路工程建设质量是很重要的工作。现行的交通部《公路工程施工监理规范》(JTG G10—2006)明确规定：凡列入基本建设计划的公路工程建设项目，都应实行"政府监督、社会监理、企业自检"的公路工程质量保证体系。

●第一节　政府监督●

一、政府监督

改革开放以前的30年间，在高度集中的计划经济管理体制下，政府主要是以资产所有者的身份，处于经济活动的组织和管理者的地位，直接对经济活动进行组织和指挥。行政隶属系统直接而全面地控制社会的微观系统，不仅使经济活动僵化、缺少活力，而且使诸如公路工程建设的管理等社会公共事务约束于条条块块之中，缺少宏观效应，导致标准不一，相互矛盾，起不到统一协调和监督控制的作用。

改革开放以来，经济体制改革的目的之一就是要建立一个充满活力的社会主义市场经济，大力发展生产力，转变政府的管理职能，使政府从经济活动的直接组织者变为间接的宏观监督控制者，从管理体制、管理组织、管理行为等方面实行政企完全分开是必要的。这种变化对企业来说，意味着摆脱政府机关的直接控制，从附属的地位转变为独立的商品生产者，以增强其活力。而对政府机关来说，则意味着退出具体的经济活动，放弃直接组织和指挥生产经营的权力，由经济活动直接组织者的身份转为公共秩序维持管理者，由行政系统内部的组织权转变为面向社会的公共权力。随着这一段转变的实现，政府将有更多的时间和精力，对经济活动进行宏观计划调节和对社会公共事务的监督管理，其中对工程建设活动进行监督管理就是重要的一个方面。

改革开放以来，工程建设活动发生了一系列重大的变化，这些变化使原有的高度集中的计划经济体制下的工程建设管理模式越来越不适应社会主义市场经济发展的要求。在这种转化的过程中，由于新、旧体制的并存、摩擦和碰撞，工程建设中存在着不少问题，突出一个问题就是工程质量下降，施工企业自评自检水分很大。这些都迫切需要建立和健全新的管理体制，特别是工程质量方面，在完善企业内部质量检查体系同时，建立严格的外部监督体系。

政府监督是公路工程质保证体系中的极其重要的质量监督环节之一，是政府部门强化对工程质量管理的具体体现。从中央到地方通过授权或认可制度，建立各级从事审核、鉴定、监督、检测工作的机构，对工程的规划、设计、施工和各类工程上使用的材料、设备等进行监督、检查、评定，实施有权威的第三方认证。

在这种形势下，1983 年我国开始实行政府对工程质量监督的制度。1984 年 9 月国务院颁发《关于改革建筑业和基本建设管理体制若干问题的暂行规定》，明确提出了建立有权威的政府工程质量监督机构。

就公路工程来说，交通部主管全国公路工程质量监督工作。按照统一的规划、分级管理原则，交通部于 1987 年 10 月设立了基本建设工程质量监理总站，并指令各省、自治区、直辖市交通部门设交通（或公路）基本建设工程质量监督站（简称省级质监站）；各省、自治区、直辖市交通主管部门根据当地工程实际情况确定是否设立地、州、市交通（或公路）基本建设工程质量监督分站（简称市级质监分站）或派出质监机构。

各级质监站为独立核算的事业单位，隶属同级政府交通主管部门，业务上受上一级质监站指导。

各级质监站要按监督工程范围配备质量监督人员，其岗位分为监督工程师和监督员，直接从事工程质量监督工作的工程技术人员不得少于该站人员总数的 70%。

各级质监站还必须配备必要的试验检测仪器设备和交通工具。

质监站的监督程序、管理与经费均在 2005 年 5 月 8 日交通部发布的《公路工程质量监督规定》（原 1992 年 6 月颁发的《公路工程质量监督规定》同时作废）中有明确规定。

政府监督具有以下的性质：

（1）强制性。政府的管理行为象征着国家机器的运转，国家机构的管理职能是通过授权于法来实现的。因此，政府实施的管理监督行为，对于被管理者、被监督者来说，只能是强制性的、必须接受的。

（2）执法性。政府监督主要依据国家法律、法规、方针、政策和国家及交通部颁布的技术规范、标准进行监督，并严格遵照有关规定的监督程序行使监督、检查、许可、纠正、强制执行等权力。监督人员每一个具体的监督行为都有充分的依据，带有明显的执法性，显著区别于通常的行政领导和行政指挥等一般性的行政管理行为。

（3）全面性。政府监督针对整个工程建设活动，就管理空间来说，覆盖了社会，就一个工程项目的建设过程来说，则贯穿于工程建设的全过程。但在我国，工程建设的决策咨询、施工监理等不同阶段的监督管理则是由我国不同的政府职能部门分别负责共同完成的。

（4）宏观性。政府监督侧重于宏观的社会效益，主要保证工程建设行为的规范性，维护社会公众的利益和工程建设各参与者的合法权益。对一项具体的工程建设来说，政府监督不同于后述的监理工程师的直接、连续、不间断的监理。

二、政府监督的依据

各级交通(或公路)基本建设工程质量监督站作为政府的职能部门,对公路建设实施强制性、有力的政府监督。这种政府监督是通过有关法律、法规和规定实现的,政府监督实际上是管理性的经济法律关系。执行政府监督的各级质监站,为了维护社会秩序,要对建设单位和承建单位的行为进行管理。同时也要对监理工程师(单位)进行有关的资格认证和实施管理,这类管理性的法规是伴随着工程监理制度的产生而产生,并日臻完善。

有关政府职能机构在制定有关法规和规定时必须慎重而全面地考虑以下几个因素:

(1)结合国情,从全局考虑。工程监理的法规体系必须服从国家法律体系及工程建设法律体系的要求,适应我国执行的立法体制及工作实际。

(2)法规和规定要构成一个完整的系统,应尽量覆盖工程监理的全部工作,使每一项工作都有法可依。

(3)多层次的相互协调。工程监理每个层次的法规、规定都要有特定的目的和调整内容,注意避免重复交叉和矛盾,下一层次的法规要服从上一层次的法规,所有的法规、规定、办法都要服从国家法律。

(4)注意借鉴国际经验,在结合国情的基础上,尽量向国际标准靠拢。

因此公路工程政府监督的依据为:

(1)国家有关公路工程建设的政策、法律和法规。

政策是指与公路工程建设密切相关的经济发展战略、产业发展规划、固定资产投资计划等。

法律是指与公路工程建设有关的法律,特别是经济法律,如"土地管理法"、"城市规划法"、"环境保护法"以及"经济合同法"等。法规主要包括:

①国务院制定的行政法规;

②省级人大及常委会制定的地方性法规;

③国务院各部门制定的法规、规章和办法。

(2)政府批准的建设计划、规划、设计文件是政府有关部对工程建设进行审查、控制和结算的依据,也是一种许可,理所当然是政府监督的依据。

(3)国家和交通部等有关部委颁布的有关技术规范和标准。

三、政府监督的任务

各级公路工程质量监督部门是政府对公路工程质量进行监督管理的专职机构,依据国家有关法规和颁布的技术规范、规程和质量评定标准,代表政府对公路工程质量进行强制性的监督管理。建设、设计、施工、监理单位在工程实施阶段都应接受质量监督部门的监督,以保证审查批准的公路建设规模和建设目标的实现。

1. 交通部基本建设工程质量监督总站的主要任务

(1)贯彻执行国家有关工程质量监督工作方针、政策和施工监理法规,制定交通系统建设工程质量监督、施工监理法规并监督实施。

(2)归口管理、检查、指导公路、水运工程质量监督和监理工作;组织质检人员和监理人员

业务培训；组织对公路、水运工程质量监督站、监督单位、质检人员和监理人员的资质审批工作。

(3)统一规划建立和管理公路、水运工程质量检验测试中心。

(4)对国家和部署重点工程建设项目的工程质量和监理工作进行检查，发布工程质量动态。

(5)参与部级优秀勘察、优秀设计、优质工程的评审工作；参与国家级优秀勘察、优秀设计、优秀工程的行业评审工作。

(6)组织对重大工程质量事故的调查处理，仲裁工程质量争端。

(7)掌握全行业工程质量动态，组织开展工程质量监督、工程施工监理的经验交流。

2. 省、自治区、直辖市交通(或公路)基本建设工程质量监督站的主要任务

(1)贯彻执行国家和上级交通主管部门颁发的工程质量监督、施工监理工作方针、政策和法规，制定本地区的公路工程质量监督实施细则。

(2)规划、管理本地区公路工程质量监督和施工监理工作；负责下级质监站及其人员的考核发证工作；审核申报监理单位和监理工程师资格的报告，根据有关规定审批专项监理工程师。

(3)监督检查施工监理单位、监理工程师、施工单位工程质量保证体系及其人员的工作。

(4)主持交工工程质量鉴定，参加工程竣工验收。

(5)组织工程质量检查，定期发布工程质量动态。

(6)组织工程质量事故调查、处理、仲裁工程质量争端；监督检查重大工程(产品)质量事故的处理方案执行情况。

(7)参与本地区本行业优秀勘察、优秀设计、优质工程的评审工作，对申报省(部)、国家级“三优”工程的项目进行质量鉴定。

(8)组织交流本地区质量监督和施工监理工作经验，组织质检人员和监理人员业务培训。

市级质监分站或省派出质监机构的任务，由省级质监站根据交通部2005年5月8日发布的《公路工程质量监督规定》的精神制定。

第二节 社会监理

社会监理是具有法人资格的社会监理单位对工程实施的监理。这是随着我国经济体制改革的深化、引进国外建设资金的过程中，逐步认识、结合我国国情而实施的一种工程建设管理的新体制和新模式。建设单位委托或指定监理工程师(单位)全面监督、管理工程实施，对工程质量、工程进度、工程费用等全面监理。根据交通部的规定，目前公路工程的监理主要在施工阶段实施，因而也称为“施工监理”。

施工是工程建设过程中极其重要的一个阶段，它不仅要将经过慎重、周密考虑的可行性研究和设计的工程付诸实现，即把图上的东西变为实际的工程结构；还要根据施工过程中所遇到的社会环境、自然条件对工程设计做必要的修改。公路工程一般施工周期较长，受外部社会环境和自然环境的制约影响较大，综合平衡、相互协调问题较多。一般来说，公路工程的施工难度较大。同时，施工要花费大量的费用，工期的延误不仅为工程参与各方带来不利影响，而且也会严重影响到公路工程建设的经济效益和社会效益。施工中出现的质量问题有的难以补救,有的甚至无法补救,给工程留下隐患。因此,施工监理的重要性是不言而喻的。

公路工程施工监理,是公路建设管理体制改革的重要内容,是强化质量管理、控制工程造价、提高投资效益及施工管理水平的有效方法。实践证明,一项工程实行了全委托监理,不但减少了不合理的额外开支,保证了工程质量和工期,还避免了过多的合同纠纷,并能确保国家建设计划和工程合同的顺利实施,对业主和承包人双方均有利。

一、社会监理的优点

社会监理新体制的实质,就是树立监理工程师在工程施工管理过程中的核心地位。作为建设单位、承包单位以外独立的第三方,监理工程师运用建设单位委托所赋予的权力,对工程质量、工程进度、工程费用等实行全面监理。

经过多年的实践证明,实行监理工程师为核心的管理体制,和过去的管理体制相比,具有以下几个优点:

1. 监理工程师制度有助于提高工程质量

新的管理体制赋予监理工程师在各阶段的全面监督管理权限和财务支付的签字权和否决权,加强了监理工程师在工作中的地位,真正使施工单位每一个工作计划、每一步工作质量都与其经济利益直接挂钩。如果某一个工艺得不到批准,某一部位工程质量达不到要求,施工单位就拿不到工程款,就要自己承担由于质量达不到要求,造成返工带来的损失和责任。过去,我国公路施工行业也有质量监理,但由于那时的监理人员有职无权,有的甚至就是施工单位内部职工去充任,对质量的控制成为一句空话。在新的体制下,监理工程师对工程进行全方位、全过程监理,发现问题提出警告、通过规劝后,施工单位马上纠正或改进其不良工艺,直至达到监理工程师满意并符合规范为止。各地的经验证明,新的监理制度依靠监理工程师的核心地位,利用巡视、检查、旁站,以及签认、支付等各种监理手段保证工程质量的办法,是行之有效的。

2. 监理工程师制度有助于提高管理水平

这个制度强调监理工程师的独立性,即由一个技术密集型的专家集团,作为监理工程师行使权力。监理工程师制度使监督和管理工作制度化、规范化,并在组织上予以保证。一批具有施工、设计、管理经验的专家,专门承担工程监理工作,大大提高了管理水平。

3. 监理工程师制度有助于各级政府主管部门的职能转变

以前的公路建设往往耗费各地政府许多精力,投资、征地、拆迁、工程管理、计划安排、施工组织等工作,事无大小都要主管部门介入,往往影响政府主管部门履行正常职能。实行监理工程师制度后,除了资金的筹备、征地拆迁及地方关系等问题需政府出面协调外,有关项目实施的技术、经济、合同、法律等问题,都可以由监理工程师承担解决。例如:北京市政府主管部门在京津塘高速公路的建设中,针对一些人仍然习惯于抓具体事务、处理工程具体问题的情况,提出了“多协调,少干预,各司其职,强化监理”的原则,放手让监理工程师行使职权,使各项工作井井有条,分工有序。各方的积极性都调动起来,政府主管部门的宏观调控有所增强,整个工程进展顺利。

二、公路工程施工监理的关键问题

在推行公路工程施工监理的过程中，应注意抓住几个比较关键性的、核心的问题，即明确监理工程师职权，落实扩大监理工程师的权力，强化其在工程管理中的地位。

1. 要明确监理工程师的职责

在过去的“质量监理”的概念中，监理工作仅仅是工程质量的事后检查。由于对影响最终工程质量的各个环节，诸如进场材料质量、机械设备型号及设备情况、施工工艺和组织计划、各工序质量和工作质量等等都不具备监督和管理职责，致使“质量监理”只能是形如虚设。由于没有对工程施工实行全过程的监督和管理，所谓质量管理监督也是办不到的。因此，在推行公路工程施工监理工作时，首先要抓住扩大监理工程师职责范围这个关键环节，监理工程师要对工程计划、质量管理和造价控制三大方面负起监督和管理职责，从工程施工组织计划的审批开始，介入项目的全过程监理。原材料的产地、品质、运输方式，施工设备的型号、数量、配套情况，现场的技术人员和管理人员的配备，拟采用的施工方法和工艺，各道工序间的交接办法和中间检查验收程序，工地实验室的仪器种类、精度和实验方法，建设外部环境和施工条件的准备情况，到达现场材料的计量和估价等等，凡是有关工程进度、质量、费用的一切信息都被监理工程师在不同层次上采集和储存，实行深度不同的监督和管理。各级监理工程师对项目施工中各类情况都可以做到心中有数，做到防患于未然，从工程的开始起，把住各个关口，确保工程进度、质量、费用按照所签合同和合理的轨道正常运转。同时，便于及时地发现问题，指导工程更合理地安排资源、组织施工，采取必要措施，以保证工程顺利进行。

2. 要明确监理工程师的权限

为了使监理工程师能够履行其所赋予的上述职责，必须使其具有控制工程实施的权力，否则，责权不一致，对工程的监督和管理只能是一句空话。监理工程师制度把对施工单位的工程支付权交给了监理工程师。只有监理工程师有了对工程的支付签认或否决权之后，才可能约束施工单位的行为，才可能在施工的各项环节上发挥其监督和管理的作用。这一点是推行监理制度的核心原则之一，要坚持不放。

为了保证监理工程师的这项权力，不仅应在施工过程的各个不同工序设置由监理签认的检查程序，尤其应重视监理工程师对中间（周/月/季）财务支付报表的一系列签认权力。没有各级监理工程师签认的工序或单项工程检验报告，不得列入支付报表，未经监理工程师签认的财务报表无效。这样一来，把施工过程中的所有环节都直接地与对该施工单位的财务支付挂钩，把工作质量与经济利益挂钩，也把国家和人民对工程期望的长远利益与各施工企业的短期和局部利益挂钩，在实践中，效果是很好的。这个经济杠杆作用的发挥，提高了监理工程师的权威性，也大大促进了施工企业内部管理水平的提高。把对工程财务支付的签认和否决权交给监理工程师，是执行好监理制度的关键。

3. 要强调建设单位的职能转变

监理工程师职责和权力的确定，自然改变了监理工程师在项目施工管理过程中的地位和作用，由一个可有可无的“事后质量检查员”，变成了施工过程中实施监督与管理的核心。在实行监理制度时，对建设单位而言，应特别注意充分发挥监理工程师的作用，要转变观念，要放手、放权、放心地由监理工程师管理、监督好项目。不少地方习惯于建设单位管项目，大包大揽,包办代替,监理工程师有名无实,有权无力。再加上现行体制上的“血缘关系”,一些人更认为监理工程师的地位“不能太突出”。

针对这种情况,尤其要强调建设单位的职能转变,充分发挥监理工程师的核心地位,各司其责,各负其责。要严格树立按合同办事、依法办事的好作风,从法律上保证监理有职有权有地位。同时,无论建设单位还是监理单位,都要受到合同的约束,受到国家法规、法令、标准、规范的约束,接受国家有关行政或技术部门的监督和指导。只有这样,才能保证监理工程师的职权有效、正确地行使,从而保证其在项目施工活动管理中心的核心地位。

三、社会监理的性质

1. 服务性

监理单位是智力密集型的组织,本身不是建设产品的直接生产者和经营者,为建设单位提供智力服务。监理工程师通过对工程施工进行组织、协调、监督和控制,保证工程施工合同的顺利实施,达到建设单位的建设意图。监理工程师在合同的实施过程中,有权监督建设单位和承建单位严格遵守国家有关建设标准和规范,贯彻国家的建设方针和政策,维护国家利益和公共利益。监理单位的劳动与相应的报酬是技术服务性,它和施工企业不同,它不同于承包工程,不参与工程承包的盈利分配,而是根据支付技术服务劳动量的大小而取得相应的监理报酬。

2. 公正性和独立性

公正性和独立性是监理单位顺利实施监理职能的重要条件。监理单位在工程监理中必须具备组织各方协作配合以及调解各方利益的职能,因此必须要求监理单位坚持公正。而公正性又以独立性为前提,监理单位首先必须保持自己的独立性。

监理单位在人际关系、业务关系和经济关系上必须独立,不得同参与工程建设的各发生利益关系。我国工程监理有关规定指出,监理单位的“各级监理负责人和监理工程师不得是施工、设备制造和材料供应单位的合伙经营者,或与这些单位发生经营性隶属关系,不得参与承包商施工和建材销售业务,不得在政府机关、施工、设备制造和材料供应单位任职”。这种规定就是为了避免监理单位和其他单位之间的利益牵制,从而保持其公正性和独立性。

监理单位与建设单位的关系是平等的合同约定关系,监理单位可以不承担合同以外建设单位随时指定的任务。如果实际工作中出现这种需要,双方必须通过协商,并以合同形式对增加的工作加以确定。监理委托合同一经确定,建设单位就不得干涉监理工程师的正常工作。

在实施监理的过程中,监理单位是处于建设单位和施工单位之间独立的一方,依法行使监理委托合同所确认的职权,承担相应的法律和职业道德责任。监理单位既不是以建设单位的名义,也不是作为建设单位的“代表”行使职权。

3. 科学性

监理单位必须具有能发现与解决工程建设中所存在的技术和管理方面问题的能力,能够提供高水平的专业服务,所以必须具有科学性。这是监理单位区别其他一般服务性组织的重要特征,也是其赖以生存的重要条件。监理人员的高素质是监理单位科学性的前提条件。监理工程师都必须具有相当的学历,并有长期从事工程建设工作丰富的实践经验,精通技术与管理,通晓经济与法律,否则,监理单位将不能正常开展业务,也是没有生命力的。

四、社会监理的依据

业主委托监理工程师监督承包人执行其与业主形成的施工契约,即签订的合同。这种复杂的委托关系建立和延续的过程中,由于各个主体之间的经济利益不同,再加上一些社会环境和自然条件的影响,往往会出现违反合同的情况。因此,工程监理的依据除了有前述的国家有关公路工程建设的政策、法律和法规以及政府批准的建设计划、规划、设计文件之外,更重要的是业主和承包人签订的合同文件。

监理工程师应按照业主签订的监理委托合同,在委托的范围内执行。否则,应事先征得业主的同意。另外,在合同执行期间,凡是监理工程师和承包人围绕工程实施有关的会议记录、函电和其他文字记载以及监理工程师的所有图纸、监理工程师发出的所有指令等都是工程监理的依据。

业主和承包人签订的合同是依法成立的反映工程费用、进度、安全、环保及按国家有关部委颁布的技术规范、标准和质量要求,或者由业主提出的要求而规定的工程质量目标的文件。监理工程师依据合同进行监理,就能确保国家建设计划和工程合同的顺利实施,使公路建设的费用、进度、质量、安全、环保目标最优地实现。

五、社会监理的任务

施工阶段监理的任务是监理工程师利用业主授予的权力,从组织、技术、合同和经济的角度采取措施,对工程质量、进度、费用、安全、环保实施全面监理,并严格地进行合同管理、信息管理,高效有序地进行组织协调,使工程建设的五大目标最合理地实现。

1. 质量监理

质量是工程建设的关键,影响公路工程质量的因素很多,监理工程师应按照合同要求对影响工程质量的各个因素从原材料、施工工艺到成品都要进行监理,任何一个环节出现疏忽,包括施工时监理人员自身的疏忽、大意和放松质量检查,都会给公路工程最终质量带来严重的损害,因而监理工程师必须对整个工程施工实行全过程的监理。

2. 进度监理

一个工程项目,一般在合同文件中对工期都做了明确规定。承包人应根据合同规定的工期进行计划安排,制订出切实可行的工程总进度计划,提交监理工程师审查批准。监理工程师应按照此计划对其进行监理。当出现导致工程延误的关键因素时,监理工程师应及时要求承包人采取加强计划管理和技术管理等措施并调整计划,增加施工机械或人力,以保证在竣工期限内完成工程。

3. 费用监理

施工监理还应在质量符合标准、工期遵照合同要求的基础上对工程费用进行监理。工程费用包括合同文件中工程量清单内所列的以及因承包人索赔或业主未履行义务而涉及的一切费用。监理工程师应尽可能合理地减少工程量清单中所列费用以外的附加支出,达到控制费用的最佳效果。

4. 安全监理

监理工程师应审批施工单位提交的安全生产保证体系,并要求其可行、有效、可靠,以达到安全生产目标。

5. 环境保护

监理工程师应审查施工组织设计是否按设计文件和环境影响评价报告的有关要求制订施工环境保护措施,以满足公路施工环境保护的要求。

6. 合同管理

工程建设目标反映在工程参与者之间签订的合同之中,监理工程师应依照合同的约定,对工程的质量、进度、费用、安全、环保实施全面管理,并及时按工作程序处理各种问题。其主要内容包括工程分包、工程变更、工程延期、费用索赔、工程计量与支付、工程保险、业主违约、承包人违约等。

7. 信息管理

工程施工过程中,会产生形式多样的反映工程建设五大目标实施状况及参与者之间往来关系的信息,这些信息是监理工程师处理问题进行决策的基础。因此在工程建设过程中,必须准确、及时、完整地收集各类信息,并在此基础上去伪存真,抓住主要矛盾。信息的收集、整理、归档使用都是信息管理的内容。

8. 组织协调

社会监理单位是独立于业主和承包人的第三方,又处于工程建设过程中实施监督和管理的核心地位,因而具有组织协调工程建设参与各方的职责,这也是监理工程师必须完成的任务。

六、各监理阶段的主要任务

施工监理分为施工准备阶段监理、施工阶段监理,竣工及缺陷责任期阶段的监理。各个阶段的任务的主要任务是:

1. 施工准备阶段监理

在正式开工前应熟悉合同文件的内容,了解现场用地占有权和使用权的解决情况,核查设计图纸,复核定线数据,制定监理程序,审查承包人的工程总进度计划,现金流动估算,临时用地计划,审查承包人自检系统,落实承包人的材料来源等。

2. 施工阶段的监理

施工阶段的监理工作,主要是指开工后对施工质量、进度和费用等实施监理,以及进行合同管理和信息管理。

3. 竣工及缺陷责任期阶段的监理

竣工及缺陷责任期阶段的监理,主要是在竣工或部分竣工后签发交接证书,以及对未完成的工程监理和对工程缺陷的修补、修复及重建进行监理。

第三节 企业自检

一、企业自检系统

公路工程的建设在各个不同的阶段都有细致和周密的工序和步骤,这些工序、步骤、阶段的逐步实施就逐渐形成了公路工程建设的最终费用、工期和质量。常言说"产品的质量是生产出来的,而不是检验出来的"。事后检验只能在某种程度上控制不合格的工程交付使用,但已无法挽回在工程建设中费用的浪费、工期的延误和出现质量事故带来的损失,有时还会给工程留下隐患,带来难以预料的严重后果。施工企业作为公路工程产品的直接生产者,和政府监督机构、监理工程师(单位)不同,它要依照和建设单位签订的合同计划达到工程建设的费用、进度和质量的要求。因此,施工企业在公路工程质量保证体系中占有特别重要的地位。

为了按照合同的约定实现工程的目标,施工企业必须保证生产的公路工程产品达到标准,对产品实施自检是绝对不可少的质量保证环节。因此,施工企业应当建立周密的自检系统,这个工作包括以下几项内容:

1. 配备人员

施工企业应该根据工程规模的大小和工程结构的特点配备相应职称的自检人员。施工的每一道工序都应该由施工企业的自检人员按照监理工程师规定的程序提供自检报告和试验报表。

2. 配备试验设备

施工企业应配备与工程规模和结构特点相适应的试验设备。试验设备的类型、规格应符合合同文件中有关试验标准规定,并应对压力机等一些关键性设备进行核定。还应对某些实验设备的数量进行核实,分析是否能满足合同文件所需要的试验项目,以及试验设备能否在施工高峰期满足工程检验的需要。

3. 明确质量检验标准

首先要制订标准化、规范化的工作方法,建立和健全标准、规范化的工作制度。施工企业自检时,应该根据国家和交通部颁布的有关标准制定有关的工作制度,明确采用的工作方法和手段。交通部行业标准《公路工程质量检验评定标准》和《公路工程施工监理规范》、《公路、水运工程试验检测人员资质管理暂行办法》、《公路工程试验检测工作暂行规定》等应作为施工企业自检的依据。

施工企业的自检系统和施工企业的整体管理水平有密切关系,应该在施工企业中实施全面质量管理。

二、全面质量管理的基本点

全面质量管理的基本点如下:

(1)全面质量管理建立了新的质量概念——广义的质量概念。产品的质量就是其使用价值。产品的性能、寿命、可靠性、安全性、适用性、经济性以及在建设、使用过程中及时、必要的服务都属于产品质量的范畴。工程质量的好坏是由人的工作质量决定的,要管好工程质量首先必须管好人的工作质量。

(2)产品有产生和形成的过程,产品的质量也相应有个产生和形成的过程。这个过程中的每一个阶段、每一个环节都会影响产品质量的好坏。即使是一条最简单的公路的施工也是由很多的施工工序组成的,因此应对施工的全过程进行管理,围绕施工的全过程,建立一套质量保证管理体系。

(3)工程质量是在施工过程中形成的,它涉及到施工企业各部门、各环节的工作质量,要求通过工作质量来保证工程质量。施工企业的工作质量牵扯到全企业的各级领导和所有人员,施工企业中的每一个人都和工程质量有着直接或间接的关系。企业中的每一个人都应重视质量,都从自己的工作中去发现与工程质量有关的因素和特点,主动加强协作配合,互相服务,保证施工过程中的工作质量。

(4)工程质量管理的重点应从施工后的检验转移到施工前和施工中的控制指导,贯彻“预防为主”的原则。工程质量随着客观条件而变化,是一个动态的概念,必须加强动态控制,把出现质量问题的因素消灭在形成的过程中。

(5)公路是为国民经济和社会发展服务的,公路开通之后将交给社会使用,施工企业也要经受市场的检验和取舍。在施工过程中,上道工序要把下道工序作为自己的用户看待,要把自己工序的成果当作产品,使之符合下道工序的需要。树立“下道工序是用户”的观点,是质量管理尤为需要宣传、教育和提倡的,这是保证质量的根本所在。

(6)要严格按客观规律办事,尽量用数据说话。工程质量永远在波动,并且有随机分布的规律,质量的稳定只是相对的,起伏、波动、变化是绝对的。因此对质量的分析、控制和管理,要采用数理统计方法来判断工程质量的好坏程度,是否达到标准,把数据中包含着带规律性的问题用图表的方式表示出来,从“定性”的管理上升到“定量”的管理。

三、全面质量管理的方法

全面质量管理的工作方法是“计划—执行—检查—处理”工作循环,简称 PDCA(Plan—Do—Check—Action)循环。这套工作循环是由美国质量管理专家戴明博士提出的,所以又称“戴明循环”。

1. 计划阶段

计划阶段的主要内容是从适应施工要求出发,以社会经济效益为前提,通过调查研究、信息反馈,了解上一循环存在的问题,控制工作方法和目标,确定这些目标的具体措施。本阶段包含四个步骤。

(1)分析现状,找出存在的问题。

(2)分析产生问题的各种原因或影响因素。

(3)找出主要影响因素。影响因素是多方面的,从大的方面看可能有:人、机器、方法、环境等;从小的方面看,每项大的影响因素中又包含着许多具体小因素。要解决问题,就要全力找出主要影响因素,以便从主要影响因素入手。

(4)研究措施、对策,制订实施计划。在这一步骤中,应彻底弄清六个方面的问题,通常简称“5W1H”:

Why——必要性。为什么要制订这一措施或计划?有什么根据?

What——目的性。预期要达到什么目标?

Where ——地点。由哪个部门在哪里执行这一计划或措施?

When ——期限。什么时候开始执行?什么时候结束?

Who——执行人。由谁来执行?由谁来检查?

How——方法。如何执行?

2. 执行阶段

这一阶段应强调的问题,一是在执行措施前,必须对有关人员很好地传达、宣传教育和进

行必要的培训;二是要充分信任对方,信任执行人,大胆放权,让其自主行事。管理的理想状态是:全体人员都可靠,不进行核对也可放心。

3. 检查阶段

对照计划内容,检查执行情况和效果,单靠检查来进行控制的管理必然失败。但没有检查也进行不了管理。若检查发现未达到计划的预期目标,就说明计划阶段有什么问题或生产工序中某些地方发生了异常,必须要检查出异常因素,通过进一步控制这一因素来管理,而不是单纯对质量进行检查。对工程质量的检查是生产中纯技术范畴的事,与管理是截然不同的。

4. 处理阶段

在这个阶段要把成功的经验加以肯定,纳入标准、规程或制度,以便今后照办;对失败的教训也要吸取,以防止再发生;对查出的问题能够解决的,立即采取措施解决,一时不能解决的,作为遗留问题,反馈到下一循环的计划阶段进行解决。

本阶段有两个步骤:

(1)巩固措施、进行标准化;

(2)遗留问题,转入下一循环。

四、PDCA 循环的特点

(1)四个阶段,缺一不可。这四个阶段不是完全割裂、截然分开的,而是紧密衔接、连成一体的。各个阶段之间存在着一定的交叉,但对每一个具体循环而言,先后次序不可以颠倒。

(2)循环转动,周而复始,连续不断。其中处理阶段是推动循环转动的关键,使管理系统化、科学化、进入新水平。

(3)企业内部,各级都有,大环套小环,一环扣一环。例如大中小环分别相当于公司、工程队、班组和个人。上一级循环是下一级循环的依据,下一级循环是上一级循环的组成部分和保证,大中小环同时转动,把企业各项工作有机地联系起来,纳入统一的管理体系,实现总的预定目标。

(4)在循环中提高,环转一圈,一定要完成预定的目标。遗留的问题作为二次循环的依据。每转一周就是提高一步、前进一步,不停地转动,就能实现不断地提高,如同上阶梯一样,逐级上升。

PDCA 管理循环的四个阶段,符合“实践—认识—再实践—再认识”的认识论规律,是体现科学认识论的一种具体管理手段和一套完整科学的工作程序。按照这套具体程序进行管理,有助于把管理工作做得卓有成效,更好地达到预期目标。

复习思考题

1. 我国工程质量保证体系包括哪些内容?

2. 政府监督的任务是什么?

3. 社会监理的依据是什么?

4. 什么是全面质量管理?简述全面质量管理的方法。

第三章 监理组织机构

教学要求

1. 解释组织论的基本概念；
2. 描述工程监理的组织机构；
3. 描述监理单位的资质条件和监理机构设置的规定；
4. 描述监理组织机构的职责与权限；
5. 描述监理人员的资质和素质要求；
6. 描述监理设施的具体要求。

现代组织理论的研究表明，组织是除劳动力、劳动资料、劳动对象之外的第四大生产力要素，其他三大生产力要素间可以相互替代，而组织是不能相互替代的，组织可以使其他生产力要素合理配置。随着其他生产力要素相互依赖的加深和生产力要素系统化、综合化的新趋势，组织在提高经济效益方面的作用也越来越显著。

•第一节　组织论的基本概念•

工程项目组织的基本原理就是组织论，它是关于组织应当采取何种组织结构才能提高效率的观点、见解和方法的集合，组织论主要研究系统的组织结构模式和组织分工，以及工作流程组织，它是人类长期实践的总结，是管理学的重要内容。

一般认为，现代的组织理论研究分为两个相互联系的分支学科，一是组织结构学，它主要侧重于组织静态研究，目的是建立一种精干、高效、合理的组织结构；二是组织行为学，它侧重于组织动态的研究，目的是建立良好的组织关系。本节主要介绍组织结构学的内容。

一、组织与组织构成因素

1. 组织

“组织”一词的含义比较宽泛，在组织结构学中，其表示结构性组织，是指为了使系统达到特定目标而使全体参与者经分工协作及设置不同层次的权利和责任制度构成的一种组合体，如项目组织、企业组织等。组织包含 3 个方面的意思：

(1) 目标是组织存在的前提；

(2) 组织以分工协作为特点；

(3)组织具有一定层次的权力和责任制度。

工程项目组织是指为完成特定的工厂项目任务而建立起来,从事工程项目具体工作的组织。该组织是在工程项目寿命期内临时组建的,是暂时的,只是为完成特定的目的而成立。工程项目是由目标产生工作任务,由工作任务决定承担者,由承担者形成组织。

2. 组织构成因素

一般来说,组织由管理层次、管理跨度、管理部门、管理职能四大因素构成,呈上小下大的形式。四大因素密切相关、相互制约。

1)管理层次

管理层次是指从组织的最高管理者到最基层的实际工作人员的等级层次的数量。管理层次可以分为4个层次,即决策层、协调层和执行层、操作层,4个层次的职能要求不同,表示不同的职责和权限,由上到下权责递减,人数却递增。组织必须形成一定的管理层次,否则其运行将陷于无序状态,管理层次也不能过多,否则会造成资源和人力的巨大浪费。

2)管理跨度

管理跨度是指一个主管直接管理下属人员的数量。在组织中,某级管理人员的管理跨度大小直接取决于这一管理人员所要协调的工作量。跨度大,处理人与人之间关系的数量随之增大。跨度太大时,领导和下属接触频率会太高。跨度(N)与工作接触关系系数(C)的关系公式是:

$$C = N(2^{N-1} + N - 1) \tag{3-1}$$

式(3-1)为邱格纳斯公式,当 $N = 10$ 时,$C = 5210$,故跨度太大时,领导与下属常有应接不暇之感。因此,在组织结构设计时,必须强调跨度适当。跨度的大小又和分层多少有关,一般来说,管理层次增多,跨度会小;反之,层次少,跨度会大。

3)管理部门

按照类别对专业化分工的工作进行分组,以便对工作进行协调,即为部门化。部门可以根据职能来划分,可以根据产品类型来划分,可以根据地区来划分,也可以根据顾客类型来划分。组织中各部门的合理划分对发挥组织效果非常重要,如果划分不合理,就会造成控制、协调困难,从而浪费人力、物力、财力。

4)管理职能

组织机构设计确定的各部门的职能,在纵向要使指令传递、信息反馈及时,在横向使各部门相互联系、协调一致。

二、组织结构设计

组织结构是指在组织内部构成和各部分之间所确定的较为稳定的相互关系和联系方式。简单地说,就是指对工作如何进行分工、分组和协调合作。组织结构设计是对组织活动和组织结构的设计过程,目的是提高组织活动的效能,是管理者在建立系统有效关系中的一种科学、有意识的过程,既要考虑外部因素,又要考虑内部因素。组织结构设计通常要考虑下列6项基本原则。

1. 工作专业化与协作统一

强调工作专业化的实质就是要求每一个人专门从事工作活动的一部分,而不是全部。通过重复性的工作使员工的技能得到提高,从而提高组织的运行效率;在组织机构中还要强调协作统一,就是明确组织机构内部各部门之间和各部门内部的协调关系和配合方法。

2. 才职相称

通过考察个人的学历与经历或其他途径,了解其知识、才能、气质、经验,进行比较,使每个人具有的和可能具有的才能与其职务要求相适应,做到才职相称,才得其用。

3. 命令链

命令链是指存在于从组织的最高层到最基层的一种不间断的权力路线。每个管理职位对应着一定的人,在命令链中都有自己的位置;同时,每个管理者为完成自己的职责任务,都要被授予一定的权力。也就是说,一个人应该只对一个主管负责。

4. 管理跨度与管理层次相统一

在组织结构设计的过程中,管理跨度和管理层次成反比关系。在组织机构中当人数一定时,如果跨度大,层次则可适当减少;反之,如果跨度缩小,则层次就会增多。所以,在组织设计的过程中,一定要全面、通盘地考虑各种影响因素,科学确定管理跨度和管理层次。

5. 集权与分权统一

在任何组织中,都不存在绝对的集权和分权。从本质上来说,这是一个决策权应该放在哪一级的问题。高度的集权造成盲目和武断,过分的分权则会导致失控、不协调。所以,在组织结构设计中,在相应的管理层次如何采取集权或分权的形式要根据实际情况来确定。

6. 正规化

正规化是指组织中的工作实行标准化程序,应该通过提高标准化的程度来提高组织的运行效率。

三、组织机构活动基本原理

1. 要素有用性原理

一个组织系统中的基本要素有人力、财力、物力、信息、时间等,这些要素都是必要的,但每个要素的作用大小是不一样的,而且会随着时间、场合的变化而变化。所以在组织活动过程中应根据各要素在不同的情况下的不同作用,进行合理安排、组织和使用,做到人尽其才、财尽其利、物尽其用,尽最大可能提高各要素的利用率。

一切要素都有用,这是要素的共性,然而要素除了有共性外,还有个性。比如同样是工程师,由于专业、知识、经验、能力不同,所起的作用就不相同。所以,管理者要具体分析各个要素的特殊性,以便充分发挥每一要素的作用。

2. 动态相关性原理

组织系统内部各要素之间既相互联系,又相互制约;既相互依存、又相互排斥。这种相互作用的因子叫做相关因子,充分发挥相关因子的作用,是提高组织管理效率的有效途径。事物在组合过程中,由于相关因子的作用,可以发生质变,一加一可以等于二,也可以大于二,还可以小于二,整体效应不等于各局部效应的简单相加,这就是动态相关性原理。组织管理者的重要任务就是在于使组织机构活动的整体效应大于各局部效应之和,否则,组织就没有存在的意义了。

3. 主观能动性原理

人是生产力中最活跃的因素,因为人是有生命的、有感情的、有创造力的。人会制造工具,会使用工具劳动并在劳动中改造世界,同时也在改造自己。组织管理者应该充分发挥人的主观能动性,只有当主观能动性发挥出来时才会取得最佳效果。

4. 规律效应性原理

规律是客观事物内部的、本质的、必然的联系。一个成功的管理者应该懂得,只有努力揭示和掌握管理过程中的客观规律,按规律办事,才能取得好的效应。

第二节　工程监理组织机构

监理单位受建设法人委托,对具体的工程项目实施监理,必须建立实施监理工作的组织,即监理组织机构。监理机构是由监理单位派出并代表监理单位履行监理合同的现场监理组织。

一、监理的组织机构

监理组织机构应根据工程项目组成、工程规模、难易程度、合同工期、施工合同段的划分及现场条件等来设置,在设置监理机构时,还应贯穿提高效率、明确分工、责任到人、相互协作、分级监督的基本原则。从我国公路工程项目的实际出发,根据不同情况设置现场机构,现场监理机构一般可视情况分别设置一级、二级监理机构。

《公路工程施工监理规范》(JTG G10—2006)对监理机构的设置明确要求:

高速和一级公路可设置二级监理机构,即总监理工程师办公室(简称"总监办")和驻地监理工程师办公室(简称"驻地办")。开工里程在 20km 以下的,宜设置一级监理机构,即总监办。

二级和二级以下公路及养护工程可根据工程规模、难易程度、合同工期安排、现场条件等因素设置一级或二级监理机构。

公路机电工程可设置一级监理机构。

1. 一级监理机构

对于工程规模不大,且施工内容相对比较单一的工程而言,一般设置一级监理机构即驻地监理工程师办公室,并通过若干合同段监理工程师来完成该项目的监理任务,如图 3-1 所示。如一般工程较集中的特大桥、隧道等就设置一级监理机构。

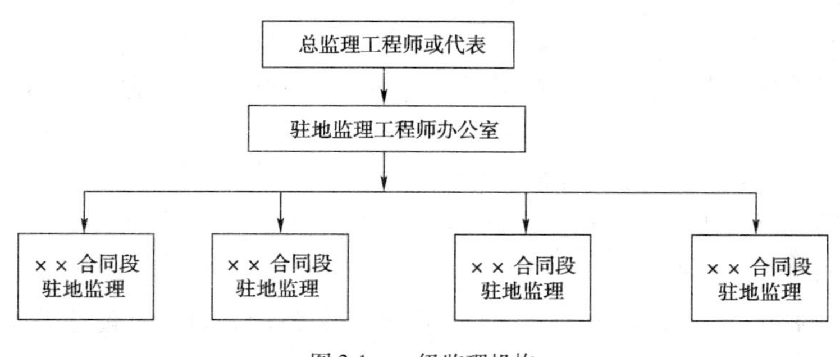

图 3-1　一级监理机构

2. 二级监理机构

当工程规模较大或工程施工内容较为复杂，存在两个独立工程项目或设置了不止一个监理合同段时，可以成立二级监理组织机构，即总监代表处和驻地监理工程师办公室（简称驻地办），如图 3-2 所示。

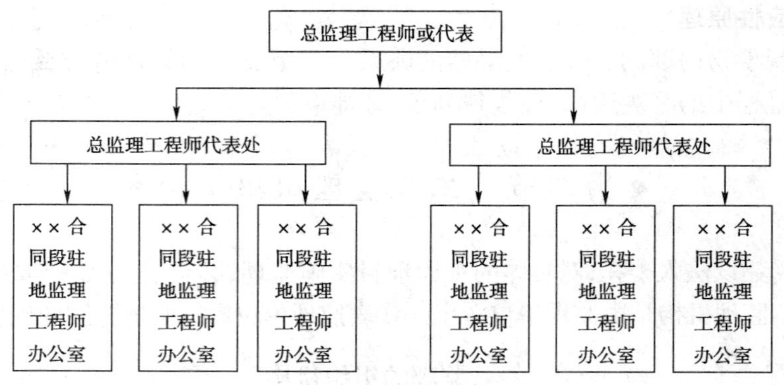

图 3-2　二级监理机构

二、监理的组织模式

项目监理组织形式有多种，常用的基本组织结构形式有以下 3 种：

1. 直线式项目监理组织

直线式是早期采用的一种项目管理形式，来自于军事组织系统，它是一种线性组织结构，其本质就是使命令线性化。整个组织自上而下实行垂直领导，不设职能机构，可设职能人员协助主管人员工作，主管人员对所属单位的一切问题负责，其特点是：权利系统自上而下形成直线控制，权责分明，如图 3-4 所示。

1）直线式组织形式的应用

通常独立的项目和单个中小型的工程项目都采用直线式组织形式。这种组织结构形式与项目的结构分解图有较好的对应性。

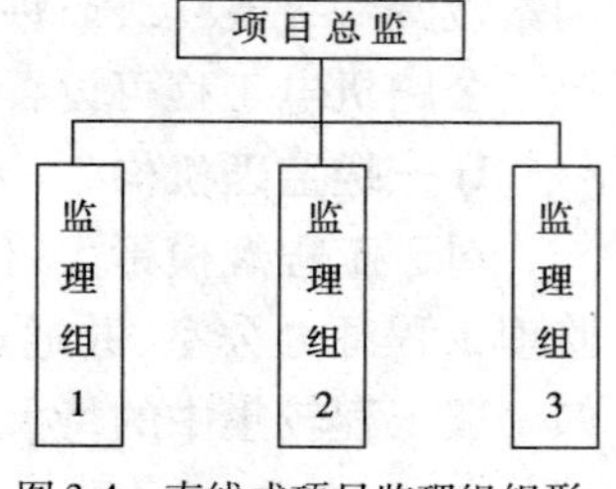

图 3-4　直线式项目监理组织形式示意图

2）直线式项目组织的优点

（1）保证单头领导，每个组织单元仅向一个上级负责，一个上级对下级直接行使管理和监督的权力即直线职权，一般不能越级下达指令。项目参加者的工作任务、责任、权力明确，指令唯一，这样可以减少扯皮和纠纷，协调方便。

（2）具有独立的项目组织的优点，尤其是项目总监能直接控制监理组织资源，向业主负责。

（3）信息流通快，决策迅速，项目容易控制。

（4）项目任务分配明确，责权利关系清楚。

3）直线式项目组织的缺点

（1）当项目比较多、比较大时，每个项目对应一个组织，使监理企业资源难以达到合理使用。

(2)项目总监责任较大,一切决策信息都集中于他处,这要求他能力强、知识全面、经验丰富,是一个“全能式”人物,否则决策较难、较慢,容易出错。

(3)不能保证项目监理参与单位之间信息流通速度和质量。

(4)监理企业的各项目间缺乏信息交流,项目之间的协调、企业的计划和控制比较困难。

2. 职能式项目监理组织

职能式组织形式是在泰勒的管理思想的基础上发展起来的一种项目组织形式,是一种传统的组织结构模式,它特别强调职能的专业分工,组织系统是以职能为划分部门的基础,把管理的职能授权给不同的管理部门。这种监理组织形式,就是在项目总监之下设立一些职能机构,分别从职能角度对基层监理组织进行业务管理,并在总监授权的范围内,向下下达命令和指示。这种组织形式强调管理职能的专业化,即把管理职能授权给不同的专业部门,如图 3-5 所示。

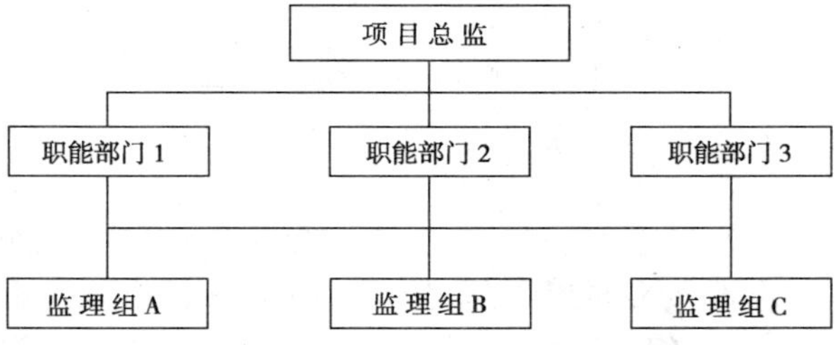

图 3-5　职能式项目监理组织形式示意图

在职能式的组织结构中,项目的任务分配给相应的职能部门,职能部门经理对分配到本部门的项目任务负责。职能式的组织结构适用于任务相对比较稳定明确的项目监理工作。

1)职能式项目监理组织形式的优点

(1)由于部门是按职能来划分的,因此各职能部门的工作具有很强的针对性,可以最大程度地发挥人员的专业才能,减轻项目总监的负担。

(2)如果各职能部门能做好互相协作的工作,对整个项目的完成会起到事半功倍的效果。

2)职能式项目组织形式的缺点

(1)项目信息传递途径不畅。

(2)工作部门可能会接到来自不同职能部门的互相矛盾的指令。

(3)当不同职能部门之间存在意见分歧,并难以统一时,互相协调存在一定的困难。

(4)职能部门直接对工作部门下达工作指令,项目总监对工程项目的控制能力在一定的程度上被弱化。

3. 矩阵式项目监理组织

矩阵式项目监理组织是现代大型工程管理中广泛采用的一种组织形式,是美国 20 世纪 50 年代创立的一种组织形式,它把职能原则和项目对象原则结合起来建立工程项目管理组织机构,使其既能发挥职能部门的横向优势,又能发挥项目组织纵向优势。从系统论的观点来看,解决问题不能只靠某一部门的力量,一定要各方面专业人员共同协作。矩阵式的监理组织由横向职能部门系统和纵向子项目组织系统组成,如图 3-6 所示。

1)特征

(1)项目监理组织机构与职能部门的结合部同职能部门数相同,多个项目与职能部门的结合呈矩阵状。

(2)把职能原则和对象原则结合起来,即发挥职能部的横向优势,又发挥项目组织的纵向优势。

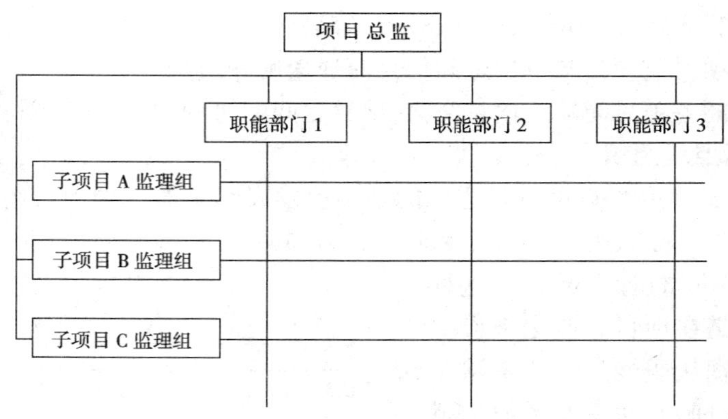

图3-6　矩阵式项目监理组织形式示意图

(3)专业职能部门是永久性的,项目组织是临时性的。职能部门负责人对参与项目组织的人员有组织调配、业务指导和管理考察权,项目总监将参与项目组织的职能人员在横向上有效地组织在一起,为实现项目目标协同工作。

(4)矩阵中每个成员或部门,接受原部门负责人和项目总监的双重领导,但部门的控制力要大于项目的控制力,部门负责人有权根据不同项目的需要和忙闲程度,在项目之间调配本部门人员。一个专业人员可能同为几个项目服务,特殊人才可充分发挥作用,免得人才在一个项目中闲置又在另一个项目中短缺,大大提高人才利用率。

(5)项目总监对"借"到本项目监理部来的成员,有权控制和使用,当感到人力不足或某些成员不得力时,他可以向职能部门求援或要求调换、退回原部门。

(6)项目监理部的工作有多个职能部门支持,项目监理部没有人员包袱。但要求在水平方向和垂直方向有良好的信息沟通及良好的协调配合,对整个企业组织和项目组织的管理水平和组织渠道畅通提出了较高的要求。

2)适用范围

(1)适用于平时承担多个需要进行项目监理工程的企业。在这种情况下,各项目对专业技术人才和管理人才都有需求,加在一起数量较大。采用矩阵制组织可以充分利用有限的人力资源对多个项目进行监理,特别有利于发挥稀有人才的作用。

(2)适用于大型、复杂的监理工程项目。因大型复杂的工程项目要求多部门、多技术、多工种配合实施,在不同的阶段,对不同人员,有不同数量和搭配各异的需求。显然,矩阵式项目监理组织形式可以很好地满足其要求。

3)优点

(1)能以尽可能少的人力,实现多个项目监理的高效率。原因是通过职能部门的协调,一些项目上的闲置人才可以及时转移到需要这些人才的项目上去,防止人才短缺。项目组织因此具有弹性和应变力。

(2)有利于人才的全面培养。可以使不同知识背景的人在合作中相互取长补短,在实践中拓宽知识面,发挥纵向的专业优势,使人才在深厚的专业训练基础之上成长。

4)缺点

(1)由于人员来自监理企业部门,且仍受职能部门控制,故凝聚在项目上的力量减弱,往往使项目组织的作用发挥受到影响。

(2)管理人员或专业人员如果身兼多职地监理多个项目,便往往难以确定监理目的优先顺序,有时难免顾此失彼。

(3)双重领导。项目组织中的成员既要接受项目总监的领导,又要接受监理业中原职能部门的领导,在这种情况下,如果领导双方意见和目标不一致、乃至有矛盾时,当事人便无所适从。要防止这一问题产生,必须加强项目总监和部门负责人之间的沟通,还要有严格的规章制度和详细的计划,使工作人员尽可能明确在不同时间内应当干什么工作。

(4)矩阵式组织对监理业管理水平、项目管理水平、领导者的素质、组织机构的办事效率、信息沟通渠道的畅通,均有较高要求。因此要精于组织、分层授权、疏通渠道、理顺关系。由于矩阵式组织的复杂性和结合部多,造成信息沟通量膨胀和沟通渠道复杂化,致使信息梗阻和失真,所以要求协调组织内部的关系时必须有强有力的组织措施和协调办法以排除难题,层次、权限要明确划分。当有意见分歧难以统一时,监理企业领导和项目总监要及时出面协调。

• 第三节　监理单位资质及监理人员的配置 •

一、决定监理单位资质的因素

监理单位的资质主要体现在监理能力和监理效果两个方面。所谓监理能力是指能监理多大规模及复杂程度大小的建设工程项目。监理效果是指对建设工程项目实施监理后,在工程投资、质量进度控制等方面取得的成果。

监理单位的监理能力和监理效果主要取决于监理人员的素质、专业配套能力、技术装备、监理经历和管理水平等。我国现行的建设监理法规规定,按照这几方面的标准来划分与审定监理单位的资质等级。

监理单位是智能型企业,提供高智能的技术服务,其工作性质决定了监理单位是高智能的人才库。较之一般的物质生产企业来说,监理单位对人才素质的要求更高。

1. 监理人员要具有较高的工程技术或经济专业知识

监理单位的监理人员要具有较高的学历。一般说来,从事监理工作的人员都应具有大专及以上学历,同时具有大学本科学历人员应占大多数。

在技术职称方面,一般要求监理单位拥有中级及以上专业技术职称的人员达70%以上,初级职称人员为20%左右,而其他人员应在10%以下。

对于监理单位负责人的素质要求更高,在技术方面应当具有高级专业技术职称,应具有较强组织协调和领导才能,并已取得国家确认的监理工程师资格证书。同时还要掌握与自己本专业相关的其他专业方面以及经营管理方面的知识,成为一专多能的复合型人才。

2. 专业配套能力

任何一项工程建设,均需要若干个专业人员的协同工作和相互配合,如主要从事民用建筑工程建设监理业务的监理单位，要配备建筑、结构、电气、给排水、供暖、测量工程、预算等专业人员，档次较高的民用建筑监理，还需要配备机械设备、电信、地下工程等专业人员等。一个监理单位，按照它所从事的监理业务范围的要求，配备的专业监理人员是否齐全，在很大程度上决定了它的监理能力的强弱。在审定监理单位资质的时候，专业监理人员的配备是否与其申请的监理业务范围相一致也是一项十分重要的考核内容。如果一个监理单位在某一方面缺少专业监理人员或者在某一方面专业监理人员素质很低，那么，这个监理单位就不能从事相应专业的监理工作。另外，各主要专业的监理人员中应当有1~2人具有高级专业职称。主要人员还应取得监理工程师岗位证书，这也是专业配套能力的重要标志。若达不到这个标准，则视为监理单位配套能力不强，应限制其承接监理业务的范围。

从工程建设监理的基本内容要求出发，监理单位还应当在质量控制、进度控制、投资控制、安全生产、环境保护、合同管理、信息管理和组织协调等方面具有专业配套能力。

3. 技术装备

监理单位技术装备的数量、检测水平的高低也是其资质要素的重要因素。监理单位应有必要的验证性的具体工程建设实施行为，对某些关键性部位结构或工艺设计进行复核，运用高精度的测量仪器对建筑物方位进行复核测定，从而对其做出科学判断，加强对工程建设的监督管理。因此，监理单位应具备一定数量的计算机、测量、试验检测仪器、通信、照相录像等设备。上述技术装备中，一般仪器可由监理单位自备使用，特殊设备当建设单位无法提供的，可委托或联合有关检测单位进行检测，但所发生的费用一般应由建设单位支付。

4. 管理水平

监理单位管理水平的高低，首先是看监理单位的规章制度是否健全与贯彻执行，其次是看监理单位负责人的技术水平、品德作风、领导艺术和方法、民主意识及开拓进取精神。

监理单位的管理规章制度应当包括组织管理、人事管理、财务管理、生产经营管理、科技及设备方面的管理及考核等制度。这些制度要能有效执行和贯彻，并取得实效。同时其管理水平主要反映在能否将本部门的人、财、物很好地调动起来，做到人尽其才，物尽其用。监理人员还要做到遵纪守法，模范地遵守监理工程师职业道德准则，能协调各专业工程矛盾，驾驭市场，占领市场，取得良好的社会效益和经济效益。

5. 监理的经历和业绩

一般地讲，监理单位自成立之后，从事监理工作的历程，即从事监理工作的年限越长，监理的工程项目会越多，监理的经验也会越丰富，因此其监理的效果也会很大。监理经历是监理单位的宝贵财富，是构成其资质的要素之一。

监理的业绩主要是指监理单位在开展项目监理业务中所取得的成绩，这里包括监理单位在控制工程建设投资，保证工程质量和按期完成等方面所取得的成效。因此，有关部门在审定监理单位资质时，一定要把监理单位监理过的竣工工程数量、监理过什么等级的工程、取得什么样的监理效果作为监理单位重要资质要素来审定。

二、监理单位的资质条件

监理单位的资质等级分为甲、乙、丙三级，交通部《公路水运工程监理企业资质等级条件》中明确规定了各资质等级的条件。

1. 甲级监理资质条件

（1）人员、业绩和人员结构条件：

企业负责人和技术负责人中至少有2人具有公路或者相关专业高级技术职称，10年以上从事公路、桥梁、隧道工程工作经历，5年以上监理或者建设管理工作经历，已取得监理工程师资格。

企业拥有中级职称以上各类专业技术人员不少于50人。其中，持监理工程师资格证书的人数不少于30人，工程系列高级专业技术人员数不少于10人，高、中级经济师或者高、中级会计师不少于3人。上述各类人员中，与企业签订3年以上劳动合同的人数比例不低于70%。

持监理工程师证书人员中，不少于15人具有2项一类工程监理业绩，不少于5人具有高级驻地监理工程师经历；上述人员与企业签订的劳动合同不少于3年。不具备本条前述条件，但具备以下条件者视为符合本条条件：监理企业具备不少于5项二类以上工程业绩（以《项目监理评定书》为准，下同）。

企业各类专业技术人员结构合理。主要包括路基路面、桥隧结构、试验检测、工程地质、工程经济、合同管理等专业人员。

（2）企业拥有材料、路基路面等工程试验检测设备和测量放样等仪器，具备建立工地试验室的条件。

（3）企业注册资金不少于400万元。

（4）企业具有完善的规章制度和组织体系。

（5）企业作为工程质量事件当事人，已经有关主管部门认定无责任，或者虽然受到有关主管部门的行政处罚但处罚期实施已满1年。

2. 乙级监理资质条件

（1）人员、业绩和人员结构条件：

企业负责人和技术负责人中至少有2人具有公路或者相关专业中级技术职称，8年以上从事公路、桥梁、隧道工程工作经历，3年以上监理或者建设管理工作经历，已取得监理工程师资格。

企业拥有中级职称以上各类专业技术人员不少于30人。其中，持监理工程师资格证书的人数不少于18人，工程系列高级专业技术人员数不少于5人，经济师、会计师不少于2人。上述各类人员中，与企业签订3年以上劳动合同的人数比例不低于70%。

持监理工程师证书的人员中，不少于9人具有2项二类及以上工程监理业绩，不少于3人具有高级驻地监理工程师经历；上述人员与企业签订的劳动合同不少于3年。不具备本条前述条件，但具备以下条件者视为符合本条条件：监理企业具备不少于5项三类以上工程业绩。

各类专业技术人员结构合理。主要包括路基路面、桥隧结构、试验检测、工程地质、工程经济、合同管理等专业人员。

（2）企业拥有材料、路基路面等工程试验检测设备和测量放样等仪器，具有建立工地试验室的条件。

（3）企业注册资金不少于200万元。

（4）企业具有完善的规章制度和组织体系。

（5）企业作为工程质量事件当事人，已经有关主管部门认定无责任，或者虽然受到有关主管部门的行政处罚但处罚期实施已满1年。

3. 丙级监理资质条件

(1)人员、业绩和人员结构条件:

企业负责人和技术负责人中至少有2人具有公路或者相关专业中级技术职称,5年以上从事公路、桥梁、隧道工程工作经历,2年以上监理或者建设管理工作经历,已取得监理工程师资格。

企业拥有中级职称以上各类专业技术人员不少于20人。其中,持监理工程师资格证书的人数不少于8人,工程系列高级技术职称人数不少于3人,经济师、会计师不少于1人。上述各类人员中,与企业签订3年以上劳动合同的人数比例不低于70%。

持监理工程师证书的人员中,不少于3人具有2项三类及以上工程监理业绩,上述人员与企业签订的劳动合同不少于3年。

各类专业技术人员结构合理。主要包括路基路面、桥隧结构、试验检测、工程地质、工程经济、合同管理等专业人员。

(2)企业拥有必要的试验检测设备和测量放样仪器。

(3)企业注册资金不少于50万元。

(4)企业拥有完善的规章制度和组织体系。

(5)企业作为工程质量事件当事人,已经有关主管部门认定无责任,或者虽然受到有关主管部门的行政处罚但处罚期实施已满1年。

4. 特殊独立大桥专项监理资质条件

(1)已取得公路工程甲级监理资质。

(2)持监理工程师证书人员中,有不少于20人具有特大桥监理业绩,上述人员与企业签订的劳动合同不少于3年。不具备本条前述条件,但具备以下条件者视为符合本条条件:监理企业具有4项以上特大桥监理业绩。

5. 特殊独立隧道专项监理资质条件

(1)已取得公路工程甲级监理资质。

(2)持监理工程师证书人员中,有不少于20人具有特长隧道监理经历,有不少于10人是隧道专业监理工程师,上述人员与企业签订的劳动合同不少于3年。不具备本条前述条件,但具备以下条件者视为符合本条条件:监理企业具有2项以上特长隧道监理业绩。

6. 公路机电工程专项监理资质条件

(1)人员、业绩和人员结构条件:

企业负责人和技术负责人中至少2人以上具有机电专业高级技术职称,8年以上从事相关专业工作经历,5年以上监理或者建设管理工作经历,已取得公路机电专业监理工程师资格。

企业拥有中级职称以上各类专业技术人员不少于30人。其中,持公路机电专业监理工程师资格证书人数不少于15人,高级专业技术人员数不少于10人,经济师、会计师不少于2人。上述各类人员中,与企业签订3年以上劳动合同的人数比例不低于70%。

持监理工程师证书人员中,不少于8人具有公路机电工程监理业绩,以上人员与企业签订的劳动合同不少于3年。

(2)企业拥有公路机电工程所需的常用试验检测设备。

(3)企业注册资金不少于200万元。

(4)企业具有完善的规章制度和组织体系。

(5)企业作为工程质量事件当事人,已经有关主管部门认定无责任,或者虽受到有关主管部门的行政处罚但处罚期实施已满1年。

以上条件所称监理工程师除丙级资质条件外,均指交通部监理工程师。

三、监理人员的配置

1. 监理人员配备的依据和原则

公路工程施工监理项目的人员配备主要依据监理内容、工程规模的大小、合同工期、工程条件和施工条件等因素,并参照交通部颁发的《公路工程施工监理规范》(JTG G10—2006)和《公路工程施工监理办法》(交通部交工发[1992]387号)中有关指导性规定进行合理的配置。监理人员数量可按各阶段特点进行调整,详细安排应在施工监理服务合同中写明。监理人员的配备还以照顾各个主要工作面、各种专业技术和年龄结构适中、能够实施有效监控为原则。既要有基础理论知识扎实、技术水平高、有丰富的施工经验、具有设计和试验知识的高级监理人员,也要有相当专业技术水平和施工及监理经验、善于进行监督管理的中级人员,还要有能在关键工序进行全过程旁站监视的现场监理人员及辅助管理人员,构成一个专业配套合理、精明能干的监理组织,以保证能高效完成监理任务。

2. 监理人员的组合

监理人员的组合应合理,总监理工程师及其办公室各专业部门负责人及驻地监理工程师等各类高级监理人员,一般应占监理总人数的10%~15%,各类专业监理工程师等中级专业监理人员(专业监理工程师)应占监理总人数的50%~55%,各类专业工程师助理及辅助人员等初级监理人员(监理员)一般应占监理总人数的20%~25%;行政事务人员一般应控制在监理总人数的10%以内。

3. 监理人员的数量

监理人员的数量可由建设单位及监理单位依据交通部颁发的《公路工程施工监理规范》和《公路工程施工监理办法》中有关指导性的规定确定,并应明确写入《施工监理服务合同》中。

监理人员的数量要满足工程项目进行质量、安全、环保、费用、进度监理和和合同管理、信息管理的需要,一般应按每年计划完成的投资额并结合工程的技术等级、工程种类、复杂程度、设计深度、通行条件、当地气候、工地地形、施工工期、施工方法等各项实际因素,综合进行测算确定。

《公路工程施工监理规范》(JTG G10—2006)明确规定:

高速公路、一级公路工程每年每5000万元建安费宜配备交通部核准资格的监理工程师1名;独立大桥、特长隧道工程每年每3000万元建安费宜配备交通部核准的监理工程师1名。

高速公路机电工程,每50km每系统宜配备交通部核准资格的监理工程师1名,根据工程情况,若系统复杂或隧道机电工程内容较多,可适当增加。

上述配置如遇重大工程变更等情况,人员配备应根据需要进行调整,并就工程内容的变化、人员的调整事宜签订补充合同。

总监办应配备1名总监理工程师和若干名专业监理工程师。总监理工程师应具有相应专业的高级技术职称、5年以上的现场工程监理经历、担任过2项以上同类工程的驻地或总监职务。

驻地办应根据工程复杂程度配备1~2名驻地监理工程师和若干名专业监理工程师。驻地监理工程师应具有相应专业的中级或高级技术职称、同类工程3年以上监理经历。

•第四节　监理组织机构的职责与权限•

国际惯例中按FIDIC合同实施的工程监理是以业主为主导、监理为核心、承包人为主力、合同为依据、经济为纽带的项目管理模式;它不是单纯的技术管理,而是技术、管理、经济、法律的统一,并以法律关系形式确定了业主、监理、承包人在完成工程项目中的职责、义务和权限的关系。大量的工程监理实践证明:工程监理职责与权限的匹配,是工程监理组织设置时应考虑的主要因素,也是顺利开展监理工作,确保工程项目实现最终目标的重要条件。作为一名工程监理人员,必须掌握和深谙在工程监理组织以及合同条件规定的范围内应有的职责与权限,严格按业主和监理单位签订的监理服务合同所授予的职权范围以及按业主和承包人签订的合同文件中明确规定的各项工作内容执行。

监理工程师受业主委托,行使合同中规定的职责,负责合同管理和工程监督。监理工程师对工程的监理管理与承包人对工程的施工管理相比,其方法和要求不一样。承包人是具体的工作实施者,需要制订详细的施工进度,按工程施工的先后次序调度工程,按照合同要求进行质量控制,以保证高速、优质地完成工程。监理工程师则不具体安排施工和具体去控制质量,而是客观上控制施工进度,按承包人的周日计划、月计划进行检查督促。对施工质量主要是按照合同技术规范、图纸内的要求去检查,制止影响工程质量的各种不利因素。对于工程成本、承包人要精心研究如何降低成本、提高利润,而监理工程师主要是按照合同规定,特别是工程量表的规定,严格为业主把住支付这一关,并且防止承包人不合理的索赔要求。

一、监理工程师的职责与权限

1. 工程质量监理的职责与权限

(1)向承包人书面提供图纸中的原始基准点、基准线和基准高程等资料,进行现场交验并验收承包人的施工放样。

(2)在开工前和施工过程中,检查用于工程的材料、设备,对于不符合合同要求的,有权拒绝使用。

(3)签发各项工程的开工通知单,必要时通知施工单位暂时停止整个工程或任务部分工程的施工。

(4)对承包人的检验、测试工作进行全面监理;有权利用施工单位或自备的测试仪器设备,对工程质量进行检验,凭数据对工程质量进行监理。

(5)按施工程序旁站,对每道工序、每个部门进行质量检查和现场监督,对重要工程跟班检查,对质量符合施工合同规定的部分和全部工程予以签认;对不符合质量要求的工程,有权要求承包人返工或采取其他补救措施，以达到合同规定的技术要求。

2. 工程进度监理的职责与权限

(1)审批承包人在开工前提交的总体施工进度计划、现金流动计划和总说明以及在施工阶段提交的各种详细计划和变更计划。

(2)审批承包人根据总体施工进度计划编制的年度计划。

(3)在施工过程中检查和监督计划的实施。当工程未能按计划进行时，应要求承包人调整或修改计划，并通知承包人采取必要的措施加快施工进度，以使实际施工进度符合施工合同的要求。

(4)定期向业主报告工程进度情况，当施工进度可能导致合同工期严重延误时，有责任提出中止执行施工合同的详细报告，供业主采取措施或做出相应的决定。

3. 工程费用监理的职责与权限

(1)签发动员预付款支付证书。

(2)按施工合同的规定，现场计量核实合同工程量清单规定的任何已完成工程的数量和价值。

(3)按合同规定审查、签发中期支付证书及合同中止后任何款项的支付证书。对不符合合同文件要求的工程项目和施工活动，有权暂拒支付，直到上述项目和施工活动达到要求。

(4)按施工合同文件规定，对合同执行期间由于国家(省或自治区、直辖市)颁布的法律、法令、法规等致使工程费用发生的增减和其他事项(人工、材料等)价格的涨落而引起的工程费用的变化，监理工程师在与业主和承包人协商后，计算确定新的合同价格或调整幅度，予以签认。

4. 合同管理监理的职责与权限

(1)主持开工前的第一次工地会议和施工阶段的常规工地会议，并签发会议记录；有权参加承包人为实施合同组织的有关会议，协调工地各承包人(含指定分包人)的有关联席会议。

(2)按施工合同规定的变更范围，对工程或其任何部分的形式、质量、数量及任何工程施工程序做出变更的决定，确定变更工程的单价和价格，经业主同意下达变更令。

(3)对承包人提出的竣工期延长或费用索赔，应就其中申述的理由，查清全部情况，并根据合同规定程序审定延长工期或索赔的款项，经业主批准后发出通知。

(4)审查承包人的任何分包人的资格和分包工程的类型、数量，按合同规定程序和权限审批。

(5)监督承包人进入本工程的主要技术、管理人员的构成、数量与合同所列名单是否相符；对不称职的主要技术、管理人员，监理工程师有权提出更换要求。

(6)对承包人的主要施工机械设备的数量、规格、性能按合同要求进行监督、检查。由于施工机械设备原因影响工程工期、质量的，监理工程师有权提出更换或停止支付。

(7)督促业主及时妥善履行合同规定的各项责任和法定承诺。

二、各级监理人员的职责与权限

1. 总监理工程师及其代表的职责与权限

(1)负责和主持总监办的监理业务工作，在合同规定范围内对工程项目的监理业务具有决定权。

(2)解释或纠正合同文件中不明确或不一致的地方。

(3)审查、批准和签发重大工程变更、工程延期、费用索赔、单价调整等命令和报告。

(4)主持工程项目重大质量事故的处理。

(5)签发支付证书、月进度报告、工程竣工移交证书和工程缺陷责任终止证书等。

(6)对监理人员进行协调和管理,对监理人员履行职责的能力、表现和职业道德进行考核、评价和处理。

2. 高级驻地监理工程师的职责与权限

(1)对总监理工程师负责,负责并主持驻地监理工程师办公室的一切监理业务,对其所属监理人员的工作进行管理、检查和协调。

(2)全面熟悉合同文件,及时解决合同执行过程中的一般性问题。

(3)审批一般工程变更,审理延期和索赔的原因,并提出处理意见。

(4)审查承包人的施工进度计划、施工组织设计与施工方案。

(5)签发分项工程开工令、中间交工证书,审核、签认中期支付证书和最终支付证书。

(6)对工程项目的进度、质量实施全面监控,对施工中出现的问题应按合同要求和技术规范的规定提出处理意见,向承包人签发工作指示。

(7)主持工地会议,研究和解决施工中的各种问题。

(8)办理总监、副总监交办的其他事项。

3. 监理员的职责与权限

(1)熟悉合同条款和本专业的技术标准、规范、规程、图纸及其变更或特殊要求,并予以落实和实施。

(2)严格施工现场监理,对施工现场进行有效的质量控制,对工程的重要环节或关键部位,实施全过程的现场察看监理。

(3)参加审查承包人的施工进度计划和施工方案,并督促检查其执行情况。

(4)监督检查承包人的各项试验、测量工作,复核所有试验、测量记录,认定并留下痕迹。

(5)初审承包人提交的各种资料和表格,核实承包人提交的工程计量表,提出审查意见。

(6)执行监理细则,做好监理日志和填好各种监理图表。

(7)复核承包人提出的延期、索赔申请的依据、期限和费用计算,并提出复核意见。

(8)办理高级驻地工程师、专业监理工程师交办的其他工作。

三、各级监理机构的职责与权限

《公路工程施工监理规范》(JTG G10—2006)中对监理机构的职责明确规定:当采用二级监理机构和监理总承包时,应由中标的监理单位划分各级监理机构及监理人员的职责和权限;当对监理机构分别招标时,应由建设单位划分确定监理机构各自的职责和权限。

1. 总监办的职责与权限

(1)主持编制监理计划;

(2)主持召开监理交底会、第一次工地会议;

(3)按合同要求建立中心试验室;

(4)审批施工组织设计及总体进度计划、重要工程材料及配合比;
(5)签发支付证书、合同工程开工令、单位或合同工程的暂停令和复工令;
(6)审核变更单价和总额以及延期和费用索赔;
(7)协助建设单位审查交工验收申请,评定工程质量;
(8)组织编写监理月报,编制监理竣工文件,编写监理工作报告。

2. 驻地办的职责与权限

(1)主持编制监理细则;
(2)主持召开工地会议;
(3)按合同要求建立驻地试验室;
(4)审批一般工程原材料和混合料配合比、施工单位的机械设备、施工方案;
(5)审批施工单位测量基准点的复测、原地面线测量及施工放线成果;
(6)审批分项工程开工申请,签发分项和分部工程暂停令和复工令;
(7)日常巡视、旁站、抽检,并做好记录;
(8)核算工程量清单,负责对已完工程进行计量;
(9)组织分项、分部工程中间验收和质量评定,签发中间交工证书;
(10)审批月进度计划,编写合同段监理工作报告。

四、各职能部门监理的职责与权限

1. 工程技术办公室的职责与权限

(1)指导、协调整个工程项目的计划、工程技术、质量管理工作,制定有关的管理制度、规定和工作程序,负责组织有关工程技术、质量计划管理方面人员的业务学习和交流。

(2)负责对承包人、主要管理人员和分包人的审批。

(3)负责解释、修正技术规范和设计图纸中的遗漏、错误与含糊不清的问题。

(4)协助驻地监理组审查承包人的总体施工计划和重要施工方案,检查和督促各项计划的实施,协助驻地监理组定期召开计划协调会议。

(5)负责解决施工中的重要技术、质量问题,参加重大质量、技术问题的处理。

(6)审查与处理工程变更报告,指导与帮助驻地监理组搞好一般变更;配合合同管理办公室处理工程延期、索赔及工程质量等问题。

(7)协助驻地监理组审查试验路段方案、工艺和特殊技术处理措施;抽查工程质量,掌握整个工程项目的工程质量动态。

(8)参加工程项目的竣工验收和缺陷责任期验收工作。

2. 合同管理办公室的职责与权限

(1)指导、协调整个工程项目的合同管理工作,制定有关合同管理的制度和工作程序,负责组织有关人员的合同管理业务学习和交流。

(2)负责解释合同条款,处理合同文件的遗漏、错误及含糊不清等问题,协助解决合同争端。

(3)审查驻地监理组报送的支付报表及原始凭证等,审核中期支付证书、最终支付证书及合同终止后任何付款的支付证书。

(4)审查、处理承包人提交的延期和费用索赔报告；及时向总监或总监代表报告计量支付、工程变更费用、索赔费用等合同管理情况。

(5)按合同规定协调各方利益，进行价格调整工作，有权确定所调单价和价格。

(6)提供有关计量、支付、延期、索赔等方面的表格及证书，并指导驻地监理组具体实施。

(7)协同驻地监理对承包人的工程进度计划进行审查；按期向业主或世界银行提出各种有关报表和月进度报告。

(8)参加工程项目竣工验收及缺陷责任期验收工作。

3. 中心试验室的职责与权限

中心试验室的任务，是对整个工程项目进行数据控制和检验测定，对各工程项目的材料、配合比和强度进行有效的控制，以确保工程的物理、化学性能达到规定要求。其主要职责与权限有：

(1)指导、协调整个工程项目的全部监理试验工作，制定有关的制度、规定和方法；组织试验人员的业务学习和交流。

(2)除应承担独立进行的试验项目外，还应对承包人的工地试验室和流动试验室的设备功能、人员资质、操作方法、资料管理等项工作进行有效的监督、检查和管理。

(3)编制、提供有关各种试验统一的报表格式，对各种试验采用统一的表格进行记录，并妥善地进行整理、上报、保存。

(4)定期或不定期地对承包人的试验仪器进行检验，并监督承包人定期交由政府监督部门对仪器进行标定。

(5)协助驻地监理组复核承包人所做的重要配合比试验，坚持经常性抽查其他的有关试验。

(6)参加工程项目新技术、新工艺、新材料及重大分项工程的试验工作。

(7)参加工程项目重大技术、质量问题的处理。

(8)参加工程竣工验收及缺陷责任期验收工作。

4. 行政办公室的职责与权限

(1)建立工程项目的资料档案管理系统，负责业主、监理工程师、承包人之间的来往函件、技术档案、财务档案、行政档案的分类编号，并妥善保存。

(2)负责总监理工程师办公室的翻译、打字、复印与微机、通信的管理工作，以及车辆调度等工作。

(3)负责办公室的财务开支、设备采购、资产管理等工作。

(4)办理总监理工程师和副总监工程师交办的其他事项。

第五节　监理人员的资质与素质

一、监理人员的资质

1. 监理人员的构成

按照《公路工程施工监理规范》(JTG G10—2006)的规定，监理机构中监理人员的数量和

结构，应根据监理内容、工程规模、合同工期、工程条件和施工阶段等因素，按保证对工程实施有效监理的原则确定。监理机构设置岗位分为总监理工程师、驻地监理工程师（副驻地）、专业监理工程师（包括专业监理，如测量、试验、计量、环保、安全等）、监理员（主要指现场旁站人员）和行政文秘人员。

2. 监理人员的资质

《公路工程施工监理规范》编制说明中指出：为了规范公路监理市场和保证监理质量的需要，不是从事公路专业的，没有公路专业经验的，不得从事公路施工监理，而且要求：

（1）总监理工程师、驻地监理工程师，一般应具有高级工程师等相应的高级技术职称，并必须取得交通部颁发的监理工程师证书。

（2）专业监理工程师应具有工程师等中级技术职称，并应取得交通部颁发的公路工程监理工程师或专业监理工程师证书。专业监理工程师分别有路基、路面、桥梁、隧道、交通工程、机电、试验、测量及合同管理等方面的专业。

（3）测量、试验及现场旁站等监理员应具有初级技术职称或经过专业技术培训，且考试合格。

二、监理人员的素质

工程监理是高层次的咨询工作，也是一项技术性、政策性、经济性、社会性很强的综合监管工作，要求监理人员必须具备以下素质：

（1）掌握完整的知识结构，会管理、通经济、知法律、懂技术及专业外语知识；

（2）具有丰富的工程实践经验；

（3）具有较强的协调能力；

（4）具备高尚的道德情操和敬业精神；

（5）具备良好的文化素质；

（6）具备健康的身心。

具备以上素质，才能遵循“严格监理、优质服务、公正科学、廉洁自律”的监理原则，有效地控制工程质量、进度、费用、安全、环保。

●第六节 监 理 设 施●

公路工程项目一般投资大，监理工作任务重。因此，为确保质量控制的检验测试及各项管理工作的顺利进行，必须在监理单位所承担的工程项目工地，配备足够数量和相应质量水平的监理设施。监理设施包括：办公设施及其用品，生活设施及用品，试验设施，测量和气象仪器，监理工作设施及通信设施等。

一、试验室设备

监理工程师要坚持服务的客观性、科学性，要坚持用数据来判断工程质量，以达到质量监控的效果。只有把好试验关，通过可靠的试验设备、严格的试验操作和符合规范要求的试验成果才能实现。为此，中心试验室、工地试验室配备齐全、准确、可靠的试验设备就十分重要。

二、测量仪器及设备

公路的平、纵、横指标、大中桥隧、路基、路面等工程几何尺寸的控制是否符合标准，工程量的收方计量，都必须进行测量检查、验收。为此，配备各类精密的测量仪器和设备是监理工作的重要保证之一。

三、交通工具及通信设备

公路工程施工路线长、内容多、任务重、要求严、时间紧，为了有效地对工程实施监理，随时沟通各方信息，及时协调配合处理问题，应配置必要的监理用车和通信设备。

四、气象设施

公路工程施工受气候条件影响较大，监理工程师要随时掌握和记录施工期间的气温及降雨信息，以便要求承包人采取相应的施工措施，避免不必要的损失。同时恶劣的气候条件也是造成承包人提出工程延期的主要因素之一。因此可视现场具体情况设立气象观测人员，配备适当气象设备。

在有气象台站的地区，各施工合同段的气象资料应由业主、监理工程师与当地气象部门签订合同，由当地气象部门提供距合同段最近的气象哨的气象资料。

五、照相、摄像器材

施工现场、施工过程、施工技术以及覆盖前的隐蔽工程和基础状况，都需要一定数量的工程照片或录像作为原始记录和档案保存下来。为此，可视项目情况配置适当的摄、录像设备，一般照相设备是监理必须配置的。

六、办公设施和生活设施等

为了提高监理工程师及其助手的工作效率及生活质量，应为他们提供良好的工作条件和生活环境，如办公室、生活住房和必需的办公设备和生活设施(计算机、复印机、冰箱、彩电、电扇等)。

各种监理设备的规格和数量应根据工程规模、工程种类、监理数额及通行条件等实际情况，由监理工程师与业主共同商定，在施工合同文件或监理合同文件中列出清单，一般，为监理工程师提出的设备和设施应在工程量清单第100章内。

监理设施一般应在施工合同规定的实际开工以前基本准备完善，以保证工作使用。监理设备一般应在施工合同文件中规定由承包人提供，也可以根据监理合同由业主直接提供。如业主或承包人不能如期提供，而监理工程师根据工程的实际计划安排需要使用某些设备，则可要求业主或承包人提供等效的临时设备以满足使用。监理设备的所有权归业主。

1. 组织的意义是什么？

2. 组织结构设计的基本原则是什么？
3. 简述《公路工程监理规范》对监理机构设置的要求。
4. 工程监理常用的组织模式有哪几种？各有什么优缺点？
5. 监理单位资质分为哪几个等级？简述甲级监理单位应具备的条件。
6. 公路工程监理人员配备的数量有哪些要求？
7. 简述各级监理机构的职责与权限。
8. 监理人员的资质有何要求？

第四章

监理工程师(单位)的选择

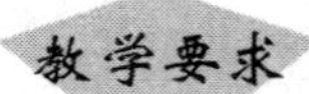

1. 描述施工监理招标与投标的条件、程序、方法和内容;
2. 描述监理投标文件的基本内容和编制方法;
3. 描述监理评标的基本方法;
4. 描述监理服务合同的主要内容。

从工程监理的实践经验来看,建设单位是否选择并聘用合格的监理单位或监理工程师,是决定工程建设成败的关键;监理工程师的专业素质、业务能力、实践经验、工作态度、管理能力、工作效率,以及与业主、承包人之间的合作是提供高水平监理服务的关键条件。尽管交通部有关部门已对专营的工程监理单位,各类兼营监理业务的咨询、科研、设计单位及高等院校的资质,监理工程师必须具备的资格条件做了明确的规定,但是监理工程师(单位)的资历、经验、专业技能和管理水平却不尽相同。因此,选择一个高水平的监理工程师(单位)是业主在工程实施阶段的一项重要任务。

我国目前公路工程建设资金的主要来源分为两大类:一类是利用国外有关金融机构(如世界银行、亚洲开发银行等)的贷款和外商投资及国内有关部门、地方共同进行的投资(如京津塘高速公路、西安—三原一级公路、长江黄石大桥等);另一类则完全是由我国有关部门和地方投资。由于资金的来源不同,选择监理工程师(单位)的方式和程序上也就不同。

我国《公路工程施工监理招标投标管理办法》中规定,监理单位的选择方式有两种:一种是公开招标;另一种是邀请招标。公开招标即竞争选择监理单位,广泛使用于列入国家或地方基本建设计划的新建和改建公路工程项目的监理工作。但符合下列条件之一的项目,经有关部门审批后,可以进行邀请招标:

(1)技术复杂或者有特殊要求的;

(2)符合条件的潜在投标人数量有限的;

(3)受自然地域环境限制的;

(4)公开招标的费用与工程监理费用相比,所占比例过大的;

(5)法律、法规规定不宜公开招标的。

利用国外资金的公路工程项目在通过竞争方式选择监理单位时,特别是选择国外咨询单位时,应遵守国际有关金融机构(如世界银行)的有关规定。

第一节 施工监理招标与投标

工程监理行业的发展必须要有竞争机制,即优胜劣汰。监理制度和监理管理模式只有在完善的市场机制中才能发挥最大作用,取得最佳效果。目前,国内公路工程已广泛采取通过招标投标的竞争方式选择施工监理单位。然而我国监理市场尚处于发展阶段,存在较多需要研究和探讨的问题,还很不完善。为了加强对公路工程施工监理招标投标工作的管理,规范建设单位和监理单位的行为,维护招标投标活动各方当事人合法权益,交通部于1997年制定和公布了《公路工程施工监理合同范本》,1998年颁布了《公路工程施工监理招标投标管理办法》等文件;2006年又出台了新的《公路工程施工监理招标投标管理办法》。

国家决心建立健全、规范的监理市场,打破地方保护、行业保护、部门保护的屏障,监理单位的选择将在公平、公正、公开、诚实和守信的原则下竞争。因此,施工监理的招标投标是选择监理单位的主要方式。

列入国家和地方公路建设计划的公路工程建设项目,均应采取公开招标的方式选择监理单位。

公路施工监理招标投标工作实行统一领导、分级管理,交通部是全国公路施工监理招标投标的主管部门。其中,国道和国家、部级重点项目的施工监理招标工作由交通部和省级交通主管部门共同管理;其他公路建设项目的监理招投标由省及市、县交通主管部门管理;合资、合作、贷款项目的施工监理招标工作亦按此原则进行管理。

一、公路工程施工监理招标

施工监理招标是指工程建设单位(业主)就拟委托服务工作的内容、范围、要求等有关条件,公开或非公开地邀请投标人提供完成服务的监理方案(包括技术方案和费用方案),从而择优选定监理单位的过程。择优以管理水平、技术能力、社会信誉为首要条件。

公路工程施工监理实行招投标制度,是我国公路建设事业改革的需要,是规范完善监理市场的需要,是提高公路建设和管理水平的需要。

1. 施工监理招标应具备的条件

(1)初步设计文件应当履行审批手续,并已经批准;

(2)建设资金已经落实;

(3)项目法人或者承担项目管理的机构已经依法成立。

除满足以上主要条件外,征地拆迁工作应基本完成或落实,能够保证分年度连续施工,监理招标文件应编制完毕,施工招标工作应尚未开始。

在招标投标过程中,监理招标应先于施工招标,即先选择监理单位,后选择施工单位,甚至可以让监理单位直接参与施工招标工作。这样可以使得监理提前熟悉施工招标文件和施工合同文件,有利于提高监理服务质量;监理参与施工招标工作,有利于选择合适的施工单位,有益于监理与施工单位之间的工作协作;也使得施工投标者明确将来监理自己的对象及其能力、水平、信誉,从而做出合理的投标报价。

2. 招标单位应具备的条件

(1)具有法人资格;

(2)具有与招标工作相适应的工程管理、概预算管理、财务管理能力;

(3)有组织编制招标文件和标底的能力;

(4)有对投标者进行资格审查和组织评标的能力。

建设单位可以自己主持监理招标投标,但应满足以上各项要求。否则,可以委托其他工程咨询或工程管理单位主持。另外,招标单位不得参加由其负责的工程项目投标。

3. 监理招标的方式

监理招标工作现有两种方式,即公开招标和邀请招标。

1)公开招标

招标单位通过报刊、广播、电视、网络等新闻媒介公开发布招标广告,凡符合规定条件的监理单位都可以自愿参加投标,这种招标方式叫公开招标。

公开招标的优点是招标单位有较大的选择范围,可在众多的投标单位中择优选择。其缺点是招标工作量大、时间长、费用大,投标单位多,难免出现鱼目混珠现象。

采用公开招标方式的,招标人可依法在国家指定媒介上发布招标公告,并可以在交通主管部门提供的媒介上同步发布。

2)邀请招标

由招标单位向预先选择的数目有限的监理单位发出邀请书,邀请他们参加该项目施工监理的投标竞争。应邀投标单位数量一般为3~6家。

邀请招标的优点是被邀请参加投标竞争者数量有限,不仅可以有效减少招标工作量,缩短招标时间,节约费用,而且每个投标者的中标机会相对提高,对招标投标双方都有利。

4. 监理招标程序

公路工程施工监理招标工作由招标单位主持,并应按下列程序进行:

(1)招标人确定招标方式。采用邀请招标的,应当履行审批手续。

(2)招标人编制招标文件,并按照项目管理权限报县级以上地方交通主管部门备案;采用资格预审方式的,同时编制投标资格预审文件,预审文件中应当载明提交资格预审申请文件的时间和地点。

(3)发布招标公告。采用资格预审方式的,同时发售投标资格预审文件;采用邀请招标的,招标人直接发出投标邀请,发售招标文件。

(4)采用资格预审方式的,对潜在投标人进行资格审查,并将资格预审结果通知所有参加资格预审的潜在投标人,向通过资格预审的潜在投标人发出投标邀请书和发售招标文件。

(5)必要时组织投标人考察招标项目工程现场,召开标前会议。

(6)接受投标人的投标文件。

(7)公开开标。

(8)采用资格后审方式的,招标人对投标人进行资格审查。

(9)组建评标委员会评标,推荐中标候选人。

(10)确定中标人,将评标报告和评标结果按照项目管理权限报县级以上地方交通主管部门备案并公示。

(11)招标人发出中标通知书。

(12)招标人与中标人签订公路工程施工监理合同。二级以下公路,独立中、小桥及独立中、短隧道的新建、改建以及养护大修工程项目,可根据具体条件和实际需要,对上述程序适当简化,但应当符合《招标投标法》的规定。

5. 监理招标的工作内容

1)确定招标方式

招标人在公开招标和邀请招标两种方式中选择一种。采用邀请招标的,应当履行审批手续。

2)编制招标文件

招标人组织有关人员编制招标文件,并按照项目管理权限报县级以上地方交通主管部门备案。采用资格预审方式的,同时编制投标资格预审文件,预审文件中应当载明提交资格预审申请文件的时间和地点。

(1)招标文件应具备的基本内容:

①投标邀请书;

②投标须知(包括工程概况和必要的工程设计图纸,提交投标文件的起止时间、地点和方式,开标的时间和地点等);

③资格审查要求及资格审查文件格式(适用于采用资格后审方式的);

④公路工程施工监理合同条款;

⑤招标项目适用的标准、规范、规程;

⑥对投标监理单位的业务能力、资质等级及交通和办公设施的要求;

⑦根据招标对象是总监理机构还是驻地监理机构,提出对投标人投入现场的监理人员、监理设备的最低要求;

⑧是否接受联合体投标;

⑨各级监理机构的职责分工;

⑩投标文件格式,包括商务文件格式、技术建议书格式、财务建议书格式等;

⑪评标标准和办法,其中评标标准应当考虑投标人的业绩或者处罚记录等诚信因素,评标办法应当注重人员素质和技术方案。

招标单位如需对已出售或发放的招标文件进行补充说明、勘误、澄清,或经上级交通主管部门批准后进行局部修正时,最迟应在投标截止日期前15天,以书面形式通知所有投标者。补充说明、勘误、澄清或局部修正与招标文件具有同等的法律效力。招标单位改变已出售或发放的招标文件未按上述要求提前通知投标者,给投标者造成的经济损失,应由招标单位予以赔偿。

(2)投标邀请书的基本内容　招标单位向监理单位发出的投标邀请书应当载明下列内容:

①对委托工程的简要介绍。招标人的名称和地址;招标项目的名称、技术标准、规模、投资情况、工期、实施地点和时间。

②对委托工程监理的职责范围,将执行的合同草案或将采取的合同方式,要求监理公司提交的监理方案应该包括的具体内容的说明,并要求附主要人员履历书格式等。

③如果所委托工程的造价很大,需邀请外国监理公司提供监理服务或世界银行贷款项目必须邀请外国监理公司时,应在邀请书中,建议外国监理公司人员访问工程项目所在国,注明应该会见的官员名字。

④日后将遵循的选择程序的细节,包括技术评价类目和权衡每一类目所占的分量。如果监理费用也是选择的一个因素,还应说明费用计算的依据。

⑤一份表明监理单位所应投入人员水平的人/月的估算表,或在监理费用并非选择因素时,也可以用一份任务预算书代替。

⑥任何有关外部资助的详情和状况。

⑦在监理委托合同谈判期间,需要被选公司提供的有关财务报表和其他信息。

⑧提出工程监理方案的允许时间(一般为45天)。

⑨与监理合同有关的所有当地法律的证明文件。

⑩一份通知监理单位的声明,说明可能与之合作的任何制造公司或工程公司将无资格参加因工程监理而产生的或与该工程监理任务有关的工程项目。

⑪工程监理方案的提交办法,如是附有监理费用的方案,则技术方案和费用方案应分别密封提交,以保证技术评价时不受到价格的影响。

⑫要求被邀请的监理单位须发电通知:确认已收到了邀请书;是否准备提出工程监理方案;送交方案时所使用的传递方式及到达日期。

⑬被邀请的监理单位的数目,并最好附带被邀请监理单位的短名单。

⑭监理方案的有效期一般为60~90天。在这期间,该监理单位须负责将所提出的人员配备保持不变(包括已经提名的人员)。若提交一份附监理费用的意见书,应该将所提出的费用总数保持不变。

⑮预期要求监理单位开始工作的日期。

⑯说明该监理单位的合同及人员是否可享受免税的文件。如须付税,则应写明可能的税务负担,或可从何处得悉有关情况。如邀请提出附有监理费用的意见书,则须写明是否在监理费用的价格内包括应付税款的数目。

⑰还应列出建设单位将为监理单位提供的各种服务,便利设施、设备和建设单位配合人员的详细情况。

编写邀请书时,可参照已有的其他工程监理邀请书,对照上述内容以求方便和完善。

(3)对投标联合体的要求　招标人允许监理企业以联合体方式投标的,联合体应当符合以下要求:

①联合体成员可以由两个以上监理企业组成,联合体各方均应当具备承担招标项目的相应能力和招标文件规定的资格条件。由同一专业的监理企业组成的联合体,按照资质等级较低的企业确定资质等级。

②联合体各方应当签订共同投标协议,约定各方拟承担的工作和责任,并将共同投标协议连同投标文件一并提交招标人。联合体各方签订共同投标协议后,只能以一个投标人的身份投标,不得针对同一标段再以各自名义单独投标或者参加其他联合体投标。

3)发布招标公告或发出投标邀请函

采用资格预审方式的,同时发售投标资格预审文件;采用邀请招标的,招标人直接发出投

标邀请书,发售招标文件。

(1)招标公告的基本内容　采用公开招标时,招标公告应当载明下列内容:

①招标人的名称和地址;

②招标项目的名称、技术标准、规模、投资情况、工期、实施地点和时间;

③获取招标文件或者资格预审文件的办法、时间和地点;

④招标人对投标人或者潜在投标人的资质要求;

⑤招标人认为应当公告或者告知的其他事项。

(2)投标邀请函格式　投标邀请格式如下:

我们十分高兴地邀请贵公司为____________(工程监理服务的名称)提交个体的服务建议书。业主已安排了一笔以多种货币构成的资金,用于____________(工程名称)有关费用的合理支付。工程概述包括工程名称、地点、招标方式、时间安排等。本工程的施工计划于____年____月开始,总工期估计____个月。本工程的主要项目有:项目名称、主要项目、初步工程量等。为了有效进行施工监理,业主将聘请合格的、有经验的顾问/监理公司/监理工程师帮助业主进行本工程施工阶段的合同管理。要求的服务内容见附录A:监理服务范围。请在建议书中详细说明实施本服务的方法、程序和工作计划,以及派往现场职员的简历、特长等。若贵公司需要,可察看现场,费用自理,具体问题,可与我方____________联系。

4)资格预审

采用资格预审方式的,招标人在发布招标公告后,发出投标邀请书前对潜在投标人进行资质、信誉和能力等资格审查,并将资格预审结果通知所有参加资格预审的潜在投标人,且只向通过资格预审的潜在投标人发出投标邀请书和发售招标文件。

(1)资格预审方法　资格预审是对拟投标的监理单位进行资格审查,是公开招标程序中的重要环节,是招标工作高效率、高质量进行的重要保证。

资格预审工作由招标单位主持,由有关专家组成的资格预审评审委员会具体进行。

资格预审工作必须遵循公平、公正、客观、准确的原则。

拟参加资格预审者必须是具体承担监理工作,持有交通主管部门颁发的监理资质等级证书,具有工商行政部门核发的营业执照的独立法人实体。

资格审查方法分为强制性条件审查法和综合评分审查法。强制性条件审查法是指招标人只对投标人或者潜在投标人的资格条件是否满足招标文件规定的投标资格、信誉要求等强制性条件进行审查,并得出“通过”或者“不通过”的审查结论,不对投标人或潜在投标人的资格条件进行具体量化评分的资格审查方法。综合评分审查法是指在投标人或者潜在投标人的资格条件满足招标文件规定的最低资格、信誉要求的基础上,招标人对投标人或者潜在投标人的施工监理能力、管理能力、履约情况和施工监理经验等进行量化评分并按照分值进行筛选的资格审查方法。

(2)资格预审的内容如下:

①拟投标单位及其联合体成员的合法性,即其独立法人地位和专业资质。

②拟投标单位在公路监理工作中的业绩、信誉,单位的技术能力、设备及仪器,财务状况,现正承担的工程情况。

③监理单位拟投入本工程的主要人员、主要仪器和设备等等。

就以上内容，资格评审委员会对拟投标单位担负该项目的监理能力进行审查，做出评估。

采用资格预审的招标项目，潜在投标人编制资格预审申请文件的时间，自开始发售资格预审文件之日起至提交资格预审申请文件截止之日止，不得少于 14 日。

资格预审的结果为合格与不合格。合格者有资格参加投标，不合格者则无权参加投标。

(3)资格预审邀请书的格式：

____________资格预审邀请书，敬启者：____________

①我们高兴地邀请贵公司参加本工程项目施工的资格预审，为该工程的建设和完工所需劳务、材料、设备和服务的供应提交资格预审申请。

②业主已筹集到一笔以多种货币构成的资金，用于本合同项目下的合格支付。

③工程概况：(工程名称、建设地点、工程规模、结构型式、招标方式、计划开竣工 时间等)。

④资格预审合格的申请投标者才可参加投标。投标者应具备类似工程经验和在设备、人员、资金等方面有能力执行本工程的令人满意的证明材料，以便通过资格预审。

⑤有意向的合格申请人可从事本工程项目施工监理。

5)考察项目现场及召开标前会议

必要时组织投标人考察招标项目工程现场，召开标前会议。

(1)招标项目现场考察：

①建议投标人对工程现场和周围环境进行现场考察，以获取须自己负责的有关投标准备和签署本工程合同所需的所有资料。考察现场的费用由投标人自己承担。

②业主应准许投标人及其代表为了考察现场而进入现场和有关场地。但明确规定：投标人及其代表不得让业主和其代表在其中负任何责任。并应对由于现场考察而引起的任何损失或损坏、开支和费用负责。

③业主可将现场考察和标前会议在同一时间内进行。

(2)标前会议：

①如果举行标前会议，投标人的指定代表可按招标资料表中规定的时间、地点出席会议。

②会议的目的旨在澄清疑问、解答该阶段可能提出的问题。

③投标人须尽可能在会议召开前一星期，以书面形式或电报向业主提交问题。对于迟交的问题可能无法在会上回答，但问题和答复将按下述条款的规定寄送各投标人。

④会议纪要，包括所有的问题及答复和会后准备的所有的答复要迅速提供给所有已获得招标文件的购买人。由于标前会而产生的对招标文件的任何修改，只能由业主按规定，以补遗书的形式进行，而以标前会议纪要的形式发出。

⑤不出席标前会议不能作为投标人不合格的理由。

6)接受投标人的投标文件

投标文件应按规定密封，内信封和外信封应符合下列要求：

(1)标明招标资料表中提供的业主的地址。

(2)标明招标资料表中写明的合同名称和合同号。

(3)提供一个不得在招标资料表中规定的时间和日期前开封的警示标识。

(4)除要求的标识外，内信封还应该标明投标人名称和地址，以便迟交的投标书可以被退回。

(5)如果外信封未按上述要求密封和标识,业主将不对错误放置和提前开封负责。如果外信封显示了投标人的身份,业主将不保证投标书递交的匿名性,但这不作为拒绝投标书的理由。

投标文件应按规定的时间递交,迟交的投标书业主将不接受而予以退回。

7)公开开标

开标是招标工作的一个重要环节,工作内容主要是向各方公开各份投标书的内容和检查各投标书的有效性。审查投标书的符合性和投标者提供的投标担保。

发出招标文件到开标的时间,由招标单位根据工程项目的大小和招标内容确定,大中型项目一般不应超过3个月。

开标仪式由招标单位组织并主持,邀请所有投标人的法定代表人或其授权的代表人参加。同时邀请工程所在地的省(自治区、直辖市)交通厅(局)、计划、质量监督部门参加。交通主管部门应当对开标过程进行监督。需进行公证的,应有公证机关出席。

开标时,由投标人或者其推选的代表检查投标文件的密封情况,也可以由招标人委托的公证机构进行检查并公证,经确认无误后,当众拆封商务文件和技术建议书所在的信封,宣读投标人名称和主要监理人员等主要内容。投标文件中财务建议书所在的信封在开标时不予拆封,由交通主管部门妥善保存。在评标委员会完成对投标人的商务文件和技术建议书的评分后,在交通主管部门的监督下,再由评标委员会拆封参与评分的投标人的财务建议书信封。

开标过程应当记录,并存档备查。

投标人少于3个的,招标人应当重新招标。

属于下列情况之一者,应作为废标处理:

(1)投标者未经项目法人同意,不参加开标仪式。

(2)投标书未按要求的方式密封。

(3)投标书未加盖本单位公章或未经本单位法定代表人(或被授权人)签字。

(4)投标者未能按要求提交投标担保函或投标保证金。

(5)投标书字迹潦草、模糊、无法辨认。

(6)投标书未按招标文件规定的格式、内容和要求填写。

(7)投标者在一份投标书中,对同一个监理项目报有两个或多个报价。

(8)投标者对同一招标项目递交两份或多份内容不同的投标书,而又未书面声明哪一个有效。

(9)投标者财务建议书中总报价超出规定的范围。

招标人设有标底的,标底应当符合有关价格管理规定。标底应当综合考虑项目特点、要求投入的监理人员、配备的监理设备等因素。标底应当在开标时予以公布。招标人不设标底且不采用固定标价评分法的,招标人可以在规定的范围内设定投标报价的上下限。

8)资格后审

采取邀请招标方式的建设项目,可实行资格后审。资格后审是招标人在收到投标人的投标文件后,对投标人的资质、信誉和能力进行的审查。具体审查内容与资格预审相似。

9)评标与定标

组建评标委员会评标,由评标委员会推荐中标候选人。建设单位(招标人)根据评标委员会推荐的中标候选人等确定中标人，并将评标报告和评标结果按照项目管理权限报县级以上地方交通主管部门备案并公示。公示期结束后，招标人发出中标通知书。

10）签订监理服务合同

招标人与中标人签订公路工程施工监理服务合同。

6. 监理招标的一般规定

二级以下公路、独立中、小桥及独立中、短隧道的新建、改建以及养护大修工程项目，可根据具体条件和实际需要对上述程序适当简化，但应当符合《公路工程施工监理招标投标管理办法》的规定。

资格预审文件和招标文件的发售时间不得少于5个工作日。

根据《公路工程施工监理招标投标管理办法》规定，评标可以采用固定标价评分法、技术评分合理标价法、综合评标法以及法律、法规允许的其他评标方法。

招标人有下列情形之一的，交通主管部门责令其限期改正，根据情节可以处3万元以下的罚款：

（1）公开招标的项目未在国家指定的媒介发布招标公告的；

（2）应当公开招标而不公开招标的；

（3）不具备招标条件而进行招标的；

（4）资格预审文件及招标文件出售时限、潜在投标人提交资格预审申请文件的时限、投标人提交投标文件的时限少于规定时限的；

（5）在规定时限外接收资格预审申请文件和投标文件的。

二、公路工程施工监理投标

公路工程施工监理投标，是公路监理单位以技术建议书和费用建议书的形式争取中标的过程。当招标单位发布招标广告后，监理单位根据招标条件和本单位的能力进行可行性研究，决定是否参加投标。如果决定投标，就要购买（或索取）资格预审文件，只有资格预审合格的投标者才有资格参加投标竞争。资格预审合格的投标单位应根据招标单位的要求和实际需要购买（或索取）招标文件，进行认真的技术分析和财务分析，按投标须知的要求填写投标书（包括技术建议书和费用建议书），并按规定的时间、地点和方式交标，争取中标。

1. 投标竞争的原则

公路工程施工监理招标投标，应在投标者自愿的前提下，坚持公平、公开、诚信的原则，以管理水平、技术水平、社会信誉展开竞争。

争取到工程监理任务是监理单位得以生存和发展的前提，在市场经济的招标体制下取决于投标书的优劣。与施工投标竞争不同，监理竞争不主要取决于经济方面，而应以技术方面为主，这是监理工作的性质和地位所决定的。监理投标书由技术建议书和费用建议书两部分组成，投标者必须加强对技术建议书的重视，不宜在降低报价中做过多的文章，一份好的监理投标书应是先进可行的技术建议书再加上合理准确的费用建议书。

2. 投标单位的条件

参加投标的单位必须具有交通部或省级交通主管部门核发的与招标的工程规模相适应的监理资质等级证书，持有工商行政管理部门核发的营业执照并取得法人资格。

要求法人资格即强调监理单位应经济独立,并具有与其工作相适应的经济能力,能够独立承担相应的经济或民事责任。

要求监理资质是强调监理单位应具备必需的专业能力。首先,参加公路施工监理工作的资质是由交通部或省级政府交通主管部门确认的。公路工程与其他土建工程有共同之处,但也有自身的专业特殊性,所以要从事公路工程领域的监理工作,其能力必须得到政府行业主管部门的认可。其次,监理单位参与工程的规模应与其能力水平——资质等级相适应。按交通部《公路水运工程监理企业资质管理规定》,监理单位的资质等级分为甲、乙、丙三个等级。其中甲级单位可在全国范围内监理一、二、三类工程,乙级单位可在全国范围内监理二、三类工程,丙级单位可在本省范围内监理三类工程,其监理业务范围见表4-1。同时交通部负责特殊独立大桥专项、特殊独立隧道专项、公路机电工程专项监理资质的行政许可工作,其监理范围见表4-2。

公路工程分级标准 表4-1

序号	项目	一类	二类	三类
1	公路工程	高速公路	高速公路路基工程及一级公路	一级公路路基工程及二级以下各级公路
2	桥梁工程	特大桥	大桥、中桥	小桥、涵洞
3	隧道工程	特长隧道、长隧道	中隧道	短隧道

公路工程分级标准 表4-2

序号	项目	分级标准
1	特殊独立大桥	主跨250m以上钢筋混凝土拱桥、单跨250m以上预应力混凝土连续结构、400m以上斜拉桥、800m以上悬索桥等结构复杂的独立特大桥项目
2	特殊独立隧道	大于3000m的独立特长隧道项目
3	公路机电工程	通信、监控、收费等机电工程

3. 投标注意事项

(1)资格预审合格并接到招标文件的投标者,应按时参加招标单位主持召开的投标预备会(即标前会)及勘察现场,按照投标须知的要求填写投标书(包括技术建议书和费用建议书),在招标文件规定的日期内按要求的份数和密封方式将投标书送交招标单位。

(2)投标书送交招标单位后,在投标截止日期前,投标者如需修改标书内容或调整已报的报价,应以正式函件提出并附说明。上述函件采用与投标书相同的密封方式投递,与投标书具有同等的法律效力。任何函件(包括投标书),在投标截止日期后送达,将不被接受。

(3)投标书及任何函件应经单位盖章及其法人代表或经授权的代理人签字,采用内外密封信封投递或直接递交招标单位。

(4)投标者在送交投标书时,应同时提交由开户银行出具的投标担保函或交付投标保证金,其交付方式及清退办法由招标单位在招标文件中规定。

(5)投标者不得串通作弊,不得对招标单位行贿,违者丧失投标资格,并无权请求返还投标担保函或投标保证金。

三、世行贷款或外资项目监理单位的选择

国际贷款、中外合资、合作公路工程项目,除执行有关国际组织的规定外,还必须符合我国有关的法律、法规和政策。

国际金融组织或者外国政府贷款、援助资金的公路工程项目,贷款方或者资金提供方对施工监理招标投标的具体条件和程序有不同规定的,可以适用其规定,但不得违背中华人民共和国的社会公众利益。

国际上使用比较多、影响比较大的文件是《世界银行借款人以及世界银行作为执行机构使用咨询专家的指南》,该文件不仅适用于选择监理单位,还适用于选择专家咨询、人员培训等方面,在将世界银行或其他国际金融组织(如亚洲开发银行)的贷款用于这些方面时都应受此文件的约束。此文件对贷款使用的范围、适用的工作类型、选择的过程和程序,特别是评价的方法都进行了明确的规定和说明,是利用世行贷款项目选择咨询公司的重要约束文件,其精神对国内项目选择监理单位也有重要的参考价值。

对该文件的主要规定简要介绍如下:

1. 选择范围

只能在世界银行会员国和瑞士的范围内选择咨询单位。

2. 选择方式

一定范围的竞争选择。由借款国确定 3 ~ 6 家咨询公司(即所谓的短名单)为选择范围,世行要求短名单应分布均匀,即不赞成在短名单中超过 2 个相同国家的公司。由短名单中公司提出咨询建议书,根据建议书择优选择。

3. 选择步骤

(1)确定任务的职责范围;

(2)准备费用概算;

(3)准备咨询公司的短名单;

(4)决定选择程序;

(5)给短名单上各公司发信邀请他们提出咨询建议书;

(6)评价各公司建议书,选出一个可与之进行合同谈判的公司;

(7)与被选中的公司进行合同谈判。

世行非常关注选择的公平性,要求必须事先明确选择程序。因程序中包括评价方法、准则,并且要求步骤(3)和(6)应报世行批准备案。

4. 评价方法

评价方法有两种,一是仅对咨询公司的技术方面进行评价;另一种是既考虑技术方面,也参考服务费用方面的综合评价。有关评价方法和详细内容,在本章第三节中介绍。

第二节　监理投标文件的编制

监理投标文件(或投标书)是监理任务竞争中的重要文件,也是中标后监理工作的重要依据之一。投标人应当按照招标文件的要求编制投标文件,并对招标文件提出的实质性要求和条件做出响应。

采用《公路工程施工监理招标投标管理办法》规定的技术评分合理标价法和综合评标法的项目,投标文件由商务文件、技术建议书、财务建议书组成。商务文件和技术建议书应当密封于一个信封中,财务建议书密封于另一个信封中。上述两个信封应当再密封于同一信封内,成为一份投标文件。采用本办法规定的固定标价评分法的项目,投标文件由商务文件、技术建议书组成。商务文件和技术建议书应当密封于一个信封中,成为一份投标文件。投标文件及任何说明函件应当经投标人盖章,投标文件内的任何有文字页须经其法定代表人或者其授权的代理人签字。

招标人应当合理确定投标人编制投标文件的时间。采用资格预审的招标项目,潜在投标人编制投标文件的时间,自发售招标文件之日起至提交投标文件截止之日止不得少于20日。

招标单位将根据投标书特别是技术建议的优劣决定中标取向。招标完成后,投标书即成为监理合同的组成文件之一,对监理和业主都具有约束力。

一、技术建议书

监理技术建议书是工程监理指导思想的具体体现,是针对某一个具体工程项目编制的,是指导工程监理全过程的重要文件,主要说明监理工作做什么,谁来做,什么时候做,从而把监理工程纳入规范化、标准化的轨道,避免随意性。监理技术建议书反映了工程监理工作中费用监理、进度监理、质量监理、合同管理等的工作流程,要比施工组织设计计划的范围宽得多,也深入得多。

监理技术建议书是建设单位与监理工程师(单位)间委托合同的组成部分,建设单位将根据监理技术方案检查监理工程师(单位)的工作,并在考虑监理费用的选择中,由监理工作的深度和广度来决定监理报酬费用。监理技术建议书也是监理投标文件的组成部分。

监理技术建议书在工程实施前编制,在工程建设过程中要多次反复修正。

技术建议书应表明与监理项目有关的经验和能力,以及对工作范围内提出的任务的理解。

技术建议书应主要描述以下几个方面:

(1)监理组织机构;

(2)人员组成,尤其是高级驻地监理、专业监理资历如何;

(3)具体承担哪些监理工作;

(4)用什么方法做具体监理工作;

(5)向承包商提出哪些资料要求和向业主提供哪些监理报告。

技术建议书的主要内容包括:

(1)项目概述;

(2)监理工作的指导思想和监理目标;

(3)监理班子组成、监理班子人员组成；
(4)费用监理的工作任务与方法；
(5)进度监理的工作任务与方法；
(6)质量监理的工作任务与方法；
(7)安全监理的工作任务与方法；
(8)环保监理的工作任务与方法；
(9)合同管理的工作任务与方法；
(10)组织协调的工作任务；
(11)缺陷责任期的监理办法；
(12)监理报告(含报表)目录及主要监理报表格式；
(13)招标书要求的其他资料；
(14)对本合同监理工作的建议；
(15)联合体情况(如果有)。

二、费用建议书

我国工程监理的有关规定指出:"工程监理是有偿的技术服务活动。酬金及计提办法,由监理单位与建设单位依据所委托的监理内容和工作深度协商确定,并写入监理委托合同"。从监理工程师(单位)的角度来看,在监理服务中收取的费用是自身得以生存和发展的条件。从建设单位立场看,为了使监理工程师(单位)能顺利地完成任务,达到自己所提的要求,必须付出适当的报酬,用以补充监理工程师(单位)在完成任务时付出的费用。这也是委托合同中规定的委托方的义务。

随着我国社会主义市场经济的发育,工程监理制度的深入推广实施,势必会逐渐形成一个日趋完善的监理市场。为此作为竞争手段之一的费用问题已成为业主选择监理单位考虑的重要因素之一。

1. 费用建议书的内容

监理费用建议书是监理单位以完成监理任务为依据,所提出的服务费用要求,也是招标单位评标的内容之一。监理费用方案应考虑全面,取费合理,计算准确,一般应包括以下诸方面:

1)基本工资

监理人员月基本工资是监理公司定期支付给监理人员(固定职工或外聘人员)的实际基本工资,不包括任何补贴与扣除。

2)社会福利费

社会福利费系指监理公司负担的各项具体的职工福利,如住房、差旅、医药补贴、劳保、保险、养老基金、奖金以及直接受益的其他类似补助,以基本工资的百分比计。

3)管理费

公司管理费按监理人员月基本工资的百分比计列,也可采用公司管理开支相应平均百分比计列。

4)利润

监理公司从监理服务中应该赚取合理的利润,应纳入总服务费中,并以每位监理人员费用小计的百分数计。

5)公司的业务费

本项为监理公司本部为协助完成监理业务所收取的酬金,计算方法为以上各项费用合计的百分比。

6)外业津贴及加班费

监理人员从事野外工作,按有关规定应享受这项报酬,月津贴额应按其出勤工日乘以日津贴标准计算。另外,由于公路工程施工的特殊性,监理人员加班加点是不可避免的,因此,应按有关规定计列加班补助。

7)杂费

考虑监理人员在施工监理服务中的特殊支出费用和意外费用,其额度按基本工资的百分比计列。

8)监理单位自备的设备和物品费

业主免费提供给监理单位的设施与物品应在招标文件中明确。如经双方约定,部分设施和物品由监理单位自备,业主给予适当经济补偿,其标准也应在招标文件中做出明确规定,对由此而产生的费用,不进行评标打分。

9)税金

公司按国家法律政策规定所需缴纳的各种税金。

10)保险

监理人员在施工现场的生命、财产等投保费用。

2. 监理费用的常用计算方法

1)按时计算费用法

这种方法是根据合同项目直接使用的时间(计算单位可以是小时、工作日或月)补偿费再加上一定补贴来决定监理费用的多少。单位时间的费用一般以监理单位职员的基本工资为基础,再考虑一定的管理费和利润,增加一定系数来确定。采用这种方法,监理人员的差旅费、函电费、资料费以及试验费等一般由委托方支付。

2)工资加一定比例的其他费用

这种办法实际上是按时计酬计算方式的变相形式。以建设单位支付直接参加项目监理的工作人员的实际工资加上一个百分比,该百分比实际上包括了间接成本和利润。

3)建设成本百分比的计费方式(也称费率法)

这种方法是按照工程规模大小和所委托的工作内容的繁简,再以建设成本的一定比例来确定监理报酬。一般情况下,工程规模越大,建设成本越高,监理取费的比例越小。采用这种办法的关键问题是如何确定项目建设成本。通常可以用估算的工程费用作为计费基础,也可以按实际工程费用作计费基础,因此应当在合同中加以明确。如果是采用按实际工程费计提费用,那么要注意避免因为监理工程师提出合理化建议、修改设计使工程费用降低,从而导致监理报酬降低的情况发生。按照国外的惯例,在商签合同时,应适当规定明确的费用奖罚措施,即明确由于监理工程师的出色工作,为业主节约了较大的投资,业主应视情况对监理工程师给予适当补偿。

4)成本加固定费用

采用这种方法时,监理费用由成本和固定费用决定。成本的内容变化很大,由多项费用组成,一般包括发放的工资总额,其中含全部直接工资、间接工资及其他工资成本、现金支付的生活补贴和差旅费,还有通信费、制图费和拍照费等。间接成本还包括使用的办公室和工作间、租用家具设备和仪器等的折旧费以及有关的税收等。固定费用主要是包括监理单位的利润、收入所得税、投资所得的利润、风险经营的补偿以及不包括成本中的其他工资、管理和消耗的费用。附加固定费用的数量,是在成本项目确定以后,由双方洽谈确定。

5)固定价格

这种方法特别适用于小型或中等规模的工程项目,当监理单位在承接一项能够明确规定服务内容的业务时,经常采用这种方法。这种方法又可分为两种计算形式:一是确定工作内容后,以一笔总价一揽子包死,工作量有所增减,一般也不调整报酬;二是按确定的工作内容分别确定不同工程项目的价格,据以计算报酬总价,当工作量有变动时,可分别计算增减项目的价格,调整报酬总价。

计算监理服务费用的方法很多,我国公路工程一般使用的方法是费率法,即:按照监理服务范围所包括的工程合同价额,确定相应的监理服务合同费率(参照部颁规定费率),测算初始的监理服务合同价额;按照工程合同结算价额乘以监理合同费率确定最终的监理服务结算费用。如果监理服务工作量基本无变化而监理服务最终结算费用低于监理服务初始合同价额,则应当按照监理服务初始合同价额结算。

第三节　监理评标方法

监理评标是监理单位选择的重要环节之一,评标办法的科学性、合理性将直接影响监理单位选择的质量。评标办法受经济体制、经济政策以及建筑业习惯等行业特性的影响,因此,本节主要介绍我国公路工程评标办法和世界银行所提倡的评价办法。

一、国内评标办法

1. 监理评标的基本方法

评标就是对所有投标书进行审查评比。

评标工作由招标单位主持,组织质量监督部门、项目设计单位、工程咨询机构的技术、经济专家,成立评标委员会或评标小组。评标过程中应严格执行《公路工程施工监理招标评标办法》。

评标委员会或评标小组将评标报告按项目分级管理原则报上级交通主管部门批准后,由招标单位按招标文件规定的时限向中标单位发出中标通知书,向未中标单位发出落标通知书。

评标工作应由招标人依法组建的评标委员会负责,评标委员会成员必须遵循公平、公正、客观、准确的原则,客观、公正地履行职务,遵守职业道德,对所提出的评审意见承担个人责任。评标委员会成员及参加评标的有关工作人员必须严格遵守保密规定,不得私下接触投标人,不得泄露与评标有关的任何情况,不得收受商业贿赂,不得参加影响投标工作的活动。投标人不得干扰评标工作。

对国家和交通部重点公路建设项目,评标委员会的专家应当从交通部设立的监理专家库

中随机抽取,或者根据交通部授权从省级交通主管部门设立的监理专家库中随机抽取;其他公路建设项目评标委员会的专家从省级交通主管部门设立的监理专家库中随机抽取。

评标委员会应当按照招标文件确定的评标标准和方法,对投标文件进行评审和比较。未列入招标文件的评标标准和方法,不得作为评标的依据。

评标可以使用固定标价评分法、技术评分合理标价法、综合评标法以及法律、法规允许的其他评标方法。固定标价评分法,是指由招标人按照价格管理规定确定监理招标标段的公开标价,对投标人的商务文件和技术建议书进行评分,并按照得分由高至低排序,确定得分最高者为中标候选人的方法。技术评分合理标价法,是指对投标人的商务文件和技术建议书进行评分,并按照得分由高至低排序,确定得分前二名中的投标价较低者为中标候选人的方法。综合评标法,是指对投标人的商务文件和技术建议书、财务建议书进行评分、排序,确定得分最高者为中标候选人的方法。其中财务建议书的评分权值应当不超过10%。

评标过程中,评标委会员或评标小组有权要求投标人就投标书的有关内容提供补充说明和有关资料,投标人应做出书面答复,补充说明和有关资料应作为投标书的组成部分。除非评标委员会或评标小组要求投标人就投标书的有关内容进行澄清或提供补充资料,投标人不得通过任何形式改变投标书的内容和报价。

招标单位应在开标前根据国家或行业主管部门有关规定,结合本地区情况和工程项目特点制定评标准则或细则。评标过程中,评标委员会或评标小组应严格执行该准则或细则。

根据投标书分技术建议书和费用建议书两部分,评标相应分为技术评标和财务评标。评标一般采用打分制,实行“百分制”评标标准,一般技术性评标占80分,财务性评标占20分,即以技术评标为主。对两项评定得分之和按得分多少排列出最终名次。

招标人确定中标人后,应当及时向中标人发出中标通知书,并同时将中标结果告知所有的投标人。招标人和中标人应当自中标通知书发出之日起30日内订立书面合同。招标人和中标人均不得提出招标文件和投标文件之外的任何其他条件。招标文件中要求中标人提交履约担保的,中标人应当按要求的金额、时间和形式提交。以保证金形式提交的,金额一般不得超过合同价的5%。招标人应当在与中标人签订合同后的5个工作日内,向中标人和未中标的投标人退还投标保证金。

2. 技术性评标

技术性评标由评标委员会或评标小组,根据各监理单位的技术建议书进行,评价监理单位拟用于项目的监理工程师水平和能力、监理单位制订的监理程序及措施的适用性、监理单位以往业绩及信誉三个方面。三个方面中,以监理工程师所占权重最大,监理程序及措施次之,以往业绩及信誉最小。

监理工程师分高级驻地(或总)监理工程师和专业监理工程师两部分,以他们的技术职称、取得监理证书、监理经历和工作业绩来评价其工作能力和适应情况。监理工程师的水平、能力和责任心将直接影响监理工作和工程建设的质量,因此是技术性评标的主要方面。

监理程序及措施是监理工作的规划、指导性文件,对监理工作质量有直接影响,反映了监理单位对项目建设意图的理解能力,也反映出监理单位的整体水平。因此监理程序及措施和监理单位以往业绩及单位信誉是技术性评标中的另一部分主要内容,通过它们的评价直接反映出监理单位的能力和项目适应程度。

技术性评标采取打分形式,满分为80分,一般可采用如下打分方法和标准:

1)技术性评价各因素满分值

(1)高级驻地(或总)监理工程师,20分;

(2)专业监理工程师,30分;

(3)监理程序及措施,20分;

(4)以往业绩及单位信誉,10分。

2)记分标准

(1)高级驻地(或总)监理工程师,6~20分,其中:

①技术职称2~3分(中级职称2分,高级职称3分);

②监理证书0~1分(无证0分,持监理证1分);

③监理经历1~6分(不足2年1分,2~5年4分,监理满5年6分);

④工作业绩3~10分(一般3分,较好7分,好10分)。

(2)专业监理工程师(包括副高级、合同、路基、路面、桥梁和试验六个岗位),按6个人计,每人5分,共计30分,其中:

①技术职称0~1分(初级职称0分,中级职称1分,高级职称加0.5分);

②监理证书0~1分(无证0分,培训证0.5分,持监理证1分);

③监理经历0~1分(监理不足2年0分,满2年1分);

④工作业绩0~2分(一般1分,较好2分)。

(3)监理程序及措施20分(具体详见表4-3)

监理程序及措施分值表 表4-3

控制内容 / 得分方法	控制质量	控制工期	控制投资	合 计
程序严谨措施得力	8	6	6	20
程序可行措施较好	6	4	4	14
程序和措施均一般	5	3	3	11

(4)以往业绩及单位信誉共10分,其中:

①以往业绩2~5分(一般2分,较好4分,良好5分);

②单位信誉2~5分(一般2分,较好4分,良好5分)。

3)技术评标中的单项评价否决

(1)高级驻地(或总)监理工程师无监理证者;

(2)高级驻地(或总)监理工程师得分低于15分者(不包括15分);

(3)以往业绩和单位信誉得分低于8分者(不包括8分)。

3. 财务性评标

作为监理市场中竞争的监理招标投标,与市场经济中的其他竞争相同,价格(即监理服务费用)也是竞争的一个方面。因此,需要对监理投标书进行财务评标。但是监理属于咨询服务行业,服务水平和质量是选择的主要因素,费用只是选择的次要因素。这一点任何建设单位和监理单位都必须明确,决不能在监理招投标中打价格战。

财务性评标由招标单位根据各监理投标单位的费用建议书进行。

监理费用包含许多方面内容，为简便财务性评标，采用监理费用占工程建安费的百分比来评价。评价标准分国内投资项目和国际投资项目两套系统。为防止陷入价格竞争和不合理低价中标，《公路工程施工监理评标办法》在符合性审查中规定了强制性标准：国内招标的工程投标价低于概算定额建筑安装费的1.4%，国际贷款的工程投标价低于概算定额建筑安装费的3.3%者，其投标无效。

《公路工程施工监理评标办法》财务性评标打分标准见表4-4、表4-5。

国内投资项目财务性评标标准　　表4-4

监理费与工程费之比(%)	分　值	备　　注
<1.40	0	1. 交通部规定的监理费为定额建筑安装工程费的1.6%； 2. 若两个投标书的监理费在同一个区间时．监用费较低者按表列分值增加1分，但不超过20分
1.40～1.45	18	
1.45～1.50	20	
1.50～1.55	18	
1.55～1.60	14	
>1.60	10	

国际投资项目财务性评标分值表　　表4-5

监理费与工程费之比(%)	分　值	备　　注
<3.30	0	1. 交通部规定的监理费为定额建筑安装工程费的3.5%； 2. 若两个投标书的监理费在同一个区间时．监用费较低者按表列分值增加1分，但不超过20分
3.30～3.35	18	
3.35～3.40	20	
3.40～3.45	18	
3.45～3.50	14	
>3.50	10	

4. 评标结果与评标报告

技术性评标和财务性评标结束后，两项得分之和最高者为中标单位。

当所有投标文件均未通过符合审查或财务和技术评审；或所有报价均低于最低限价或均高于最高限价时，请示招标管理机构可重新招标。

若重新招标，应研究招标无效的原因，考虑对招标文件进行修改，以期出现有效的竞争局面。修改后的招标文件，报原审批部门重新审批。

评标结果决定后，由评标委员会或评标小组编制评标报告，按照项目分级管理的原则，报上级交通主管部门核准后，由招标单位向中标人发出中标通知书，向落标人发出落标通知书。

评标委员会完成评标后，应当向招标人提交书面评标报告。评标报告一般包括以下内容：

(1)工程概况；

(2)招标过程回顾；

(3)评标工作组织及评标程序；

(4)评标意见汇总；

(5)评标委员会的成员名单；

(6)开标记录情况；

(7)符合要求的投标人情况;

(8)评标采用的标准、评标办法;

(9)投标人排序;

(10)推荐的中标候选人;

(11)附件:需要说明的其他事项。

利用国际金融组织或外国政府贷款,或采用合资、合作、独资方式融资的公路基本建设项目,评标有特殊规定的要遵从相应的规定。

二、世界银行评标办法

当世界银行贷款项目在使用咨询公司进行咨询、人员培训和监理服务等工作时,《世界银行借款人以及世界银行作为执行机构使用咨询人指南》是选择咨询公司时应遵循的文件。该文件中规定了国际上广泛采用的监理评标办法。

国际上业主在选择监理单位时,有两种基本类型,一种是仅进行技术评价,另一种是既考虑技术方面的评价,也考虑费用的评价。现分述于下。

1. 技术评价

对监理单位提出的技术建议书通常依据下列三方面内容进行评价:

(1)在工程监理任务所涉及的领域中,该监理工程师(单位)的一般经验如何。

(2)所提出的监理技术方案是否适宜,监理技术方案中提出的工程监理方法、措施是否能满足建设单位对监理工程师(单位)的要求。

(3)被提名承担该工程监理任务人员的资格和能力。

上述三类内容都以数字 1~100 评分,国外咨询公司从事的业务范围很广,一般包括投资前期工作,如预可行性研究、工程可行性研究、工程设计、编制招标文件、招标评标、施工监理、人员培训等。因而,这三类评价内容的相对重要性,将根据咨询任务、种类不同而各不相同。一般来说,就投资前期工作而言,监理工程师(单位)的一般经验的重要性占 10%~20%,监理技术方案占 25%~40%,主要工作人员占 40%~60%。对详细的工程设计而言,监理工程师(单位)的经验应占更大比重,工作人员所占比重可以小一些。对施工阶段的工程监理而言,主要工作人员所占比重就应更大一些,如施工监理可采取以下比例:一般经验占 10%、技术方案占 20%、监理人员占 70%,人员培训则可分别采用 10%、10%、80%。不同比例反映了不同的重要性,三类内容的分数据此评定并相加,60 分为及格标准。通常各监理工程师(单位)所得的总分都在 60~90 分之间,按其多少即可将被邀请的监理工程师(单位)进行排队。

以所提人选的资格和资历进行评价时,应审阅主要工作人员的履历。如果某一人物在一项工程监理任务中起举足轻重的作用,则最好应与该人员交谈,并按下列三类内容对其进行评价:

(1)一般资格,包括所受教育及训练、资历、现任职务以及监理工程师(单位)的工作时间等。

(2)是否适合担任该工程项目的监理工作,是否称职。

(3)在工程所在地区的经历和语言掌握情况。

表 4-6 和表 4-7 为监理评标时采用的两个表,表 4-6 为评定结果登记表,表 4-7 为人员评定登记表。表 4-6 中评定项目中人员的评定分由表 4-7 得来。表 4-7 中评定结构负责人时,主要评定首席路基、路面监理工程师和首席桥梁监理工程师。根据工程的具体情况,他们在计算全组得分

时所占的权重不同,首席路基、路面监理工程师占70%,而首席桥梁监理工程师占30%。

监理公司技术方案——评定结果登记表　　表4-6

方案收到日期:

评定日期:

评定人:　　　　项目:×××高速公路施工监理

<table>
<tr><td colspan="2">监理公司</td><td colspan="2">甲</td><td colspan="2">乙</td><td colspan="2">丙</td></tr>
<tr><td>项目</td><td>比重(%)</td><td>得分</td><td>比重×得分</td><td>得分</td><td>比重×得分</td><td>得分</td><td>比重×得分</td></tr>
<tr><td>1. 监理公司对于项目所属领域的一般经验</td><td>10</td><td>75</td><td>7.5</td><td>90</td><td>9.0</td><td>60</td><td>6.0</td></tr>
<tr><td>2. 方案中的工作计划是否适宜,方法是否得当</td><td>35</td><td>80</td><td>28.0</td><td>70</td><td>24.5</td><td>90</td><td>31.5</td></tr>
<tr><td>3. 人员
(1)总监理工程师
(2)合同
(3)结构
(4)材料</td><td>
20
13
13
9</td><td>
75
77
82
71</td><td>
15.0
10.0
10.7
6.4</td><td>
65
67
75
72</td><td>
13.0
8.7
9.8
6.5</td><td>
55
82
85
78</td><td>
11.0
10.7
11.1
7.0</td></tr>
<tr><td>总计</td><td>100</td><td colspan="2">77.6</td><td colspan="2">71.5</td><td colspan="2">77.3</td></tr>
<tr><td colspan="2">人/月:工地现场
本部办事处
总计
排名</td><td colspan="2">110
7
117
1</td><td colspan="2">125
9
134
3</td><td colspan="2">130
10
140
2</td></tr>
</table>

监理公司技术方案——人员评定结果登记表　　表4-7

项目:××高速公路施工监理

监理公司:　甲　　　　日期:

<table>
<tr><td rowspan="2">组别</td><td rowspan="2">职称</td><td rowspan="2">姓名</td><td rowspan="2">年龄</td><td colspan="2">一般资历</td><td colspan="2">担任此项工作之适宜程度</td><td colspan="2">对该地区语言的了解和经验</td><td rowspan="2">人员得分
(F)+(H)+(J)</td><td rowspan="2">全组得分</td></tr>
<tr><td>得分</td><td>(E)×30%</td><td>得分</td><td>(G)×50%</td><td>得分</td><td>(I)×20%</td></tr>
<tr><td>(A)</td><td>(B)</td><td>(C)</td><td>(D)</td><td>(E)</td><td>(F)</td><td>(G)</td><td>(H)</td><td>(I)</td><td>(J)</td><td>(K)</td><td>(L)</td></tr>
<tr><td rowspan="3">结构</td><td>总监理工程师</td><td>××</td><td>42</td><td>70</td><td>21.0</td><td>76</td><td>38.0</td><td>80</td><td>16.0</td><td>75</td><td rowspan="3">59.2+22.8=82.0</td></tr>
<tr><td>首席路基路面监理工程师</td><td>××</td><td>38</td><td>75</td><td>22.5</td><td>90</td><td>45.0</td><td>85</td><td>17.0</td><td>84.5
(70%)</td></tr>
<tr><td>首席桥梁监理工程师</td><td>××</td><td>33</td><td>80</td><td>24.0</td><td>72</td><td>36.0</td><td>80</td><td>16.0</td><td>76.0
(30%)</td></tr>
<tr><td>合同</td><td>×××</td><td>×××</td><td>××</td><td>××</td><td>××</td><td>××</td><td>××</td><td>××</td><td>××</td><td>77</td><td></td></tr>
<tr><td>材料</td><td>×××</td><td>×××</td><td>××</td><td>××</td><td>××</td><td>××</td><td>××</td><td>××</td><td>××</td><td>71</td><td></td></tr>
</table>

2. 参考费用的综合评价

有时,除进行技术分析外,还宜将建设单位所要支付的监理费用考虑在内。但是,应该特别强调的是:无论是否将监理费用考虑在内,考虑工程监理服务的技术方案即质量要求都是最重要的。费用不应在选择过程中起支配作用,但通过邀请监理工程师(单位)提出包括费用的工程监理方案,将完成工程任务的费用也作为进行比较的适当因素,则建设单位可能得到节省开支的好处。

工程监理任务的三个特点,即工程监理任务的复杂性、工程监理对工程最终质量的影响及被邀请监理投标的监理工程师(单位)所提出的监理方案的可比性,会在选择监理工程师(单位)时,不同程度地影响到对监理费用的考虑。现分述如下。

1)工程监理任务的复杂性

监理人员的监理服务包括类型广泛的任务,从技术上极端复杂到简单的日常工作都有。如果所有这些工作都根据技术的复杂性分等级,则一部分(10% ~15%)工作将列入复杂的技术工作,稍多一部分(20% ~30%)为简单的技术工作,而大部分工作(40% ~70%)居于两者之间。技术复杂的工作任务,如特殊地区(软土、冻土)高等级公路的修建,关系到城市规划、电力、通信、水利、文物多部门协调合作的道路修建,又如在强风、强震地区长大桥梁的修建以及其他要求有发明创造的工作。有些项目虽然技术上简单,但需要动员广大群众参加,需要培训,以及改变以往的观念和做法,以适应新的社会环境,这些工程项目也应被认为是复杂的。有些直截了当的技术性工作,如简单的道路工程、套用标准图纸设计的小桥涵等,可被列入最低一级的技术复杂工作。大多数的工程任务,其复杂性有很大区别,而正是这一类工作,在选择过程中如何考虑费用变得难以决定。对技术复杂的工程监理任务来说,选择监理工程师(单位)只应根据技术方案考虑决定;直截了当的技术性工作除应达到下面将要提到的两条标准外,费用在选择过程中可以起到一定作用。

2)工程监理对工程最终质量的影响

在多数情况下,评价监理工作对工程最终质量所产生的影响有很大的主观性。虽然,一座桥梁的倒塌远比一条道路的路面裂缝影响更大,但监理工作如果完成的不好,均需增加额外的费用,因而不能实现某些效益,从而产生不利的后果。监理工作可以大致根据这种潜在的不利后果来划分等级。因此,选择监理工程师(单位)时应十分重视判断监理工作所能产生的影响。考虑问题时,技术方案的重要性应居前列,而适当的费用增加则应居次要地位。

3)监理方案的可比性

应邀提出的监理技术方案,如果在质量方面十分相似,这样就宜于在费用上进行竞争。对那种有明确的职责范围,可以详细列举预期应提出的监理建议所产生的成果。而对于不容自由更改的监理任务来说,当然更可以进行比较。直截了当的技术性任务,如目前交通部门执行的施工监理,多属这一类。

可以进行比较的监理方案多以具有明确的技术性的工程为主,因此,在选择监理工程师(单位)时应在什么限度内考虑费用这一因素,取决于监理任务在技术上的复杂性及其对工程最终质量的影响和监理方案的可比性。工程任务越复杂,工程越重要,监理方案越难比较,费用对选择的影响也就越小。对于那些不容易精确叙述清楚的工程任务,或者该工程任务的复杂性属最高等级,或该工程关系重大,质量稍有降低就可能带来无法接受的影响的工程,在选择监理工程师(单位)时都不应将费用作为选择考虑的因素。

是否考虑费用问题,应在邀请提出监理方案以前决定。如果属于将费用考虑在内的选择,对任何具体情况都应判断费用与技术方案的质量之间是否保持了恰当关系。评价费用和技术的尺度不同,不易相互比较,技术质量上10%的差别是否值得降低费用20%,完全取决于工程监理任务的性质和建设单位的判断。因此在不同的情况下,费用和技术因素各占怎样的比重,都应认真考虑。

如某次监理招标有5家外国公司参加,评标后的监理技术方案得分和各公司的费用报价如表4-8所示。此时,可采用下述三种方法进行综合评价:

各监理公司技术分及费用汇总表 表4-8

公司	技术分	报价(万美元)	公司	技术分	报价(万美元)
A	92	100	D	78	70
B	90	80	E	67	110
C	85	73			

(1)对比某一技术分以上的费用报价。如果决定技术分数在80分以上的报价方具备对比条件,则对比的范围将限于A、B、C三家公司。业主通常选用这三个公司中的C公司,但也有可能选用A或者B公司。

(2)综合法对比。根据咨询工作的复杂程度,将技术素质和报价分别规定出不同的权数,经过计算、分析、综合之后,排列出先后次序。如复杂技术工作,技术素质权数定为90,报价定为10。较为简单的技术工作技术素质的权数为70,报价为30。综合法对比分析表见表4-9、表4-10。

①复杂技术工作(技术:报价=90:10):

用各个公司的报价去除最低报价,将得出的商数乘以100,求出报价的分数。

综合法对比分析表(1) 表4-9

公司	技术分	×90%	报价(X)(百万美元)	$\frac{最低报价}{X}\times 100$	×10%	综合分数
A	92	82.80	1.00	70.00	7.0	89.80
B	90	81.00	0.80	87.50	8.75	89.75
C	85	76.50	0.76	95.89	9.59	86.09
D	78	70.20	0.70	100.00	10.00	80.20
E	67	60.30	1.10	63.64	6.36	66.66

②简单技术工作(技术:报价=70:30):

A、B两公司综合分数非常接近。

综合法对比分析表(2)　　表 4-10

公司	技术分	×70%	报价(X)(百万美元)	$\frac{最低报价}{X}\times 100$	×30%	综合分数
A	92	64.40	1.00	70.00	21.00	85.40
B	90	63.00	0.80	87.50	26.25	89.25
C	85	59.50	0.73	95.89	28.77	88.27
D	78	54.60	0.70	100.00	30.00	84.60
E	67	46.90	1.10	63.64	19.09	65.99

前三名公司排列的次序则变为 B、C、A 公司。

(3)用报价/技术分之比值进行对比。

计算结果见表 4-11。

报价/技术分之比值分析表　　表 4-11

公司	技术分	报价(万美元)	报价/技术分	排列次序
A	92	100	1.086 9	4
B	90	80	0.888 9	2
C	85	73	0.858 8	1
D	78	70	0.897 1	3
E	67	110	1.6418	5

但这种方法非常接近于报价竞争,一般不推荐这种方法。

在考虑费用的情况下,技术方案的评价应独立进行,而不受费用建议的影响。因此,应采取两个步骤的程序,将监理技术方案和监理费用方案分别密封提出或将监理费用方案随后再提出来。无论采取哪一种方法,监理技术方案应在审议费用方案之前完成。

世界银行强调监理技术方案和费用方案评价的两个步骤的完整和不可分割,并要求采用适当的程序,将费用方案继续封存在政府的有关部门等单位,以确保在技术评价完毕之前无法了解到有关费用的情报。世界银行要对建设借款单位提出的监理工程师的选择程序进行审查,在把费用作为考虑因素的情况下,世界银行还将对是否采用了令人满意的两步骤程序做出判断。

一般为人们所知的"双信封制度",是根据只能要求提出费用而不进行比较的原则制定的,采用这一程序只要求提出费用方案而不加以比较。因而并无益处,相反可能有一些弊病,世界银行不推荐这种程序。不过如果地方性的要求和熟悉这种方式而采用了"双信封制度",世界银行要求确保作为上述的完整而不可分割的两步骤程序的一部分,将不同的费用进行比较。

评标过程中有下列情形之一的,评标无效,应当依法重新进行评标:

(1)使用招标文件没有确定的评标标准和方法评标的;

(2)评标标准和方法含有倾向或者排斥投标人的内容,妨碍或者限制投标人之间竞争,且影响评标结果的;

(3)应当回避担任评标委员会成员的人员参与评标的;

(4)评标委员会的组建及人员组成不符合法定要求的。

评标委员会成员及参加评标的有关工作人员收受投标人的商业贿赂,向他人透露与投标文件的评审和比较、中标候选人的推荐以及与评标有关的其他情况的,给予警告,没收收受的财物,可以并处3000元以上50000元以下的罚款。对评标委员会成员,如有上述违规行为,则取消其担任评标委员会成员的资格,不得再参加任何依法必须进行招标的项目的评标;构成犯罪的,依法追究刑事责任。

交通主管部门及其所属质量监督机构的工作人员违反本办法规定,在监理招标投标活动的监督管理工作中徇私舞弊、收受商业贿赂、滥用职权或者玩忽职守,构成犯罪的,依法追究刑事责任;不构成犯罪的,依法给予行政处分。

第四节 监理服务合同

市场经济是法制经济,一切经济行为都必须依法有序地进行。除了国家有关法律、法规、政策以外,经济活动最直接的依据就是行为各方所签订的经济合同,合同的内容将直接影响经济活动的质量。

公路工程施工监理工作是我国公路建设市场的组成部分之一,为规范公路监理市场,交通部先后颁布了一系列的法规性文件、规范,如《公路工程质量监督办法》、《公路工程施工监理办法》、《公路水运工程监理单位资质管理暂行规定》、《公路、水运工程监程师注册办法》、《公路工程施工监理规范》、《公路工程施工监招标投标管理办法》,即将出台的还有《公路工程施工监理招标资格预审办法》、《公路工程施工监理招标评标办法》等。

国际上一些有影响的组织或机构为促进国际经济交往,规范国际市场,制订了一系列的标准合同文本。在咨询、监理方面最有影响的是国际咨询工程师联合会(即FIDIC组织)编制的《业主咨询工程师标准服务协议书》,国内公路行业则是交通部制订的《公路工程施工监理合同范本》。

一、《公路工程施工监理合同范本》简介

为促进公路工程施工监理工作制度化、规范化和科学化建设,提高监理服务委托合同签订的质量,更好地规范监理服务合同当事人的行为,交通部于1997年颁发了《公路工程施工监理合同范本》(以下简称《合同范本》)。《合同范本》的制订遵循了我国有关法律、法规及政策,参照了国际通行文本《业主咨询工程师标准服务协议书》的格式和内容,既考虑了我国工程监理制度与国际惯例相接轨,同时又兼顾了国内的实际情况,能比较客观、全面地反映监理过程中各个环节各自当事人的责、权、利关系,可避免因合同条款不完备、意思表达不准确等产生的合同纠纷,保护当事人的合法权益。

《合同范本》与《业主咨询工程师标准服务协议书》一样是标准合同格式。标准合同通用性很强,有利于合同各方的讨论、交流和统一认识,能够简化合同的准备和商谈过程。更重要的是,标准合同是由法律方面的专家参加制订,由权威部门颁布,能够准确地在法律概念内反映出各方的责任、权利和义务,具有很强的公正性和权威性。同时标准合同制订后,能够有效地防止合同签订中的欺诈行为。因此,标准合同在各类经济活动中使用越来越广泛。

1.《合同范本》的组成

《合同范本》由以下文件组成：

(1)公路工程施工监理合同协议书。

(2)公路工程施工监理合同通用条件。

(3)公路工程施工监理合同专用条件。

(4)附件，其中：

附件A：监理服务的形式、范围与内容；

附件B：业主提供的监理工作条件；

附件C：监理服务的费用与支付。

合同协议书是监理合同的纲领性文件。对监理合同的组成、合同成立条件、合同双方等进行了规定和说明。它也是一份标准文件，合同双方在协议书空白处填名盖章后整个合同随即生效。

合同条件(包括通用条件和专用条件)是监理合同的主要内容。合同条件特别是通用条件规定了合同双方的义务、责任、权力，是双方履行合同和处理合同纠纷及违约责任的依据。其中通用条件是面向全国各类公路工程监理制订的，是普遍性、一般性的规定。所谓标准合同，主要是在这部分采用了一套标准的合同条件；专用条件是就某一具体工程针对标准条件的不具体、不够完善或与当地法规、习惯有冲突而专门编制的，其编制工作由招标机构进行。因通用条件是普遍性、一般性的规定，而专用条件是有目的并针对具体工程制订的，因此当二者出现矛盾和冲突时，应以专用条件为准。

附件是监理合同的重要组成部分。三个附件中，附件A规定了业主要求监理单位提供服务的形式、服务的工程范围、服务的内容；附件B规定了业主免费向监理单位提供的工作和生活的设施、设备及物品以及业主为监理工作方便而提供的有关人员；附件C则是监理费的计算方法与支付方式。

2.《合同范本》的内容

1)公路工程施工监理合同协议书

本协议书由＿＿＿＿＿＿(以下简称“业主”)为一方，与＿＿＿＿＿＿(以下简称“监理单位”)为另一方共同订立。

鉴于业主已委托监理单位为＿＿＿＿＿＿＿＿＿＿工程提供监理服务并已接受了监理单位就此提出的项目建议书，为明确双方在合同期间的义务、责任、权力和利益，兹就以下事项达成协议：

(1)本协议书中的词句和用语与公路工程施工监理合同中通用条件所规定的定义相同。

(2)下列文件是本协议书的组成部分，应作为协议书的有效内容予以遵守和执行：

①公路工程施工监理中标函或委托函；

②公路工程施工监理合同通用条件；

③公路工程施工监理合同专用条件；

④《公路工程施工监理规范》；

⑤公路工程施工监理招、投标文件；

⑥双方签认的补充或修正文件；

⑦其他文件;

⑧附件:

附件 A:监理服务的形式、范围与内容;

附件 B:业主提供的监理工作条件;

附件 C:监理服务的费用与支付;

其他附件。

其中,其他文件和其他附件是指签约双方一致同意,增加列入监理合同的文件或附件,签约时必须在协议书中具体写明。协议书所包括的文件之间如果出现矛盾,按监理合同通用条件第 1.2.3 条的规定,按时间顺序以最后编写或双方最后确认的文件为准,而与该文件在协议书中的排列顺序无关。

(3)业主在此同意按照本监理合同规定的期限和方式,向监理单位支付根据监理合同规定应支付的费用和提供监理工作条件。

(4)监理单位基于业主的上述保证,在此向业主承诺按照本监理合同的规定履行监理服务。

(5)本协议书经双方签字盖章后,自_______年_______月_______日生效,至________年________月________日终止,在按照监理合同的规定结清监理服务费用后自然失效。

(6)本协议书正本一式两份,具有同等法律效力,双方各执一份。协议书副本_______份,双方各执_______份。

业主:	(盖章)	监理单位:	(盖章)
法定代表人:	(签字)	法定代表人:	(签字)
单位地址:		单位地址:	
邮编:		邮编:	
电话:		电话:	
传真:		传真:	
开户银行:		开户银行:	
账号:		账号:	

2)公路工程施工监理合同通用条件

其主要内容如下(下文中的条款对应《合同范本》中的条款,余同):

(1)定义与解释

1.1 定义

下列词句或用语,除根据上下文另有其意义外,一般应具有如下含义:

1.1.1 项目 业主建造工程和委托监理单位提供监理服务的对象,具体情况在专用条件中指明。

1.1.2 工程 为完成项目所实施的一项或若干项永久工程(包括向业主提供的物资和设备),其概况在专用条件中说明。

1.1.3 服务 监理单位根据监理合同所承担的工作,包括正常的服务、附加的服务和额外的服务,亦称监理服务。

1.1.4 业主 委托监理单位提供监理服务的单位或其合法继承人或其合法受让人。

1.1.5　监理单位　受业主委托提供监理服务，并具有监理资质的法人或其合法继承人或其合法受让人，根据上下文的内容，亦指监理单位根据监理合同派驻到项目所在地履行监理服务的机构。

1.1.6　一方　业主或监理单位。

双方　业主和监理单位。

第三方　一般是指与业主签订工程承包合同的单位或个人。但根据上下文的内容，也可以是与项目建设有关的其他当事人。

1.1.7　监理合同　一般应包括：公路工程施工监理中标函或委托函；公路工程施工监理合同中的协议书、通用条件、专用条件、附件A（监理服务的形式、范围与内容）、附件B（业主提供的监理工作条件）、附件C（监理服务的费用与支付）；《公路工程施工监理规范》（JTG G10—2006）；公路工程施工监理招、投标文件；双方签认的补充或修正文件以及双方签认的其他文件或附件。

1.1.8　项目建议书　被业主认可并接受的监理单位的施工监理投标文件或监理规划。

1.1.9　日　即历法日。

1.1.10　月　根据公历从某一个月份中的任何一日开始至下一个月份相应日期的前一日截止的时间段。

1.2　解释

1.2.1　监理合同中的标题只是为了查阅方便，不应作为监理合同本身的内容予以理解，也不应用于对监理合同进行解释。

1.2.2　为了文字简练，监理合同中有些词句或用语可能会有多种含义，阅读时应视上下文的实际需要而定义。

（2）监理单位的义务

2.1　监理服务的形式、范围与内容

2.2　正常的附加的服务

2.3　职责

2.4　监理人员

2.5　业主财产

2.6　保密

（3）业主的义务

3.1　监理工作条件

3.2　资料

3.3　决定

3.4　代表

3.5　授权通知

3.6　设施和物品

3.7　辅助工作人员

（4）责任和保障

4.1　监理单位的赔偿责任

4.2 业主的赔偿责任

4.3 赔偿责任的期限

4.4 赔偿的限额

4.5 保障

4.6 保险

(5)监理合同的生效、终止、变更、暂停与中止

5.1 监理合同的生效

5.2 监理服务的时间和期限

5.3 监理合同的终止

5.4 监理合同的变更

5.5 监理合同暂停与中止

5.6 转让和分包

(6)监理服务的费用与支付

6.1 监理服务费用

6.2 支付

6.3 货币

(7)其他

7.1 合同双方的关系

7.2 语言和法律

7.3 奖励

7.4 利益矛盾

7.5 版权

7.6 通知

(8)争端的解决

3)公路工程施工监理合同专用条件

(1)标准合同(参考通用条件)专用条款:

1.1.1 项目

例如,项目名称、立项证明、项目情况。

1.1.2 工程

例如,工程地点、工程造价、工程概况。

2.5 业主财产

例如,当监理服务完成或中止时,业主提供给监理单位使用的设施、设备,尚未使用的物品的交接办法。由监理单位负责上述移交工作时,相应费用的计算方法。

2.6 保密

例如,业主要求监理单位关于本项目或本工程予以保密的资料内容和保密期限。

4.1 监理单位的赔偿责任

例如,监理单位违反监理合同的规定并因此造成业主的经济损失,应根据其所承担责任的比例向业主赔偿。

赔偿金 = 受损工程的相应监理费 × 监理单位应承担责任的比例

4.2 业主的赔偿责任

例如,业主违反监理合同规定,因此造成监理单位的经济损失,应据实向监理单位赔偿。

赔偿金 = 监理单位的直接经济损失

4.4 赔偿的限额

例如,监理单位的累计赔偿限额。监理单位的累计赔偿限额为监理合同金额的____%(建议比例为5% ~10%)。当达到此限额时,业主有权单方面中止监理合同,并没收监理单位的履约担保金。

业主的累计赔偿限额。业主据实赔偿监理单位的直接经济损失。

4.5.2 履约担保

业主应根据实际情况,考虑多种监理单位的履约担保方式。

例如,担保书格式或保证金形式、担保时间、担保金额(占监理合同金额的比例,建议比例5% ~10%)。

4.6.2 业主要求的保险

例如,保险的种类、保险的期限、业主的条件。

5.2 监理服务的时间和期限

例如,进场期限、完成监理服务时间、缺陷责任期、退场期限等。

5.4.4 物价变动的补偿办法

例如,业主对监理合同有效期内因物价变动而导致监理服务费用的增减,予以或不予弥补(扣除)及其计算方法。

6.2.1 监理服务费用的支付期限

例如,自监理合同附件 C 中二、4 规定的业主支付日起算,当地货币________日,外币________日对过期应付款项的补偿利率:每日________‰。

A 条目下各条款中所列举的例子,仅供参考。签约双方应根据项目和工程的实际情况,参阅监理合同通用条件中的相应条款,认真编写监理合同专用条件 A 部分。

(2)项目(修正、补充及删除通用条件)专用条款

2.5 如果监理单位根据监理合同履行监理服务所需的设施、设备和重要物品,是由承包人提供且产权归承包人,则应首先通过监理合同专用条件 B 部分,对通用条件中的相应条款进行修正,然后在本条款中写明有关事宜。

4.1 监理单位违反监理合同的规定,并因此造成了业主的经济损失,其范围可能较广且不易确定。按照惯例,监理单位一般仅对因其明确责任而受到损害的工程给予赔偿。

4.4 赔偿限额可考虑多种方法,例如按照对等的原则确定,监理单位向业主赔偿的累计极限金额为:相关项目或工程的全额监理服务费用乘以监理单位的责任比例减去已交税金;业主向监理单位赔偿的累计极限金额为:相关项目或工程的全额监理服务费用。

4.5.2 鉴于国内当前情况下银行在提供履约担保时的各种制约,建议业主在此条款中,考虑多种方法予以变通。

5.5.4 对于监理合同期限较短(例如一年以内)的项目,可以不考虑物价变动对监理服务费用的影响;而对于监理合同期限较长(例如两年以上)的项目,则业主宜按照物价指数法

对监理单位的监理服务费用进行调整。

6.2.1 业主向监理单位支付监理服务费用的期限,按惯例为28日。

7.3 业主根据项目或工程的实际情况,既可以设立单项奖,也可以设立综合奖,还可以设立某些特定目标奖对监理单位履行监理服务过程中的优异成绩给予奖励。

8.1 双方在此只可约定一种解决最终争端的方式,如果约定仲裁方式,对仲裁结果不服的一方,不可再向法院提出上诉。

B部分为签约双方根据项目或工程的实际情况和具体要求,对监理合同通用条件中不适用的条款进行修正或删除,对缺少的条款予以补充。按照惯例,当合同通用条件与合同专用条件之间出现矛盾时,以合同专用条件为准。

4)公路工程施工监理合同附件A

(1)监理服务的形式:

①服务要求 对监理单位的资质、监理服务的主要方式及监理工作的隶属关系等方面的要求。

②组织机构 对监理服务机构的设置、工作计划的安排、主要人员的资质等方面的要求。

(2)监理服务的范围:

①服务范围 确定监理服务所包括的工程范围和工作范围,并具体规定监理服务的性质、目的和主要工作目标。

②服务目标 监理服务的性质、目的及主要工作目标。

(3)监理服务的内容:首先应参照《公路工程施工监理规范》(JTG G10—2006)的规定进行归纳,然后再根据项目和工程的实际情况予以调整。

(4)业主应根据监理服务内容中所规定的各项具体监理工作,对监理单位的职责范围和权限划分给予准确的界定。

(5)所有与监理服务有关的合同正式文件、修正或补充文件,都是监理单位履行监理服务的依据,必须在本条目中明确列入。

5)公路工程施工监理合同附件B

(1)根据监理单位履行监理服务的实际需要,双方在此约定业主向监理单位免费提供的文件和资料的内容、份数及期限。

(2)为了顺利地履行监理合同,业主应对监理单位就项目或工程的工期、质量、投资、合约和安全等重大问题所提交的书面请示,及时给予书面答复;双方在此约定业主对各类问题给予书面答复的期限。

(3)业主应当利用自身的优势,在项目所在地向监理单位提供必要的协助,以创造一个良好的外部工作环境,使监理单位能够较为顺利地按照监理合同的规定履行监理服务。双方在此约定由业主负责办理或协助监理单位办理的各项事宜。

(4)为了支持监理单位履行监理服务,双方在此约定业主向监理单位免费提供的设施、设备和主要物品的品种、数量和相应的最迟提供时间、允许使用时间以及使用、维修费用的开支办法。如果上述设施、设备和主要物品由第三方提供,则应根据业主与第三方签订的工程承包合同文件的规定办理,并在本条款中写明相关事宜。如果要求监理单位自备全部或部分上述设施、设备和主要物品,则必须在本条款中增列业主对监理单位给予经济补偿的办法。

(5)为了配合监理单位履行监理服务,双方在此约定业主向监理单位免费派遣的辅助监理服务的工作人员的种类和数量,以及双方对此类人员的管理方法。如果要求监理单位自行聘用全部或部分上述人员,则应在本条款中增列业主对监理单位给予经济补偿的办法。

6)公路工程施工监理合同附件C

(1)计算监理服务费用的方法很多,如:费率法、人年工资法和总额法等。推荐使用的方法是费率法,即:按照监理服务范围所包括的工程合同价额,确定相应的监理服务合同费率(参照部颁规定费率),测算初始的监理服务合同价额;按照工程合同结算价额乘以监理合同费率确定最终的监理服务结算费用。如果监理服务工作量基本无变化而监理服务最终结算费用低于监理服务初始合同价额,则应当按照监理服务初始合同价额结算。

(2)业主应通过与监理单位协商签订补充协议的方式,委托监理单位提供附加的监理服务。计算附加监理服务费用的方法,原则上应在正常监理服务费用计算办法的基础上确定。由于在实际操作过程中,情况比较复杂,业主与监理单位签订补充协议时,应确定监理单位提供附加服务其相应费用的计算方法。另外,建议业主在监理合同中,要求监理单位将法定节、假日和工作时间以外的加班费用列入监理服务费用报价中,将此项监理服务作为监理单位正常的服务。

(3)业主按照监理合同规定的期限和方式,向监理单位及时支付监理单位根据监理合同的规定应当得到的监理服务费用,是业主极为重要的合同义务。按照惯例,业主在与监理单位签订监理合同和收到监理单位的履约担保后,即应向监理单位支付一定的动员预付费,并在以后的日常支付中,按照动员预付费与监理服务费用总额的比例分期扣回;业主应根据监理合同规定的办法,按月向监理单位支付监理服务费用。监理服务费用的结算可以分为两个步骤:

第一步,在签发工程交工证书之后完成动员预付费和监理单位对业主给予赔偿(如果有)的扣回,结算相应工程的监理服务费用并向监理单位返还一定比例的履约担保金。

第二步,在签发工程缺陷责任终止证书之后,扣回全部根据监理合同的规定应扣回的款项。

(如果有)结算工程缺陷责任期的监理服务费用和全部根据监理合同的规定应支付的款项。

(如果有)向监理单位返还全部剩余的履约担保金。

二、关于当前业主和监理工程师(单位)的合理分工

我国是发展中的社会主义国家,工程监理的指导思想、组织等势必和西方国家有很大的不同,再加上监理制度在我国也刚刚起步,有待进一步改进、完善和规范。在工程项目的建设过程中,业主和监理单位合理分工与合作,对项目实施全过程、全方位、全环节和全天候的全面监督、检查和管理,必将会提高工程建设的效率和水平。

根据国际惯例和我国的实际情况,业主把工程项目委托给监理单位监理之后,主要精力应放在积极创造实施工程项目基本条件和外部环境方面去,如落实建设投资到位,申请办理征地拆迁,联系水电供应和对外交通,历史古迹和文物的妥善保护和处理,决定工程建设的重大变更,协调地方关系等内容。在这些工作中,如果遇到技术方面的问题,如对外交通线路上的桥梁加固问题、地下管线、电力电缆、通信电缆的交叉问题,订购材料设备规格与性能问题等,可

以由被委托的监理单位提供咨询或协助,业主不应再组建大的工程指挥部调集众多的筹建人员,而应当只配备少数工作人员组建一个精干的工作部门。

咨询监理单位的主要精力应放在搞好项目管理上,如协助业主选择承包单位,签订工程承包合同,督促业主、承包商履行合同,审核施工图纸、设计变更和施工技术方案。审批分包组织,审核施工组织与协调工程建设的实施,检查验收工程质量,控制工程进度与造价,进行工程计量和掌握工程款项支付,协调各方关系,处理工程索赔和延期等。

为了充分发挥监理单位的作用,业主应该授予监理单位必要的权力,如技术上的核定权、组织协调的主持权、材料设备与工程质量的确认权与否决权、进度上的确认权与否决权等,特别应将工程款支付与结算上的确认权与否决权授予监理单位。

复习思考题

1. 施工监理招标应具备哪些条件?
2. 招标单位应具备哪些条件?
3. 监理招标的方式有哪几种?
4. 简述监理招标的基本程序。
5. 简述监理招标的工作内容。
6. 采用公开招标时,招标公告应当载明哪些内容?
7. 投标人资格预审的内容有哪些?
8. 哪些情况应作为废标处理?
9. 投标注意事项是什么?
10. 简述世行贷款或外资项目监理单位的选择步骤。
11. 简述技术建议书的主要内容。
12. 监理费用的常用计算方法有哪几种?
13. 评标报告一般应当包括哪些内容?
14. 《合同范本》的组成是什么?
15. 评标过程中有哪些情况评标无效,应当依法重新进行评标?

第五章 工程监理的主要内容

1. 描述风险管理及目标控制原理；
2. 描述工程进度、质量、费用、安全、环保监理的作用和任务；
3. 描述工程进度、质量、费用、安全、环保监理的基本方法；
4. 描述合同管理、信息管理的任务和方法；
5. 分析组织协调的作用，描述组织协调的任务和方法。

工程监理作为一种以严密制度为特征的综合管理行为，按照国际惯例，以 FIDIC 管理模式为基础，强调对工程建设项目在特定时空范围内的全方位及全过程的监督与管理，以期达到项目建设的预期目标。因此，工程监理活动属于一种法律、法规、政策及技术性强的综合行为，它要求管理者（工程监理人员）随着项目的实施和发展，对处于动态变化过程中的工程项目，要按一定的标准、规范进行调整控制，以保证工程项目按合同顺利进行。

公路工程监理的主要内容，可分为工程质量控制、工程进度控制、工程费用控制、工程安全控制、环境保护控制、合同管理、信息管理、组织协调，即常说的“五控制二管理一协调”。

本章简要介绍工程项目风险管理及目标控制的基本概念和“五控制二管理一协调”的主要内容、工作程序与方法。

• 第一节　风险管理及目标控制原理 •

一、工程项目的风险

工程项目的质量、进度、费用三大目标的实现，是工程监理的核心内容。工程建设项目的特点，决定了在项目实施过程中存在着大量的不确定因素。这些不确定因素无疑会给项目的目标实现带来影响，其中有些影响甚至是灾难性的。工程项目的风险就是指那些在项目实施过程中可能出现的灾难性事件或不满意的结果。任何风险都包括两个基本要素：一是风险因素发生的不确定性；二是风险发生带来的损失。风险事件发生的不确定性，是由于外部环境千变万化，也因为项目本身的复杂性和人们预测能力的局限性。公路工程项目在实施过程中存在风险是必然的、不可避免的，监理工程师必须要有强烈的和正确的风险意识。工程项目风险大体上可分为如图 5-1 所示的 10 种类型。

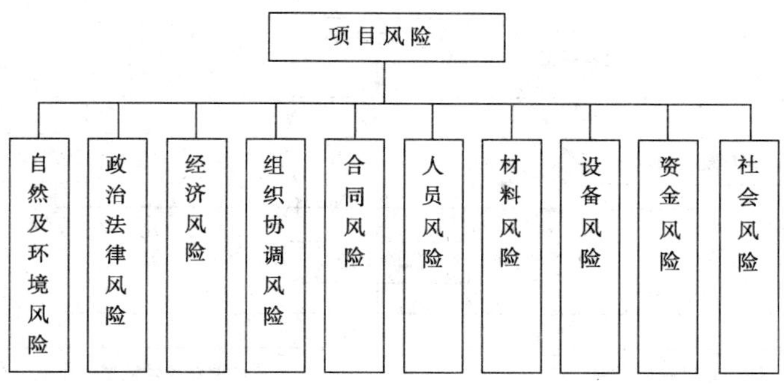

图 5-1　项目风险事件分类

二、风险管理

风险管理是一个识别和度量项目风险，制订、选择和管理风险处理方案的系列过程。风险管理的目标是减少风险危害的危害程度，使工程质量、进度、费用三大目标得到控制和实现。风险管理的流程如图 5-2 所示。

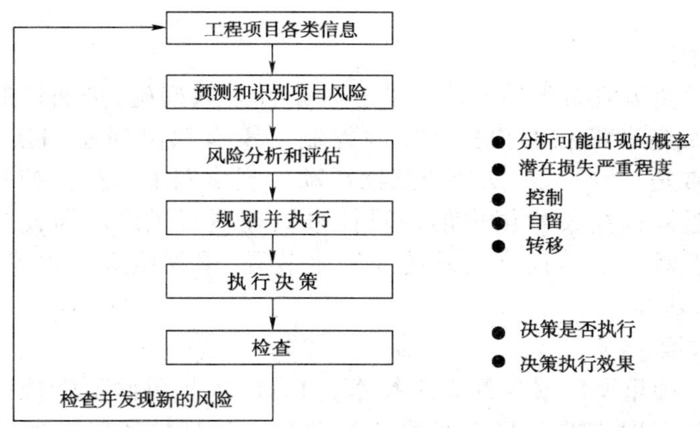

图 5-2　风险管理流程图

1. 风险的预测和识别

风险管理各步骤中最重要的步骤，即预测和识别出项目目标实现过程中可能存在的风险事件，并予以分类。

风险预测和识别的过程主要立足于数据收集、分析和预测，要重视经验在预测中的特殊作用（即定性预测）。为了使风险识别做到准确、完整和有系统性，应从项目风险管理的目标出发，通过风险调查、信息分析、专家咨询及实验论证等手段，对项目风险进行多维分解，从而全面认识风险，形成风险清单。

2. 风险分析和评价

这一过程将风险的不确定性进行量化，评价其潜在的影响。它包括的内容是：确定风险事件发生的概率和对项目目标影响的严重程度，如经济损失量、工期迟延量等；评价所有风险的潜在影响，得到项目的风险决策变量值，作为项目决策的重要依据。风险分析与评价流程如图 5-3 所示。

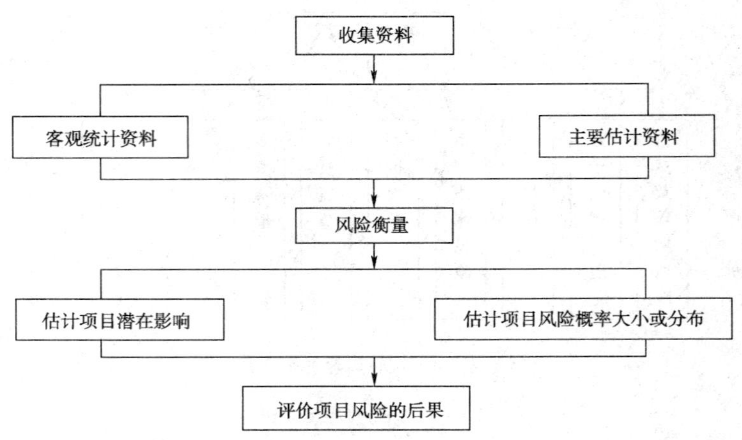

图5-3 风险分析与评价过程

3.风险控制对策的规划

风险控制对策的目的是减小风险的潜在损失,基本对策有三种形式:风险控制、风险自留和风险转移。

1)风险控制对策

风险控制是对使风险损失趋于严重的各种条件采取措施,进而控制和避免或减少发生风险的可能性及各种潜在的损失。风险控制对策有风险回避和损失控制两种形式。风险回避对策经常是一种规定,如禁止某项活动的规章制度。损失控制是通过减少损失发生的机会或通过降低所发生损失的严重性来处理项目风险。损失控制方案的内容包括:制订安全计划、评估及监控有关系统及安全装置、重复检查工程建设计划、制订灾难计划、制订应急计划等。

2)风险自留对策

风险自留是一种重要的财务性管理技术,由自己承担风险所造成的损失。风险自留对策分计划性风险自留和非计划性风险自留两种。计划性风险自留是指风险管理人员有意识地不断降低风险的潜在损失。非计划性风险自留是指当风险管理人员没有认识到项目风险的存在,因而没有处理项目风险的准备,被动地承担风险,此时的风险自留是一种非计划的风险自留。风险管理人员通过减少风险识别和风险分析失误,从而避免这种非计划风险自留。

3)风险转移对策

(1)合同转移。是指用合同规定双方的风险责任,从而将风险本身转移给对方减少自身的损失。因此合同中应包含责任和风险两大要素。

(2)工程投保。是项目风险管理计划的最重要的转移技术,目的在于把项目进行中发生的大部分风险作为保险对策,以减轻与项目实施有关方的损失负担和可能由此产生的纠纷。付出了保险费,在工程受到意外损失后能得到补偿。工程保险的目标是最优的工程保险费和最理想的保障。

4)规划决策过程

规划决策就是选择对策。应根据工程项目的特点,从系统的观点出发,考虑风险管理的思

路和步骤,制订与项目目标一致的风险管理原则,以指导风险管理人员决策。

4. 实施决策

实施决策的内容是制订安全计划、损失控制计划、应急计划,确定保险内容、保险额、保险费、免赔额和赔偿限额等,并签订保险合同。

5. 检查

检查是指在项目实施过程中,不断检查以上四个步骤的实施情况,包括计划执行情况及保险合同执行情况,以实践效果评价决策效果。还要确定在条件变化时的风险处理方案,检查是否有被遗漏的风险项目。对新发现的风险项目应及时提出对策。

三、工程项目建设监理目标控制

1. 工程项目的概念

工程项目,也叫建设项目。一个工程项目可以是一个单项工程,也可以是一个系统的群体工程。但是只有具备以下条件的工程才能称为工程项目:第一,工程要有明确的建设目的和投资理由;第二,工程要有明确的建设任务量,即要有确定的建设范围、具有内容及质量目标;第三,投资条件要明确,即总的投资量及其资金来源,各年度的投资量等要明确;第四,进度目标要明确,即要有确定的项目实施阶段的总进度目标、分进度目标和项目动用时间;第五,工程各组成部分之间要有明确的组织联系,应是一个系统;第六,项目实施的一次性。

2. 工程项目建设监理的目标

工程项目建设监理的目标是:控制工程费用、进度、质量、安全、环保。合同管理、信息管理和全面的组织协调是实现费用、进度、质量三大目标所必须运用的控制手段和措施。但只有确定了费用、进度和质量目标值,监理单位才能对工程项目进行有效的监督管理。费用、进度和质量是一个既统一又相互矛盾的目标系统。在确定每个目标值时,都要考虑到对其他目标的影响。但是,其中工程安全可靠性和使用功能目标以及施工质量合格目标,必须优先予以保证,并要求最终达到目标系统最优。在监理目标值确定之后,即可进一步确定计划,采取各种控制协调措施,力争实现监理目标值。

3. 工程项目质量、进度和费用三大目标间的关系

工程项目建设监理的质量目标、进度目标和费用目标的关系是对立统一的关系,有矛盾的一面,又有统一的一面,其关系如图5-4所示。

费用与进度的关系是:加快进度往往要增加投资;但是加快进度提早项目动用时间,则可增加收入,提高投资效益。

进度与质量的关系是:加快进度可能影响质量;但严格控制质量,避免返工,进度则会加快。

费用与质量的关系是:质量好,可能要增加费用,但严格控制质量,可以减少经常性的维护费用;延长使用工程使用年限,则又提高了投资效益。

一个工程项目的三大目标之间,一般不能说哪个最重要。不同的项目在不同的时期,目标的重要程度是不同的。对于监理工程师而言,要处理好在各种条件下工程项目三大目标间的关系及其重要顺序。在确定各目标值和对各目标值实施控制时,都要考虑

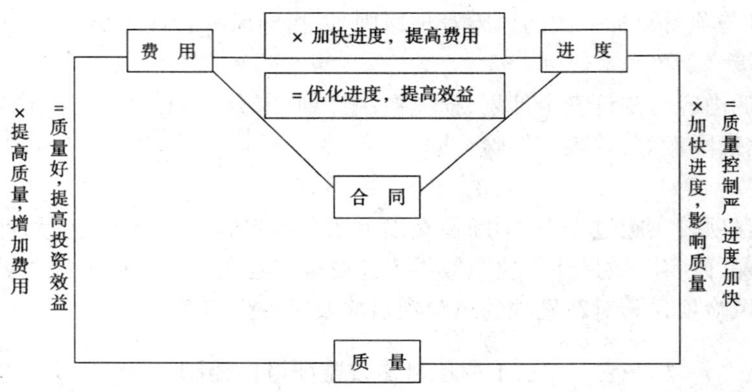

图 5-4 目标之间的树立统一关系

（注：X 为相互矛盾；= 为相互统一）

到对其他目标的影响，要进行多方面、多方案的分析、对比，做到既要节约费用，又要质量好，进度快，力争费用、质量和进度三大目标的统一，确保整个目标系统可行，并达到整个目标系统最优化。

4. 目标控制的基本原理

项目目标控制是一项系统工程。所谓控制就是按照计划目标和组织系统，对系统各个部分进行跟踪调查，以保证协调总体目标。

控制的主要任务是把计划执行情况与计划目标进行比较，找出差异，对比较的结果进行分析，排除和预防产生差异的原因，使总体目标得以实现。

项目控制是控制论与工程项目管理实践相结合的产物，具有很强的实用性。由于工程项目的一次性特点，将前馈控制、反馈控制、主动控制、被动控制等基本概念用到工程监理中是非常有效的，有助于提高监理人员的主动监理意识。

1）前馈控制与反馈控制

项目中控制形式分为两种：一种是前馈控制，又称为开环控制；另一种是反馈控制，又称为闭环控制，如图 5-5 所示。

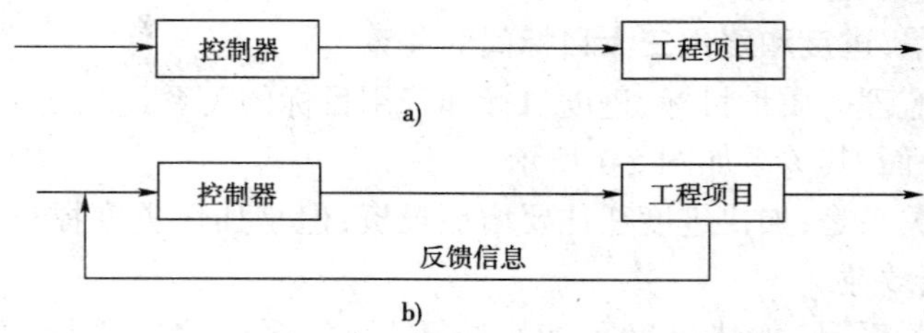

图 5-5 工程项目控制方式示意图

a）前馈控制；b）反馈控制

两种控制形式的主要区别是有无信息反馈。就工程项目而言，控制器是指工程项目的管理者。前馈控制对控制器要求非常严格，即前馈控制系统中的人必须具有开发的意识。而反馈控制可以利用信息流的闭合，调整控制强度，因而对控制器要求相对较低。

理论上讲，从公路工程项目的一次性特征考虑，在项目控制中均应采用前馈控制形式。但

是,由于项目受本身的复杂性和人们预测能力局限性等因素的影响,使反馈控制形式在监理工程师的控制活动中显得同样重要和可行。

公路工程项目实施中的反馈信息,由于受各种因素影响,将出现不稳定现象,即信息振荡现象,项目控制论中称负反馈现象。从工程项目控制理解,所谓负反馈就是反馈信息失真,管理者由此决策将影响工程进度、质量、费用三大目标的实现。因此,在公路工程施工中,监理人员必须避免负反馈现象的发生。

2)动态控制

工程项目的动态控制分为两种情况:一是发现目标产生偏离,分析原因,采取措施,称为被动控制;另一种是预先分析,估计工程项目可能发生的偏离,采取预防措施进行控制,称为主动控制,如图5-6所示。

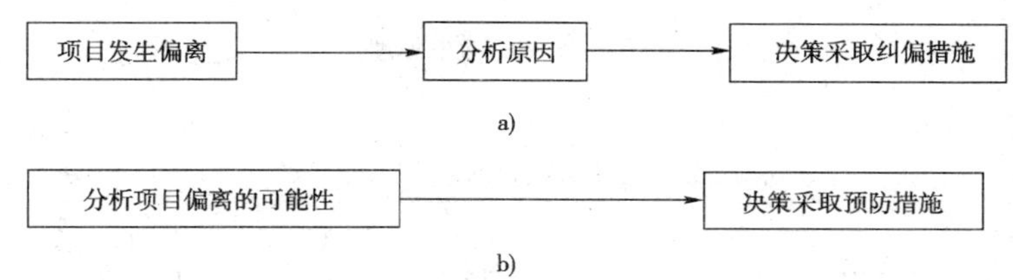

图5-6 工程项目主、被动控制示意图
a)被动控制;b)主动控制

工程项目的一次性特点,要求监理工程师具有较强的主动控制能力,而且工程合同和施工规范都要给监理工程师实施主动控制提供条件。但公路工程项目是极为复杂的工程项目,涉及的因素多,跨越的范围广。因此,根据工程实际,在工程监理实施过程中,除采取主动控制外,也应辅之以被动控制方法。主、被动控制的合理使用,是监理工程师做好工作的保证之一,也能反映监理工程师的水平高低。

目标的动态控制是一个有限的循环过程,应贯穿于工程项目实施阶段的全过程。动态控制的过程可分为三个基本步骤:确定目标、检查成效、纠正偏差。动态控制应在监理规划指导下进行,其要点如下:

(1)控制是一定的主体为实现目标而采取的一种行为。要实现最优化控制,必须首先满足两个条件:一是要有一个合格的主体;二是要有明确的系统目标。

(2)控制是按实现拟订的计划目标值进行的。控制活动就是检查实际发生的情况与计划目标值是否存在偏差,偏差是否在允许范围之内,是否应采取控制措施及采取何种措施以纠正偏差。

(3)控制的方法是检查、分析、监督、引导和纠正。

(4)控制是针对被控系统而言的,既要对被控系统进行全过程控制,又要对其所有要素进行全面控制。

(5)控制是动态的。图5-7是动态控制原理图。

(6)提倡主动控制。

(7)控制是一个大系统,该系统的模式如图5-8所示。

控制系统包括组织、程序、手段、措施、目标和信息六个分系统。其中信息分系统贯穿于项

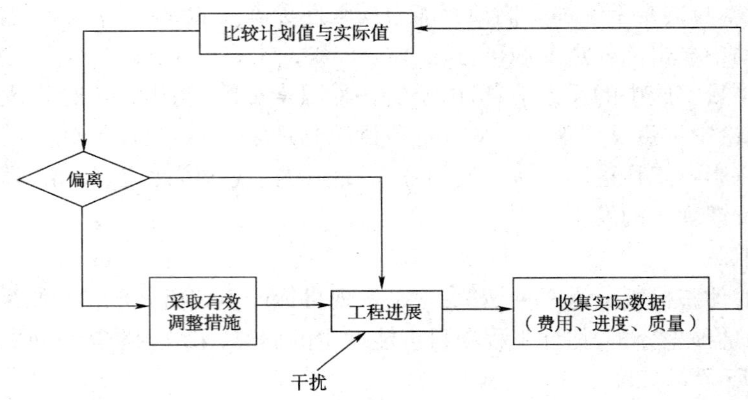

图 5-7　动态控制原理

目实施的全过程。

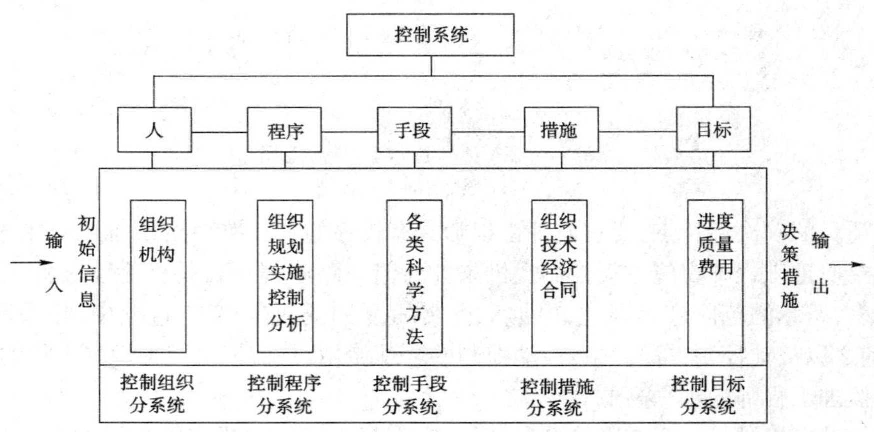

图 5-8　项目控制的系统模式

●第二节　工程进度监理●

一、进度监理的作用和任务

公路工程项目的特点是工程费用大，建设周期长，涉及范围广。工程进度又直接影响业主和承包人的重大利益。如工程进度符合合同要求，施工速度既快又科学，则有利于承包人降低工程成本，并保证工程质量，也给承包人带来好的工程信誉；反之，工程进度拖延或匆忙赶工，都会增大承包人的费用，垫付周转的资金利息增加，给承包人造成严重亏损，并且拖延竣工期限，也给业主带来工程管理费用的增加，投入工程资金利息的增加，以及工程项目延期投产运营的经济损失等。因此，公路工程施工监理过程中，以工程进度控制为目的的施工进度是公路工程施工监理的一个重要环节。公路工程进度监理过程中，按照 FIDIC 管理模式，承包人应该编制好符合客观实际、贯穿合同条件及技术规范的施工进度计划，并在计划执行过程中，通过

计划进度与实际进度的比较，定期地、经常地检查和调整进度计划。监理工程师的主要任务是审批承包人编制的施工进度计划，并对已批准的进度计划的执行情况进行监督，从全局出发，掌握影响施工进度计划所有条件的变化情况，对进度计划的执行进行控制。与此同时，业主则应根据合同要求及时提供施工场地和图纸，并尽可能地改善施工环境，为工程顺利进行创造条件。只有通过这三方面的相互配合，才能确保工程项目的实现。

公路工程施工过程中，工程进度监理不仅仅是个时间计划的管理和控制问题，同时还需要考虑劳动力、材料、机械设备等所必需的资源能否最有效、合理、经济地配置和使用，使工程在预定的工期完成，并争取早日使工程投入使用并获得最佳投资效益等问题。因此，进度监理的作用就是在考虑了工程施工管理三大因素（工期、施工质量和经济性）的同时，通过贯彻施工全过程的计划、组织、协调、检查与调整等手段，努力实现施工过程中的各个阶段目标，从而确保工期目标的实现。

二、工程进度监理要点

1. 工程施工进度计划的编制

工程施工进度计划是表示施工项目中各个单位工程或各分项工程的施工顺序、开竣工时间以及相互衔接关系的计划，它是施工项目实施阶段进行进度控制的行为标准，也是监理工程师实施进度计划监理的基础条件。FIDIC 合同条件规定在承包人中标后，应按照合同规定的总工期编制工程进度计划表（Programme Schedule of Works），并在规定的期限内送交监理工程师审核，经监理工程师审查、承包人修订后，得以批准，便可据此执行。

工程进度计划可根据项目实施的不同阶段，分别编制总体进度计划和年、月进度计划；对于某些起控制作用的关键工程项目，还应单独编制工程进度计划。为了便于管理，进度计划的编制该满足下面的基本原则和要求。

1）编制原则

工程进度计划必须真实、可靠并符合实际，清楚、明确并便于管理，表达施工中的全部活动及其相关的联系，反映施工组织及施工方法，充分使用人力和设备，预料可能的施工阻碍及变化，贯穿合同条件及技术规范。

2）编制的主要依据

工程进度计划编制的主要依据有：施工合同中规定的合同工期、开工日期及竣工日期；投标书中确认的工程进度计划及施工方案；主要材料和设备的采购合同及供应计划；工程现场的特殊环境及气候条件；施工人员的技术素质及设备能力；已建成的同类工程的实际进度及经济指标等。

3）进度计划编制前的准备工作（WBS 法）

WBS（Work Breakdown Structure）是根据系统工程的思想用树形图将一个工程项目逐级划分为若干相对独立的工作单项，以便更有效地对工程项目实施控制。一般地，根据 WBS 法，编制进度计划前的准备工作有以下几个方面：

（1）根据工程项目的目标要求，将项目的工作内容逐级分解，直到确定相对独立的工作单项。

（2）对第一个工作单项进行成本、时间估算。

(3)根据每一个工作单项的工作性质和时间,确定各工作单项的先后顺序,即确定工作单项间的逻辑关系。

(4)汇总各工作单项时间估算和逻辑关系,综合评价,形成文件,作为指定工程项目进度计划的基础。

4)工程进度计划的基本内容与要求

交通部颁发的《公路工程施工监理规范》(JTG G10—2006)规定如下:

(1)总体进度计划的内容应包括:工程项目的合同工期;完成各单位工程及各施工阶段所需要的工期、最早开工和最迟结束时间;各单位工程及各施工阶段需要完成的工程量及现金流动估算;各单位工程及各施工阶段所需要配备的人力和机械数量;各单位工程或分部工程的施工方案和施工方法等。

(2)年进度计划的内容应包括:本年度完成的单位工程及施工阶段的工程项目内容、工程数量及投资指标;施工队伍和主要施工设备的数量及调配顺序;不同季节及气温条件下各项工作的时间安排;在总体进度计划下对各分项工程进行局部调整或修改的详细说明等。

(3)月(季)度进度计划的内容应包括:本月(季)度计划完成的分项工程内容及顺序安排;完成本月(季)及各分项工程的工程数量及投资额;完成各分项工程的施工队伍及人力和主要设备的配额;在年度计划下对各单位过程或分项工程进行局部调整或修改的详细说明等。

(4)关键工程进度计划的内容应包括:具体施工方案和施工方法;总体进度计划及各道工序的控制日期;现金流动估算;各施工阶段的人力和设备的配额及运转安排;施工准备及结束清场的时间安排;对总体进度计划及其相关工程的控制、依赖关系和说明等。

(5)在进度计划的表示方法上,总体进度计划及关键项目的工程进度计划一般可采用横道图、斜条图或进度曲线等方式表示;对于高等级大型项目,还应采用网络图表示;年度、月(季)度进度计划可采用横道图、进度曲线及有关形象进度图表示。

在工程施工过程中,如果工程的实际进度不符合已批准的进度计划时,承包人应根据监理工程师的要求提出一份修订过的进度计划,表明为保证工程按期竣工而对原计划所作的修改。

2.进度计划的审批

监理工程师在接到承包人提交的工程施工进度计划后,应对进度计划认真地审核。审核计划的目的是检查承包人所制订的工程进度计划是否合理,是否适合工程项目的实际条件和施工现场情况,以避免用不切实际的工程施工进度计划来指导施工。因此,监理工程师对承包人提交的施工进度计划进行审批时,应重点核实承包人实施计划的能力及施工时间安排的合理性等方面,并在合同规定或满足施工需要的合理时间内审查完毕。进度计划审批的程序为:

1)进度计划的提交

在中标通知书发出后合同规定的时间内,监理工程师应要求承包人书面提交以下文件:

(1)一份详细和格式符合要求的工程总体进度计划及必要的各项关键工程的进度计划。

(2)一份有关全部支付的现金流动估算。

(3)一份有关施工方案和施工方法的总说明(即通过施工组织设计提出)。

在将要开工以前和开工以后合理的时间内,监理工程师应要求承包人提交以下文件:年度进度计划及现金流动估算;月(季)度进度计划及现金流动估算;分项(或分部)工程的进度计划作为阶段性进度计划的组成。

2)进度计划的审查步骤

监理工程师应组织有关人员对承包人提交的各项进度计划进行审查。审查工作应按以下程序进行:

(1)阅读文件、列出问题,进行调查了解。

(2)提出问题与承包人进行讨论或澄清。

(3)对有问题的部分进行分析,向承包人提出修复意见。

3)进度计划的审查内容

(1)工期和时间安排的合理性:施工总工期的安排应符合合同工期;各施工阶段或单位工程(包括分部、分项工程)的施工顺序、时间安排和材料、设备的进场计划相协调;易受气候影响的工程应安排在适宜的时间,并应采取有效的预防和保护措施;对动员、清场、假日及天气影响的时间,应有充分的考虑,并留有余地。

(2)施工准备的可靠性:所需主要材料和设备的运送日期已有保证;主要骨干人员及施工队伍的进场日期已经落实;施工测量、材料检查及标准试验的工作已经安排;驻地建设、进场道路及供电、供水等已经解决或已有可靠的解决方案。

(3)计划目标与施工能力的适应性:各阶段或单位工程计划完成的工程量及投资额应与承包人的设备和人力实际状况相适应;各项施工方案和施工方法应与承包人的施工经验和技术相适应;关键线路上的施工力量安排应与非关键线路上的施工力量安排相适应。

监理工程师如认为施工进度计划能满足施工要求,应在合理的时间内同意承包人提出的施工进度计划。

3. 进度计划的检查与调整

1)每月工程进度报告

进度计划的检查是计划执行信息的主要来源,是施工进度调整和分析的依据,也是进度计划控制的关键步骤。进度计划检查的方法主要是对比法,即实际进度与计划进度进行对比,从而发现偏差,以便调整或修改计划。因此,应做好以下工作:

(1)在工程项目的施工中,专业监理工程师应要求承包人每日按单位工程、分项工程或工点对实际进度进行记录,并予以检查,以作为掌握工程进度和进行决策的依据。每日进度检查记录应包括以下基本内容:当日实际完成及累计完成的工程量;实际参加施工的人力、机械数量及生产效率;施工停滞的人力、机械数量及其原因;承包人的主管及技术人员到达现场的情况;当日发生的影响工程进度的特殊事件或原因;当日的天气情况等。

(2)高级驻地监理工程师应要求承包人根据现场提供的每日施工进度记录,及时进行统计和标记,并通过分析和整理,每月向总监理工程师及其代表和业主提交一份每月工程进度报告。该报告应包括以下主要内容:工程进度概况或总说明,应以记事方式对计划进度执行情况提出分析;编制出工程进度累计曲线和完成投资额的进度累计曲线;显示关键线路(或主要工程项目上)一些施工活动及进展情况的工程图片;反映承包人的现金流动、工程变更、价格调整、索赔、工程支付及其他财务支出情况的财务状况;影响工程进度或造成延误的其他特殊事项、因素及解决措施。

(3)监理工程师应编制和建立各种用于记录、统计、标记,反映实际工程进度计划与计划工程差距的进度控制图及进度统计表,以便随时对工程进度进行分析和评价,并作为要求承包人加快工程进度、调整进度计划或采取其他合同措施的依据。

在工程施工期间，如果实际进度（尤其是关键线路上的实际进度）与计划进度基本相符合时，监理工程师不应干预承包人对进度计划的执行，但应及时掌握影响和妨碍工程进展的不利因素，促进工程按计划进行。

2）进度计划的调整

工程施工过程中，由于承包人的机械、人力的变化、管理失误、恶劣的气候、地质条件或业主的原因等因素的影响，都将给施工进度计划的实现带来困难。因此，如果监理工程师发现工程现场的组织安排、施工顺序或人力和设备与进度计划上的方案有较大差异时，应要求承包人对原工程进度计划及现金流动计划予以调整，以符合实际，并保证满足合同工期的要求。

（1）关键线路的调整。当关键线路上的某项工程的施工时间比计划增加，这意味着整个工期将延长。在这种情况下，监理工程师应要求承包人先把注意力集中在非关键线路上，看非关键线路上的工程是否有机动时间，能否把非关键线路上的机械、人员调整到关键线路上的关键工序上去，以改变关键线路的时间；如果不能，为了满足关键线路的工程按计划完成，承包人则可能延长工作时间，或者重新增加新的机械和人员来完成计划的调整。

（2）非关键线路的调整。调整工程进度计划，主要是调整关键线路上的施工安排。对于非关键线路，如果实际进度与计划进度的差距并不对关键线路上的实际进度造成不利影响时，监理工程师可不必要求承包人对整个工程进度计划进行调整，只需对机动时间和富裕时间予以局部调整安排。如果工程进度比原计划的进度拖延时差较大，并影响到合同工期的关键线路时，承包人必须及时对工程进度计划作整体修订与调整。

（3）加快工程进度。在承包人没有取得合理延期的情况下，监理工程师认为实际工程进度过慢，将不能按照监督计划预定的竣工期完成工程时，应要求承包人采取加快进度的措施，以赶上工程进度计划中的阶段目标或总体目标。承包人提出和采取的加快工程进度的措施必须经过监理工程师批准，承包人无权要求采取这些措施支付附加费用。

三、影响工程进度的主要原因

影响公路工程施工进度的因素很多，按照 FIDIC 管理模式可分为承包人的原因、业主的原因、监理工程师的原因和特殊原因。

1. 承包人的原因

（1）承包人在合同规定的时间内，未按时向监理工程师提交符合监理工程师要求的施工进度计划。

（2）工程施工过程中，各种原因使得工程进度不符合工程施工计划进度时，承包人未按监理的要求，在规定的时间内提交修订的工程施工进度计划，使后续工作无章可循。

（3）承包人的技术力量以及设备、材料的变化；或对工程承包合同以及施工工艺等不熟悉，造成承包人违约而引起的停工或缓慢施工，也是影响工程施工进度的原因之一。

（4）承包人的自检系统不完善和质量意识不强，对工程施工进度造成严重影响。

2. 业主的原因

在工程施工过程中，除承包人的原因外，业主未能按工程承包合同的规定履行义务，也将

影响工程施工进度，甚至造成承包人终止合同。

（1）监理工程师同意承包人提交的工程施工进度计划后，业主未按施工进度计划随工程进展向承包人提供所需的现场和通道，承包人的施工进度计划难以实现，容易导致工程延期和索赔事件的发生。

（2）由于业主的原因，监理工程师未能在合理的时间内向承包人提供图纸和指令，给工程带来困难；或承包人已进入施工现场并开始施工，而设计发生变更，变更设计图纸无法按时提交承包人，都将严重影响工程施工的进度。

（3）工程施工过程中，业主未能按合同规定的期限支付承包人应得的款项，造成承包人暂停施工或缓慢施工，也是影响工程施工进度的一个主要因素。

3. 监理工程师的原因

由于监理工程师的失职、判断或指令错误以及未按程序办事等原因影响工程施工进度。

4. 其他特殊原因

（1）额外或附加工程的工程量增加。如土石方数量增加、土石比例发生较大的变化、涵洞改为桥梁等，均会影响工程施工的进度。

（2）工程施工中，承包人碰到异常恶劣的气候条件。

（3）有经验的承包人无法预测和防范的任何自然力的作用，以及战争、地震、暴乱等特殊风险的出现。

第三节　工程质量监理

一、工程质量的基本概念

1. 工程项目质量的内涵

工程项目质量是指通过工程建设所形成的工程符合有关规范、标准、法规的程度和满足业主要求的程度。工程项目质量的内涵包括工程项目的质量、功能和使用价值的质量和工作质量三个方面。

工程实体质量是从产品形成过程和结果方面反映工程项目质量。一般由各道工序的质量集合形成分项工程质量，由各分项质量形成各部分的质量（分部工程质量），再由各部分的质量形成具有能完成独立功能主体的质量（单位工程质量），最后各单位工程的质量集合为工程项目的实体质量。它们的相互关系如图 5-9 所示。

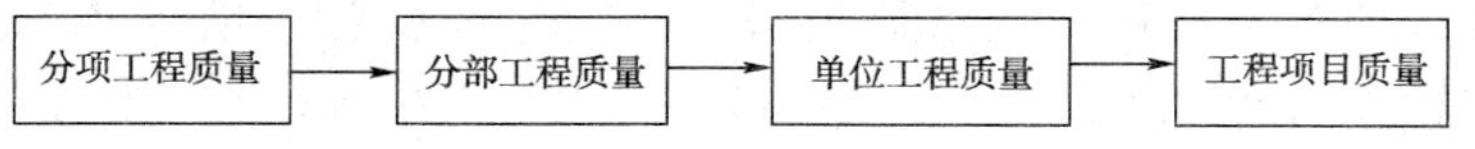

图 5-9　工程项目质量相互关系图

工程项目功能和价值的质量通过建筑工程产品满足需要的能力来反映。一般包括工程项目的适用性、可靠性、经济性、美观和与环境相协调几个方面。

工程项目的工作质量则是从工程项目质量因素中最重要、最活跃的要素——人的方面来反映产品质量的。工作质量是指参与工程质量的建设者,为保证工程项目的质量、达到产品质量标准、减少废品等所从事工作的水平和完善程度。

2. 工程项目质量的特点

工程项目是一种涉及面广、建设周期长、影响因素多的建设产品。由于其自身具备的群体性、固定性、协作性、复杂性和预约性等特点,决定了工程项目质量难以控制的特点。

(1)影响质量的因素很多。凡与决策、设计、施工和竣工验收各环节有关的各种因素,如人、机械、设备、材料、测量器具和环境等,都将影响到工程质量。

(2)容易产生质量波动。由于公路工程以露天作业为主,受气候和地质的影响较大,无稳定的生产设备和生产环境,具有产品固定、人员流动的生产特点,与有固定的自动线和流水线的一般工业产品相比,工程项目更容易产生质量波动。

(3)容易产生系统因素变异。诸如施工方法不当、不按操作规程操作、机械故障、材料有误、仪表失灵、设计计算错误等原因都会引起系统因素变异。

(4)容易产生第二判断错误。工程项目建设过程中,由于各道工序需要交接,或隐蔽工程部位后道工序将覆盖前道工序的成果,若不及时进行工序交接间的检查,往往会由于后道工序的覆盖,将前道工序的不合格误认为合格,即容易产生第二判断错误。

(5)质量检查时不能解体、拆卸。由于公路工程的位置固定和结构上的建造特点,对于建成的产品不可能拆卸检查其内部质量。

正是由于以上这些工程项目质量的特点,决定了公路工程项目质量控制方法和措施上有其对应的特点。

3. 工程项目质量控制的概念

国际标准(ISO)中对质量控制的定义是:为满足质量要求所采取的作业技术和活动。工程项目的质量控制按其控制的主体可分为:业主的质量控制,承包人的质量控制和政府的质量控制。其中,业主的质量控制通过委托社会监理形式实现,也就是业主通过合同形式委托工程监理单位而实施的监理工程师质量目标管理,又称为工程质量监理;承包人的质量控制靠承包人的质量自检体系来实现;政府的质量控制则通过行政主管部门及各级质监站来实现。如第二章所述,“政府监督、社会监理、企业自检”就构成了公路工程项目的质量保证体系。

采用国际惯例的监理工程师制度,监理工程师对工程质量的监理权利受法律保护。在承包人和业主签订的承包合同中详细地、明确地规定了监理工程师在质量控制中的作用和权力,以合同形式赋予监理工程师采取各种手段进行工程质量控制的权力,使质量管理有法可依和依法办事。工程质量监理强调事先监理和主动监理,监理的重点放在施工前的准备阶段,即对原材料的质量监理,以便及早发现问题,防患于未然。同时,将承包人的施工质量与工程计量支付挂钩,质量好坏直接关系到承包人的经济利益。按合同条款规定,未经监理工程师验收并签字认可的工程项目,一律不予以支付费用。运用经济杠杆的作用,有效地保证了工程质量,形成了监理工程师对施工过程的全过程、全方位质量监理的特征。

国际惯例 FIDIC 管理模式清楚地表明,工程质量不是单一的技术管理,而是技术、经济与法律在公路工程质量上的统一体现。

二、公路工程施工质量监理的要点

1. 路基工程质量监理的要点

路基是公路的重要组成部分，是公路的基础。路基工程的质量好坏直接影响路面甚至整个公路的使用效果。要使公路路基具有足够的强度、整体稳定性和水稳定性，路基施工过程的质量监理要点如下：

(1)对承包人施工前准备工作的检查和承包人施工放样的校核检查，使之符合合同规定和满足规范的精度要求。

(2)对路基工程施工所需材料进行复查试验，以保证施工材料的可靠性。

(3)对承包人的施工机械设备进行全面检查并记录。

(4)对路堤施工应注意严格检查承包人的分层填筑厚度和压实度。

(5)对路基工程的综合排水设施、特殊路基的施工应加强现场监理，严格按规范要求掌握。

2. 路面工程质量监理要点

路面是在路基表面行车道范围内用各种材料(如砂、碎石、矿渣、工业废渣、水泥混凝土、沥青混凝土等)分层铺筑而成的一种层状结构物，它保证汽车行驶的高速、舒适和安全。公路路面应具有足够的强度、平整度、稳定性、抗滑性等。路面工程质量在很大程度上取决于路面材料的制配、摊铺和压实等环节，其质量监理要点如下：

(1)监理工程师应对要使用的路面施工原材料进行抽样检查，并要求承包人对路面混合材料作材料组成设计和调整，提供试验数据。

(2)要求承包人铺筑试验路段，对原材料、混合料的组成设计、施工方案、压实机具等提供第一手可靠数据，这是路面施工质量得以保证的有效措施。此时，监理工程师要做好各种记录。

(3)路面施工过程中，按试验路段提供的数据，监理工程师应严把松铺混合料的厚度、温度、碾压温度、碾压遍数等关键环节，并要求承包人随时测试和记录，现场监理人员应不定期抽查。

(4)监理工程师还要随时了解承包人路面施工机械设备的情况，以保证完好、优良的机械设备用于施工过程。

3. 桥涵工程质量监理要点

桥涵工程的施工质量主要取决于桥梁构造的施工方法、工艺，桥涵的中线位置，桥涵工程的材料、不同桥梁对施工机械设备的要求，预制构件的浇注和砌筑等。其质量监理要点如下：

(1)监理工程师应对承包人的桥涵中线及放样位置进行检查，要求承包人提供测量资料，检查测量精度，必要时应进行复测。

(2)监理工程师应对承包人提供的桥涵工程施工材料(如钢筋、水泥、石料等)性能指标，砂浆和水泥混凝土配比试验数据进行检查核实并予以确认，必要时应进行抽样。

(3)桥涵工程开工前，监理工程师应对承包人提供的施工工艺及方案进行审定，并对施工机械设备进行核实，以确保满足施工质量的要求。

(4)桥涵工程施工过程中，监理工程师应加强对基础、墩台、钢筋布置、混凝土预制构件等环节的质量把关，要求承包人严格按规范试验检测并提供检测资料。

4. 隧道工程质量监理的要点

隧道工程的施工质量主要取决于隧洞开挖和隧道衬砌的施工方法和工艺，所采用的机械设备及材料，施工前测量放样的准确性等。其质量监理要点如下：

(1)隧道正式施工前，监理工程师应要求承包人根据提供的设计文件对隧道洞顶轴线、水准基点、洞口投点等进行复查校核，并将所得资料进行整理上报监理工程师审批。

(2)隧道施工机械设备主要包括开挖掘进设备、出渣运输设备、混凝土拌和设备、发电供水设备、隧洞撑护设备等。施工前，监理工程师应要求承包人提交以上设备汇报表及施工工艺和方案，并检查核实施工机械及设备，审核施工方案。

(3)在隧道开挖施工过程中，为满足隧道贯通面上的横向及高程满足精度要求，监理工程师必须要求承包人进行控制测量网的校核，并随时抽检。

(4)在隧道衬砌施工过程中，监理工程师应要求承包人对施工材料、混合料配合比、隧道圬工砌体强度等提供试验数据，应要求承包人严格按规范和施工工艺施工，并对材料、混合料配合比特别是圬工砌体强度进行抽样复查。

5. 交通工程设施质量监理要点

交通工程设施是高等级公路的组成部分，其主要功能是保证交通安全、提高公路使用效能。主要设施包括：防护栏、标志、防眩设施、交通标线、隔离栅等。施工质量监理要点如下：

(1)各种交通工程设施所用材料均应符合规范要求，监理工程师应要求承包人提供试验数据，并进行抽检。

(2)各种交通工程设施的施工过程中，应注意施工工艺，既要保证其使用功能(如安全性、耐用性、可视性等)，也要考虑交通工程设施在公路系统中的美化功能。

三、公路工程施工质量监理程序

公路工程施工质量监理与单纯的工程质量验收不一样，它不仅仅是最后的检验，而且是对施工全过程的监理。这就要求监理工程师从承包人提出开工申请到中间交工证书的签发，都应严格执行监理程序。

监理程序是用来指导、约束监理工程师工作，协调监理工程师和承包人工作关系的规范性文件，制订的依据主要是合同文件和技术规范。施工监理程序按监理工作的目标管理可分为：工程开工、进度管理监理程序；质量监理工作程序；计量与支付程序；合同管理工作程序；信息管理工作程序；合同段工程交工验收程序等。其中质量监理工作程序中，主要包括质量控制检查程序；质量缺陷与事故处理程序；监理试验工作程序。现分别介绍如下：

1. 质量控制的基本程序

在开工前，监理工程师应向承包人提出适用所有工程项目质量控制的程序及说明，以供所有监理人员、承包人的自检人员和施工人员共同遵循，使质量控制工作程序化。质量控制一般应按以下程序进行：

1)开工报告

在各单位工程、分部工程或分项工程开工之前，高级驻地监理工程师应要求承包人提交工程开工报告并进行审批。

2)工序自检报告

监理工程师应要求承包人的自检人员按照监理工程师批准的工艺流程和提出的工序检查程序,在每道工序完工之后首先进行自检,自检合格后,报监理工程师进行检查认可。

3)工序检查认可

监理工程师应紧接承包人的自检或与承包人的自检同时,对每道工序完工后进行检查验收并签字认可,对不合格的工序指示承包人进行缺陷修补或返工。前道工序未经检查认可,后道工序不得进行。

4)中间交工报告

当工程的单位、分部或分项工程完成后,承包人的自检人员应再进行一次系统的自检,归总各道工序的检查记录及测量和抽样试验的结果提出交工报告。自检资料不全的交工报告,监理工程师应拒绝验收。

5)中间交工证书

监理工程师应对工程量清单中所列的已完工的单项工程进行一次系统的检查验收,必要时应做测量和抽样试验。检查合格后,提请高级驻地监理工程师签发中间交工证书。未经中间交工检查或检查不合格的工程,不得进行下一项工程项目的施工。

6)中间计量

对填发了中间交工证书的单项工程,方可进行计量并由高级驻地监理工程师签发中间计量表。完工项目的竣工资料不全可暂不计量支付。

为了保证工程质量,监理工程师在工程施工监理过程中应做到四不准:人力、材料、机械设备准备不足不准开工;未经检查认可的材料不准使用;施工工艺未经批准,施工中不准采用;前道工序未经验收,后道工序不准进行。

工程质量监理的质量控制程序流程如图5-10所示。

从质量控制流程图可以看出,分项工程开工前,承包人必须向监理工程师提出开工申请,并说明材料、设备、人员的准备及施工方案,开工申请得到监理工程师批准后才能开工。在施工过程中承包人必须要有自己的内部质量监控系统,对施工质量进行检查,发现不合格的工程,自己就进行修补或返工,直到达到规范标准后才填写质量检验通知单,报请监理人员验收。监理人员对报请验收的工程再进行质量检查,不合格的工程仍要进行修补或返工,直到达到规范标准为止。对合格的工程,监理工程师签发中间交工证书,进入中间计量。

2. 质量缺陷事故处理

1)质量缺陷的现场处理

质量缺陷泛指施工中存在的质量问题。由于各种因素的干扰,在施工过程中,质量缺陷的出现是难免的。但是,质量缺陷是可以减少的,质量事故是可以完全避免的。因此,在各项工程的施工过程中或完工以后,现场监理人员如发现工程项目存在着技术规范所不容许的质量缺陷,应根据质量缺陷的性质和严重程度,按如下方式处理:

(1)当质量缺陷处在萌芽状态时,应及时制止。

(2)当因施工而引起的质量缺陷已出现时,应立即向承包人发出暂停施工的指令(先口头后书面),待承包人采取了能够足以保证施工质量的有效措施,并对质量缺陷进行了正确的补救处理后,再书面通知恢复施工。

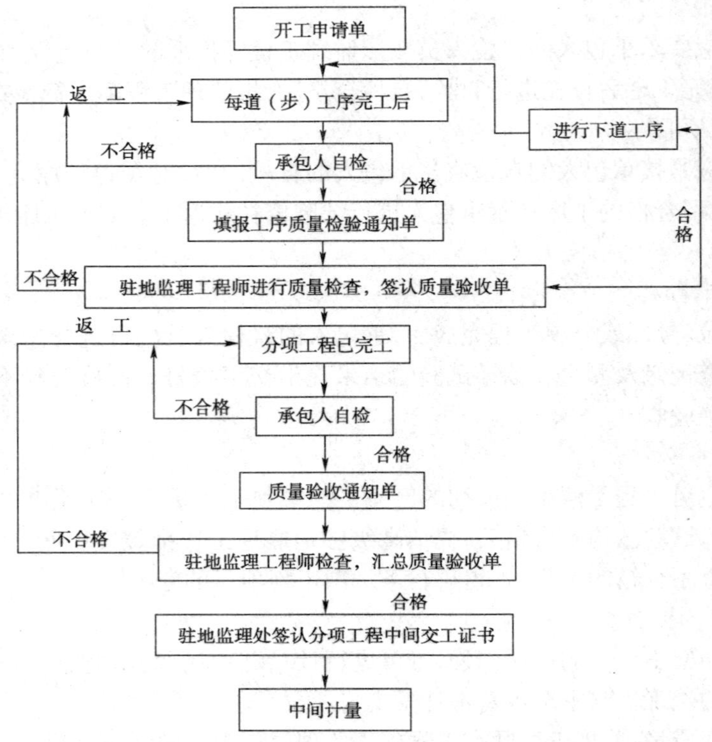

图 5-10　质量控制程序流程

(3)当质量缺陷发生于某项工序或单项工程完工以后，而且质量缺陷的存在将对下道工序或分项工程质量产生影响时，监理工程师应在对质量缺陷的原因及责任做出了判断并确定了补救方案后，再进行质量缺陷的处理或下道工序或分项的施工。

(4)在交工使用后的缺陷责任期内发现施工质量的缺陷时，监理工程师应及时指令承包人进行修补、加固或返工处理。

对因施工原因而产生的质量缺陷的修补与加固，应先由承包人提出修补方案及方法，经监理工程师批准后方可进行；对因设计原因而产生的质量缺陷，应通过业主提出处理方案及方法，由承包人进行修补，修补措施及方法要保证质量控制指标和验收标准，并应是技术规范允许的或是行业公认的良好工程技术。

2)质量事故处理

当某项工程在施工期间(包括缺陷责任期内)出现了技术规范所不允许的断层、裂缝、倾斜、倒塌、沉降、强度不足等情况时，应视为质量事故，可按如下程序处理：

(1)监理工程师立即指令承包人暂停该项工程的施工并采取有效的安全措施。

(2)要求承包人尽快提出质量事故报告并报告业主，质量事故报告应翔实地反映该项工程名称、部位、事故原因、处理方案以及损失的费用等。

(3)监理工程师应组织有关人员对质量事故现场进行审查，在分析、诊断、测试、验算的基础上，对承包人提出的处理方案予以审查、修正、批准，并指令恢复该项工程施工。

(4)监理工程师应对承包人提出的有争议的质量事故责任予以判定，判定时应全面审查

有关施工记录、设计资料及水文地质现状，必要时还应实际检验测试。在分析技术责任时，应明确事故处理的费用数额、承担比例及支付方式。

3. 监理试验工作内容

试验监督检查的任务，是对各个工程项目的材料、配合比和强度进行有效的控制，以确保各项工程的物理、化学性能达到规定要求，试验的监督检验工作应由试验（材料）监理工程师及其领导下的监理工程师中心试验室专门负责，中心试验室是整个工程项目进行数据控制和数据测定中心。

当监理工程师中心试验室结果与承包人的试验结果出现允许误差以外的差异时，一般应以监理工程师中心试验室的试验结果为准。如果承包人拒绝接纳监理工程师中心试验室的结果，试验监理工程师可以与承包人在有资格的政府监督部门的试验室进行校核试验，并应以此作为批准或认定的依据，其试验费用按合同条款规定处理。

各种试验均应采用统一的表格进行记录、报告和统一的方法进行整理、保存。

1）验证试验

验证试验是指对材料或商品构件进行预先鉴定，以决定是否可以用于工程。验证实验应按以下要求进行：

（1）在材料或商品构件订货之前，应要求承包人提供生产厂家的产品合格证书及试验报告。必要时监理人员还应对生产厂家设备、工艺及产品的合格率进行现场调查了解，或由承包人提供样品进行试验，以决定是否同意采购。

（2）材料或商品构件运入现场后，应按照规定的批量和频率进行抽样试验，不合格者不准用于工程，并应由承包人运出场外。

（3）在施工进行中，对用于工程的材料或商品构件应随机进行符合性的抽样试验检查。

（4）随时监督检查各种材料的储存、堆放、保管及保护措施。

2）标准试验

标准试验是对各项工程的内在品质进行施工前的数据采集，它是控制和指导施工的科学依据，包括各种标准击实试验、集料的筛析试验、混合料的配比试验、结构的强度试验等。标准试验应按以下要求进行：

（1）各项工程开工之前，在合同规定或合理的时间内，承包人先完成标准试验，并将试验报告及试验材料提交监理工程师中心试验室审批批准。试验监理工程师应派出试验监理人员参加承包人试验的全过程，并进行有效的现场监督检查。

（2）监理工程师中心试验室应在承包人进行标准试验的同时或以后，平行进行复核（对比）试验，以肯定、否定或调整承包人标准试验的参数或指标。

3）工艺试验

工艺试验是依据技术规范的规定，在动工之前对路基、路面及其他需要通过预先试验才能正式施工的分项工程预先进行试验，然后依其试验结果全面指导施工。工艺试验应按以下要求进行：

（1）监理工程师要求承包人提出工艺试验的施工方案和实施细则，并予以审查批准。

（2）工艺试验的机械组合、人员配额、材料、施工程序、预埋观测及操作方案等应有两组以上方案，以便通过试验做出选定。

(3)监理工程师应对承包人的工艺试验进行全过程的旁站监理,并做出详细记录。

4)抽样试验

抽样试验是对各项工程实施中的内在品质进行符合性的检查,内容包括各种材料的物理性能、土方及其他填筑施工的密实度、水泥混凝土及沥青混凝土的强度等的测定和试验。抽样试验应按以下要求进行:

(1)监理工程师应随时派出试验监理人员,对承包人的各种抽样频率、取样方法及试验过程进行检查。

(2)承包人的工地试验室在按技术规范的规定全频率抽样试验上的基础上,监理工程师中心试验室应按照10% ~20%的频率独立进行抽样试验,以鉴定承包人的抽样试验是否真实可靠。

(3)当施工现场的旁站监理人员对施工质量或材料产生疑问并提出要求时,中心试验室随时进行抽样试验,必要时还应要求承包人增加抽样频率。

5)验收试验

验收试验是对已完工程的实际内在品质做出评定,应按以下要求进行:

(1)监理工程师应派出试验监理人员对承包人进行钻芯抽样试验频率、抽样方法和试验过程进行有效的监督。

(2)监理工程师应对承包人按技术规范要求进行的加载试验或其他检测试验项目的试验方案、设备及方法进行审查批准,对试验的实施进行现场检查监督,对试验结果进行评定。

6)驻地试验室的工作程序

(1)原材料的试验程序:承包人提交开工报告以后,现场监理工程师检查材料出场证明及试验报告,并由驻地试验室抽样检查或取样送检。若发现原材料不合格,驻地试验室要及时向监理工程师反映并通知承包人,由监理工程师提出处理意见。原材料试验程序如图5-11所示。

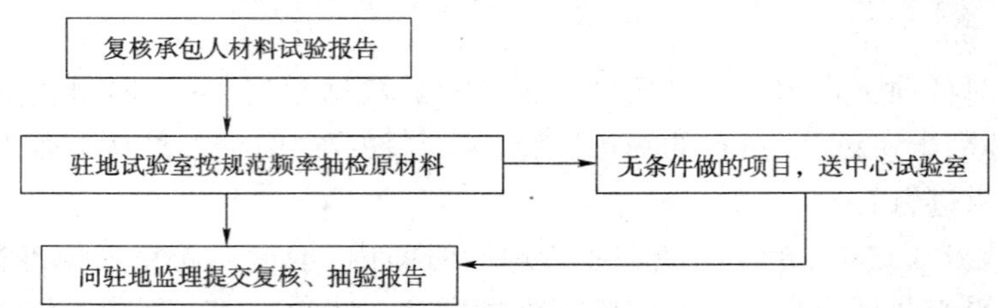

图5-11　原材料试验程序框图

(2)现场检测试验程序:施工前驻地试验室与承包人试验室按规范确定检测项目,施工中共同按规范要求的频率进行检测,或驻地试验员旁站承包人的试验过程,检查原始记录并规定抽查频率对现场进行抽查,并将抽查结果填入质量检验单,对无条件做的项目送中心试验室。现场检测试验程序如图5-12所示。

(3)单项工程检验程序:单项工程完工后,驻地试验室根据旁站的监理资料以及承包人原始试验记录,对已完工工程进行检查,并将检查结果报告驻地高监及反馈给承包人。检验程序如图5-13所示。

7)中心试验室的工作程序

(1)单项工程验收程序:单项工程经承包人自检后,请驻地试验室进行检查。检查合格后

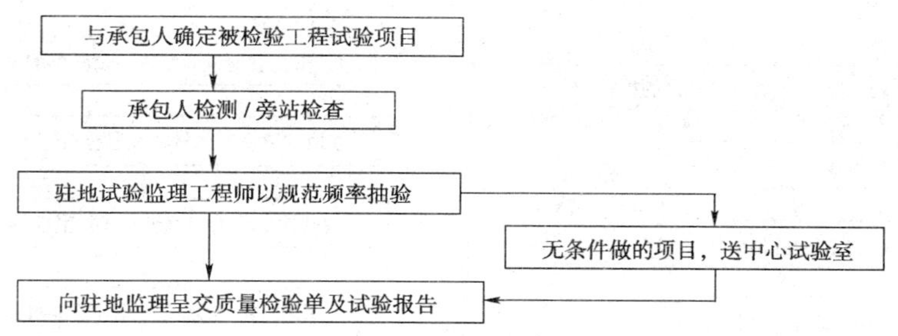

图 5-12　现场检测试验程序框图

再由承包人填写质量验收通知单，上报监理工程师签认。由承包人向中心试验室提出验收申请。中心试验室接到质量验收通知后，首先检查承包人的自检记录和驻地试验室的抽查记录，然后对已完工的单项工程进行抽查，并由中心试验室向驻地监理工程师办公室和承包人发出单项工程质量评定意见。验收程序如图 5-14 所示。

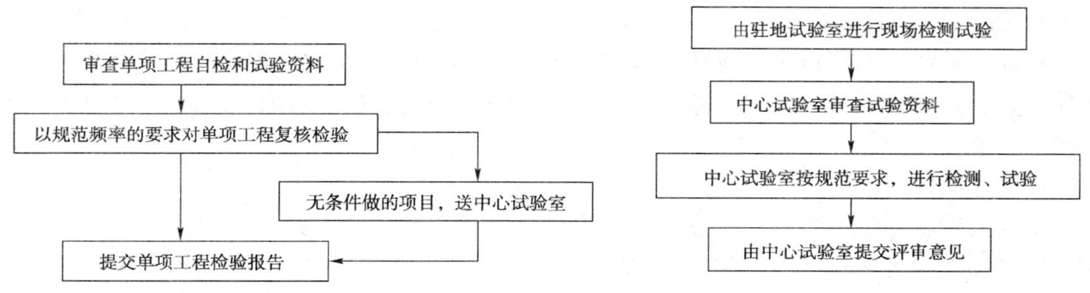

图 5-13　单项工程检验程序框图　　　图 5-14　单项工程验收试验程序框图

（2）混合料设计配合比的复核试验程序：混合料配合比试验一般由中心试验室完成。其程序如下：审查承包人送来的混合料及原材料试验资料；审查试验条件是否符合要求；对原材料及混合料配比进行复核试验，提交复核报告。

（3）工程质量抽检程序：驻地办或总监办在支付前需对某项工程进行检查时，中心试验室根据内容、要求，做好准备工作。检查时各级监理试验室应予以配合，检查结果作为中间支付与否的最终依据。其检查程序如图 5-15 所示。

（4）试验路的检测程序：试验路开工前，驻地试验室根据驻地监理工程师的指令对试验路的试验资料进行审查，并对送来的原材料及其混合料进行试验。合格后，报驻地监理工程师。在施工中，驻地试验室要与承包人共同取样检查，最后验收则由中心试验室或驻地试验室进行试验，并提出试验报告，以此作为验收依据。检测程序如图 5-16 所示。

四、公路工程施工质量监理主要方法

1. 旁站

旁站，就是在工程施工过程中监理人员对工程的重要环节或关键部位实施全过程的现场察看监理。这是驻地监理人员的一种主要现场检查方式。对承包人施工的隐蔽工程、重要工程部位、重要工序及工艺，应由监理工程师或其助理人员实行全过程的旁站监督，及时掌握影响工程质量的不利因素。

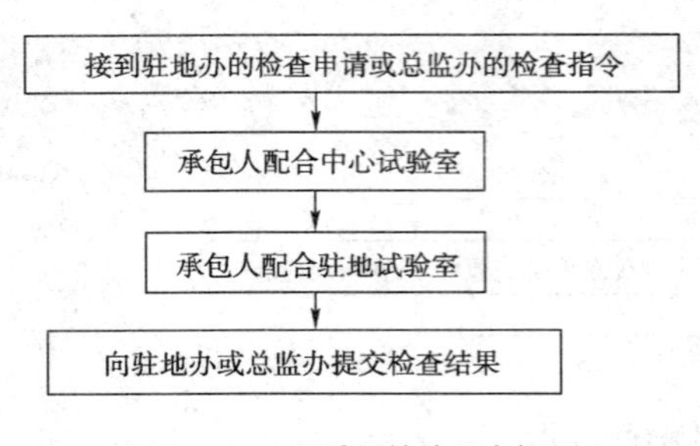

图 5-15 工程质量抽检程序框图

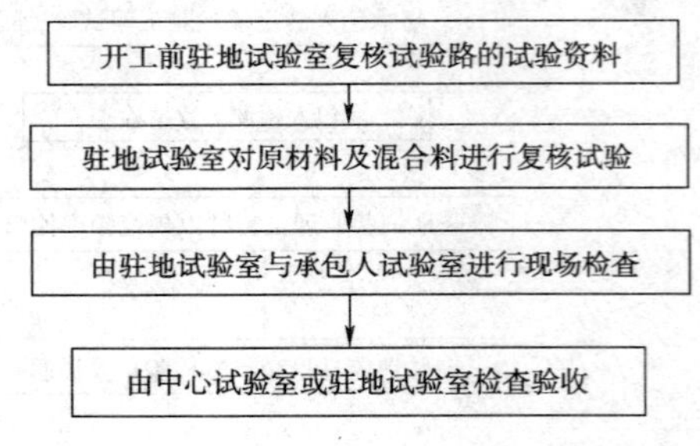

图 5-16 试验路检测程序框图

2. 测量

测量是监理人员在质量监理中对几何尺寸控制和检查的重要手段。开工前监理人员要对施工放线进行检查,测量不合格不准开工。验收时,要对验收部位各项几何尺寸进行测量,不符合要求的要进行测量控制和检查。

3. 试验

试验是监理工程师确认各种材料和工程质量的主要依据。公路工程施工全过程中的每道工序,包括材料的性能、各种混合料的配比、成品的强度都要有试验数据,没有试验数据的工程一律不予验收。

4. 指令文件

指令文件也是监理的一种方法。监理过程中,监理工程师的各种指令都要有文字记载,并作为主要技术资料存档,使各项事情处理有根有据。这是按照 FIDIC 条款进行监理的一个特点,也是监理人员对工程施工过程实施控制和管理不可缺少的手段。如质量问题通知单、工作指令、工程变更令等,用以指出施工中各种问题,提请承包人注意,以达到控制的目的。

5. 抽查

抽查是指工程项目的高层监理机构为了支付所完成工程的费用,对于工程质量进行复核的一种方式。通常情况下,工程项目总监代表为了保证重点工程和关键工程的质量,根据对各种报表、申请等分析结果,决定抽查密度。这种随机的抽查形式,也是工程施工质量得以保证的措施之一。

6. 工序控制

工序控制是监理工程师对施工质量进行有效控制的重要手段之一,必须按“质量控制程序流程”和前述的质量控制的“四不准”原则进行严格控制,以确保工程质量达到建设要求。

• 第四节 工程费用监理 •

一、工程费用的特点

工程费用一般指修建工程项目所投入的建设资金。它是工程建设项目在施工过程中形成的工程价值的货币表现形式,可分为预算工程费用和实际工程费用。它具有以下特点:

1. 预先定价

工程费用必须在实际支付和使用之前预先定价,这是由工程建设的内在规律所决定的。

虽然工程费用是在建设过程中的花费,但是在花费之前要进行一系列的预测工作,对工程费用进行测算,形成预算工程费用,并以合同价的形式来反映工程费用的预测值。但由于实际情况的千变万化及人们预测能力的局限性,使完成工程施工所最终消耗的实际工程费用不一定就是合同价格。

2. 以工程成本为基础

工程费用是工程价值的货币表现,工程价值的衡量是以完成工程所需的社会标准成本为基础的,而非以承包人为完成施工产生的实际成本为基础。

3. 由监理工程师签认

在工程项目建设过程中,要发生各种费用开支,但只有经过监理工程师按合同规定所签认的工程价款才能构成工程费用。

4. 由承包人使用

承包人是实施工程施工行为的主体,各工程项目必须经过施工过程才能完成由图纸到实物形式的转化,而形成工程价值。因此,工程中所消耗的工程费用是由承包人来实施使用的。

5. 由业主支付

业主是工程项目的投资者或资金筹集者,在承包人完成了既定施工任务,并经监理工程师确认其价值后,应在合同规定的时间内支付工程费用。

工程费用监理的目的就是在监理规划的指导下,通过对工程费用目标的动态控制,使其能够最优地实现。由于公路工程项目的各种复杂因素,通常采用单价合同形式的费用支付方式,与国际惯例 FIDIC 管理模式的工程计量支付条款相符。因此,公路工程施工过程中费用监理的关键环节是工程计量与支付。

监理工程师作为工程费用监理的控制主体,处于工程计量与支付环节的关键地位。监理工程师除了加强对合同中工程量清单所列工程费用的计量支付的管理外,还应对合同中所规定的其他费用(如附加工程、工程变更调价、索赔等)加强监督与管理,尽量减少工程施工过程中各种附加性费用的支付。

二、工程费用监理要点

在公路工程施工中,工程费用除了反映业主和承包人的直接经济关系外,其支付还反映了工程的进度和质量。承包人的工程质量不合格,监理工程师则不签字认证验收,业主就不予付款;如果工程拖延,该竣工时工程还未干完,经过监理工程师检查证明,业主可以扣回承包人的拖期违约罚金等。因此,工程费用的支付是对工程质量、进度的最终评价。工程施工过程中的费用监理主要是对工程计量与支付的监督与管理,其监督要点如下:

(1)全面熟悉合同文件,特别是熟悉有关监理工程师在计量与支付方面的职责权限条款,这是做好计量支付工作的前提。工程量清单、技术规范、招标文件及附件等均从不同角度对工程计量支付做了规定,忽视任何一点都可能造成支付工作的失误。

(2)根据合同条款,制订工程计量与支付程序,使工程费用监理科学化、规范化。

(3)在工程施工过程中,监理工程师必须对所有已完成的工程细目进行计量和记录,以便检查承包人每月提交的月度结账单。监理工程师还必须对涉及付款的工程事项在施工中发生的一切问题进行详细的记录,这对解决支付纠纷至关重要。

(4)工程计量是支付的基础,施工过程中由于地质情况变化或工程变更等可能会使实际工程量与原来的工程量出入较大,所以,施工现场的工程计量就很有必要。计量工作由监理工程师负责,通常可视具体情况采用承包人计量,监理工程师确认;监理工程师独立计量;或监理工程师与承包人共同计量三种形式。无论何种形式,均需承包人、监理工程师双方签字,若有争议则由监理工程师最后决定。

(5)工程费用的支付是对工程实施控制的核心手段,也是对工程费用实施控制的最后一个环节。通过计量与支付的有效控制来保证工程施工合同的全面履行,监理工程师必须严格按费用支付程序实施各种费用的支付管理。

(6)监理工程师必须熟悉工程的所有支付项目,如动员预付款、材料预付款、工程变更的估价、计日工、暂定金额的支付、各种原因引起的价格调整、保留金的支付、缺陷责任期终止后的最后支付等。

三、工程费用控制

在整个施工过程中,工程费用监理已远超过出只对工程费用实施管理的范围,成为对工程项目质量、进度等目标实施全面管理的重要手段和措施。下面就工程计量和费用支付两个方面介绍监理工程师如何对工程费用实施控制。

1. 工程计量的控制

招标文件中工程量清单所列的工程数量,是在图纸和规范的基础上估算的工程量,不能作为支付的凭据。工程量的准确计量是监理工程师的一项关键性工作。

1)计量的原则

工程计量必须按合同文件所规定的方法、范围、内容、计量单位,必须按监理工程师同意的计量方法计量,不符合合同文件要求的工程不得计量。

2)计量的依据及范围

工程计量的主要依据有:工程量清单及说明、合同图纸、工程变更令及修订的工程量清单、合同条件、技术规范、有关计量的补充协议、索赔时间/金额审批表等。工程量的范围包括:工程量清单及修订的工程量清单内容、合同文件规定的各种费用支付项目。

3)计量方法

(1)实地测量计算法。此方法是采用符合规定的测量仪器,对已完成工程按合同有关规定进行实地量测并计算的一种计量方法。当监理工程师欲对工程的任何部位进行量测计量时,应先通知承包人,承包人必须立即派人协助监理工程师进行计量。量测工作按合同中有关规定进行,量测计算后双方签字确认。

如果承包人收到监理工程师发出的计量通知后,不参加或未派人参加实地量测计量工作,监理工程师自己量测或经监理工程师批准的测量结果,即为正确的计量,可作为支付的依据。

(2)记录、图纸计算法。此种方法是根据工程图纸和已完成的记录进行工程计量的一种计量方法。如对钢筋、工程结构物等,通常可采用此法计算工程量。

当采用记录和图纸计算法计量时,监理工程师应准备记录和图纸,并通知承包人。按照 FIDIC 条款精神,承包人应在通知发出 14 天内派人参加记录和图纸的确认,若承包人不参加或不派人参加记录和图纸的确认,而且在确认后 14 天内未提出异议,则监理工程师按记录和图纸计算的工程量应认为准确无误。若承包人在14天内对记录和图纸提出异议,监理工程师应复查这些记录和图纸,或予以确认或予以修改。无论采用何种方法,其结果必须经监理工程师和承包人双方同意,签字确认,方可进入费用支付环节。

4)工程计量方式

工程达到规定的计量单位时,监理工程师应审查承包人提供计量所需的资料,并与其共同计量。监理工程师必须对计量结果做出准确的记录,并将记录的副本抄送给承包人。工程计量时,监理工程师可根据工程特殊情况增加计量次数,但应提前向承包人发出通知,写明监理工程师准备何时对何工程进行何种计量。对承包人申请增加计量次数,应要求其提前填写计量申请单,写明要求计量的原因、计量的工程部位和计量时间,监理工程师应视情况做出计量或暂不计量的决定。

5)工程计量的程序和主要文件

分项工程或一道工序签发中间交工证书后,便可对其实施计量。其程序为:首先,承包人提供计量原始报告报表和计量申请或监理工程师向承包人发出计量通知,监理工程师必须检查承包人为计量准备的有关资料,发现问题或资料不齐全,应退还承包人暂不进行计量,或计量后暂不予支付。其次,监理人员与承包人共同进入现场测定计量。为了保证计量的准确性,监理人员必须对所计量的工程进行复核修正,共同签字确认。若承包人对修正不同意,可按合同规定的时间向监理工程师提出书面申述,经双方协商后再签字确认。再次,承包人填写中间计量单后报驻地监理工程师办公室。若驻地监理工程师办公室有质疑,可到实地复查。最后,根据中间交工证书、监理工程师与承包人共同签认的计量表、监理工程师签认的计日工、价格变更、索赔等填写中期支付证书,报上一级监理机构审批。

工程计量过程中的主要文件有:中间支付计量表、工程分项开工申请批复单、检验申请批复单及有关的自检资料,工程质量检验表及有关的质量评定意见,工程变更令、中间交工证书。

2. 工程费用的支付

1)工程费用支付的基本原则

(1)支付必须以工程计量为基础;

(2)支付必须以技术规范和报价单为依据;

(3)支付必须符合合同条款;

(4)任何工程款项的支付必须经监理工程师的审批;

(5)支付不解除承包人合同内应尽的责任和义务;

(6)支付必须及时;

(7)支付必须严格按规定的程序进行。

2)工程费用支付基本程序

首先,由承包人提交各类报表和有关的结账单,即由承包人提出支付申请;监理工程师审查并确认支付报表和结账单,根据合同规定,监理工程师有权对支付报表和结账单中的错误和不实之处进行修改指正,然后向业主签发支付证书;最后,业主审批监理工程师签发的支付证书,按合同规定时间向承包人支付款项。

3)各种款项的支付

(1)工程进度款的支付　国际惯例FIDIC管理模式规定,工程进度款根据工程完成量按月支付。因此,监理工程师在接到承包人月报表后,应立即审查并核实;在合同规定时间内向业主证明到期应付给承包人的具体金额,业主在合同规定时间内向承包人付款。

如果承包人应得款额小于投标书附件中规定的每月最小付款金额,则监理工程师不应向业主签发支付证书,该月承包人应得款额移到下月支付。

(2)动员预付款的支付和扣回　动员预付款是业主提供给承包人用于支付施工初期各种费用的一笔无息款额。监理工程师在确认承包人已提供相当于动员预付款金额的银行担保或保函后,向业主签发合同规定的动员预付款支付证书,业主应按监理工程师签发的支付证书向承包人付款。监理工程师应根据合同规定,在工程进度款的支付证书中逐月扣回动员预付款。

(3)材料预付款的支付和扣回　材料预付款是业主提供给承包人用于购买永久工程组成部分的材料的一笔无息款额。监理工程师在确认承包人所购永久工程材料的质量及储存方式符合合同要求后,按合同规定将所购材料款额的某一百分比计入下次工程进度款证书中,业主根据监理工程师的证明向承包人付款。

监理工程师应随时了解材料的使用情况,当材料已用于永久工程,材料预付款应在以后的工程进度款支付证书中,按合同规定逐月扣回。

(4)缺陷责任费用的支付　工程缺陷责任期内,如果发现任何工程缺陷或工程质量不合格,监理工程师应查明原因和责任,以责任确定费用的支付。

如果责任属承包人,则一切费用由承包人承担,并应按监理工程师的指示进行修补。若承包人没有执行监理工程师的指示,业主有权安排修补缺陷,监理工程师应确定费用并签发给业主,业主可在支付承包人的款项中扣除。

如果责任不属承包人,监理工程师按合同要求应与业主、承包人共同协商确定费用。若意见不一致,监理工程师有权决定,并通知承包人和向业主呈交一副本。

(5)保留金的支付　保留金是业主为了使承包人履行合同而在承包人应得款额中扣留的部分金额。一旦承包人未履行合同中的责任,则保留金归业主所有,业主可用此金额雇用其他承包人完成工程。保留金的数额及扣留标准合同中应给予明确。

按合同规定,保留金分两次支付(退回)给承包人。当工程移交证书签发后支付全部保留金的一半,缺陷责任终止证书签发后支付另一半。

工程费用支付的项目还很多,如工程变更费用的支付、价格调整的支付、计日工的支付、暂定金的支付、索赔费用的支付等。

从各种款额的支付中可知,每笔费用的支付必须有监理工程师的证明和签认,而费用的支付又涉及业主和承包人的利益,这就要求监理工程师必须严格按合同规定,公正、准确地进行工程计量与支付,以体现公平交易的原则。

第五节　安全监理与文明施工

安全监理是工程建设监理工作的重要组成部分,是对公路工程施工过程中安全生产状况所实施的监督管理。为了搞好安全监理工作,必须了解施工安全的意义,明确安全监理所包括的内容、任务、程序、责任。

一、安全施工的意义

安全生产是党和国家的一贯方针和基本国策，是保护劳动者的安全和健康，促进社会生产力发展的基本保证，也是保证社会主义经济发展、进一步实行改革开放的基本条件。为保障从事公路工程施工生产人员的安全，预防事故发生，促进公路事业的发展，必须实施安全生产管理。

把设计图样上的各项内容，在合同规定的时间和规划批准的地点，建成建筑实体，这个过程称为工程施工。施工过程各工序复杂、涉及范围广、考核指标多，但其中有两个实质性的内容，一个是质量，一个是安全。质量是指“实物”而言，是工程建设的主体。如果建造的“实物”的功能完全实现了设计意图，符合国家的验收标准和规范规定，即为合格工程；如果建造的“实物”很多功能不能实现设计的要求和国家标准规范的规定，即为不合格工程。安全是指建造“实物”的人在建造“实物”过程中的生命安全和身体健康。如果说质量是管物的，那么安全则是管人的。各类建筑构筑物、公路、桥梁等，是施工企业的产品，没有产品的质量，企业就无法生存和发展；而不能保证施工人员的安全和健康，就难以生产合格的产品，没有合格的产品，企业也就不存在了，因此质量与安全是工程建设中永恒的主题。

安全工作搞好了，施工人员就能在安全舒适的环境中作业，顺利地生产出优质的产品。安全生产是工程质量的前提条件，而工程质量的好坏，也是安全的保障。低劣的工程质量，如发生隧道坍塌、桥梁断裂、公路沉陷等事故的豆腐渣工程，直接威胁着人们的安全和健康。如果说质量是业主追求的最终目标，那么安全则是实现这一目标的最基本的环境条件。安全监理就是这一环境的基本保障。

在 2004 年 2 月 1 日国务院颁布实施的《建设工程安全生产管理条例》中规定：“工程监理单位和监理工程师应当按照法律、法规和工程建设强制性标准实施监理，并对建设工程安全生产承担监理责任。”该条例进一步明确了监理单位和监理工程师在安全生产中的作用和法律责任。

二、安全施工的内容

安全生产贯穿于自开工到竣工的施工生产的全过程，因此，安全工作存在于每个分部分项工程、每道工序中。也就是说，哪里的安全防护措施不落实，那里就可能发生伤亡事故。安全监理不仅要监督检查各部位安全防护措施的贯彻落实，还应该了解公路施工中的主要安全技术，才能采取有效的措施，预防各类伤亡事故的发生，确保安全生产。安全施工的内容包括以下三个方面。

1. 控制施工人员的不安全行为

人是施工生产中的主体，也是安全生产的关键，搞好安全生产，必须首先控制人的不安全行为。人的不安全行为分为生理上的、心理上的、行为上的三种。生理上的不安全行为，即身体上的缺陷，使其不能适应某些生产的速度、工作条件和环境；心理上的不安全行为，即受到了某些因素的刺激和影响，产生了思想和情绪上的波动，身心不支、注意力转移，发生了误操作和误判断；行为上的不安全行为，即为了某种目的和动机有意采取的错误行为。必须根据人的生理和心理特点，合理安排和调配工作，预防不安全行为；通过培训教育，增强安全意识，做到不伤害自己，不伤害他人，也不被他人伤害。

2. 控制“物”的不安全状态

施工人员在公路施工过程中，要使用多种工具、机械、设备、材料等，也要接触各类的设施、设备等，这些材料、工具、设施、设备等统称为“物”。不仅要这些“物”保持良好的状态和技术性能，还应该使其操作简便，灵敏可靠，并且具有保持工作者免受伤害的各类防护和保险装置。

3. 作业环境的防护

在任何时间、季节和条件下施工，对于任何作业都必须给施工人员创造良好的、没有一切危险的环境和作业场所。

如果以上三个方面都齐备，安全生产就有了保障。缺少了一个方面，就会留下不安全隐患，给发生伤亡事故创造了条件和机会。

三、安全监理的任务

监理工作是受建设单位的委托，按照合同规定的要求，完成授权范围内的工作，安全监理也同样是受委托要完成的任务。因此，监理工程师应认真地研究安全施工所包括的范围，并依据相关的施工安全生产的法规和标准进行监督和管理。

安全生产涉及到施工现场所有的人、物和环境。凡是与生产有关的人、单位、机械、设备、设施、工具等都与安全生产有关，安全工作贯穿了施工生产的全过程。所以，实施安全监理工作时，必须对施工全过程进行安全监理。如监理工程师在施工现场，往往要对脚手架的搭设以及模板的安装、拆除进行检查验收，这就是安全工作的内容。

安全监理的任务主要是贯彻落实国家安全生产的方针、政策，督促施工单位按照公路施工安全生产法规和标准组织施工，消除施工中的冒险性、盲目性和随意性，落实各项安全技术措施，有效地杜绝各类不安全隐患，杜绝、控制和减少各类伤亡事故，实现安全生产。安全监理的具体工作主要有以下几个方面：

(1)贯彻执行“安全第一、预防为主”的方针，国家现行的安全生产的法律、法规，有关行政主管部门的安全生产的规章和标准。

(2)督促施工单位落实安全生产的组织保证体系，建立健全安全生产责任制。

(3)督促施工单位对工人进行安全生产教育及分部、分项工程的安全技术交底。

(4)审查施工方案及安全技术措施。

(5)检查并督促施工单位按照公路工程施工安全技术规程要求，落实分部、分项工程或各工序、关键部位的安全防护措施。

(6)监督检查施工生产的消防、冬季防寒、夏季防暑、文明施工、卫生防疫等项工作。

(7)不定期地组织安全综合检查，可按《公路工程施工安全技术规程》(JTJ 076—1995)进行评价，提出处理意见并限期整改。

(8)发现违章冒险作业的要责令其停止作业，发现隐患的要责令其停工整改。

四、安全监理的程序

在公路工程施工中，安全监理工作可分为四个阶段，即招标阶段的安全监理、施工准备阶段的安全监理、施工阶段的安全监理、交工验收阶段的安全监理。

1. 招标阶段的安全监理

1)审查施工单位的安全资质

审查的内容包括:

(1)营业执照。

(2)施工许可证。

(3)安全资质证书。

(4)安全生产管理机械的设置及安全专业人员的配备等。

(5)安全生产责任制及安全工作保证体系。

(6)安全生产规章制度。

(7)各工种的安全生产操作规程。

(8)特种作业人员的管理情况。

(9)主要的施工机械、设备等的技术性能及安全条件。

(10)交通部门安全监督机构对企业的安全业绩测评情况。

2)协助拟定安全生产协议书

安全生产协议书有两方面的内容,一是建设单位和施工单位之间的安全协议;另一个是总承包单位和分包单位的安全生产协议。

建设单位和施工单位的安全协议,在招标阶段就要明确双方在施工过程中各自的安全生产责任。

建设单位有责任为施工单位提供施工过程中安全措施及管理所需要的足够的资金,为保证施工人员在施工生产过程中的安全、健康创造条件。

施工单位的安全生产责任如下:

(1)按照公路工程施工安全法规和标准的要求,结合工程特点,编制安全技术措施,遇有特殊作业(如深基础、起重吊装、模板支撑、人工挖孔桩、临时用电等),还要编制单项安全施工组织设计或方案。

(2)贯彻落实公路工程施工安全技术规范和标准,实行科学管理和标准化管理,提高安全防护水平,消除不安全隐患。

(3)建立健全并认真实施安全生产责任制及各项规章制度,做到预防为主,杜绝和减少伤亡事故。

(4)对职工进行入场前及施工中的安全教育,并进行分部、分项工程的安全技术交底。

(5)施工中必须使用合格且具有各类安全保险装置的机械 、设备和设施等。

(6)对于发生的伤亡事故要及时报告、认真查处。

总承包单位和分包单位的安全协议要明确。总承包单位要统一管理分包单位的安全生产工作,对分包单位的安全生产工作进行监督检查,为分包单位提供符合安全和卫生要求的机械、设备和设施,制止违章指挥和违章作业。分包单位要服从总承包单位的领导和管理,遵守总承包单位的规章制度和安全操作规程,分包单位要对本单位职工的安全、健康负责。

2. 施工准备阶段的安全监理

1)制订安全监理程序

任何一个工程的工序或一个构件的生产都有相应的工艺流程,如果其中一个工艺流程未进行严格操作,就可能出现工伤事故。因此安全监理人员在对工程安全进行严格控制时,就要按照工程施工的工艺流程制订出一套相应的科学的安全监理程序,对不同结构的施工工序制订出相应的检测验收方法,只有这样才能达到对安全严格控制的目的。在监理过程中,安全监理人员应对监理项目做详尽的记录并填写表格。

2)调查可能导致意外伤害事故的其他原因

在施工开始之前,了解现场的环境、人为障碍等因素,以便掌握障碍所在和不利环境的有关资料,及时提出防范措施。这里所指的障碍和不利环境着重是图样中未表示出的地下结构,如暗管、电缆及其他构造物,或者是建设单位需解决的用地范围内地表以上的电杆、树木、房屋及其他影响安全施工的构造物。当掌握这些可能导致工作事故的因素后,就可以合理地研究制订监理方案和细则。

3)掌握新技术、新材料的工艺和标准

施工中采用的新技术、新材料,应有相应的技术标准和使用规范。安全监理人员根据工作需要与可能,可以对新材料、新技术的应用进行必要的了解与调查,以求及时发现施工中存在的事故隐患,并发出正确的指令。

4)审查安全技术措施

要对施工单位编制的安全技术措施和单项工程安全施工组织设计进行审查。施工单位对批准的安全技术措施应立即组织实施,做好财力、物力、人力方面的准备,做到准时、准确、到位。对需要修改的安全技术措施计划,施工单位修改后再报安全监理人员审查后,才能实施。施工单位开工时所必需的施工机械、材料和主要人员已到达现场,并处于安全状态,施工现场的安全设施已经到位方可开工。

5)审查施工单位的自检系统

虽然安全监理是对施工的全过程进行安全监督和管理,但作为安全监理人员,不可能对每一工程或分项工程的每一部分进行全面监控,只能进行部分抽检。因此工程开工前应尽早督促施工单位进行安全教育,成立施工单位的安全自检系统,要求施工中的每一道工序必须由施工单位按安全监理规定的程序提供自检报告和报表。

施工单位的自检人员对保证安全施工起着重要的作用,因此要求施工单位的自检人员有良好的、全面的安全知识和职业道德。安全监理人员必须在工程实施过程中随时对施工单位自检人员的工作进行抽查,掌握安全情况,检查自检人员的工作质量。

6)施工单位的安全设施和设备在进入现场前的检验

安全监理人员应详细了解承包单位的安全设施供应情况,避免不符合要求的安全设施进入施工现场,造成工伤事故。在安全设施未进入工地前,可按下列步骤进行监督。

(1)施工单位应提供拟使用的安全设施的产地和厂址以及出厂合格证书,供安全监理人员审查。

(2)安全监理人员可在施工初期,根据需要对这些厂家的生产工艺、设备等进行调查了解。

(3)必要时对安全设施取样试验,要求有关单位提供安全设施的有关图样与设计计算书资料、成品的技术性能等技术参数。经审查后,确定该安全设施能否使用。

3. 施工阶段安全监理

工程项目在施工阶段，安全监理人员要对施工过程的安全生产工作进行全面的监理。

1）工程项目安全监理的依据

（1）设计的施工说明书。

（2）本工程委托安全监理合同书。

（3）经过审定的施工组织中安全技术措施及单项安全施工组织设计。

（4）公路工程施工安全技术规程。

（5）企业或项目的安全生产规章制度。

（6）安全生产责任制。

（7）关于加强施工现场安全生产管理的若干规定。

（8）施工现场防火规定。

（9）有关安全生产的法令、法规、政策和规定。

2）工程项目安全监理的职责

（1）安全监理与建设单位的关系：

在建设项目实施阶段，安全监理受建设单位委托，代表建设单位的利益，按安全监理合同规定的范围，全权处理关于施工中安全的一切事宜。

（2）安全监理与施工单位的关系：

安全监理与施工单位的关系是监理与被监理的关系，但安全监理与施工单位应本着尊重、协助、督促、检查的精神，基于与施工单位目标一致的共识，协助施工单位完善施工过程中的各项制度，并按规定进行必要的抽查和验证。

3）安全监理的方法

（1）审查各类有关安全生产的文件。

（2）审核进入施工现场各分包单位的安全资质和证明文件。

（3）审核施工单位提交的施工方案和施工组织设计中的安全技术措施。

（4）审核工地的安全组织体系和安全人员的配备。

（5）审核新工艺、新技术、新材料、新结构的使用安全技术方案及安全措施。

（6）审核施工单位提交的关于工序交接检查，分部、分项工程安全检查的报告。

（7）审核并签署现场有关安全技术签证文件。

（8）现场监督与检查。包括以下内容：

①日常现场跟踪监理。根据工程进展的情况，安全监理人员对各工序的安全情况进行跟踪监督、现场检查，验证施工人员是否按照安全技术防范措施和按规程操作。

②对主要结构、关键部分的安全状况，除进行日常跟踪检查外，视施工情况，必要时可做抽检和检测工作。

③对每道工序检查后，做好记录并给予确认。

如遇到下列情况，安全监理工程师应及时报告，由监理工程师下达工程暂停令：

（1）施工中出现安全异常，经监理人员提出后，施工单位未采取改进措施或改进措施不合乎要求。

（2）对已发生的工程事故未进行有效处理仍继续作业。

(3)安全措施未经自检而擅自施工。

(4)擅自变更设计进行施工。

(5)使用没有合格证明的材料或擅自替换、变更工程材料。

(6)未经安全资质审查的分包单位的施工人员进行现场施工。

按《建设工程安全生产管理条例》规定,施工单位拒不整改或者不停止施工的,工程监理单位应当及时向有关主管部门报告。

五、安全监理法律责任

根据《建设工程安全生产管理条例》第五十七条规定:工程监理单位违反本条例的规定,有下列行为之一的,责令限期改正;逾期未改正的,责令停业整顿,并处10万元以上、30万元以下的罚款;情节严重的,降低资质等级,直至吊销资质证书;造成重大安全事故,构成犯罪的,对直接责任人,依照刑法有关规定追究刑事责任;造成损失的,依法承担赔偿责任。

(1)未对施工组织设计中的安全技术措施或者专项施工方案进行审查的。

(2)发现安全事故隐患未及时要求施工单位整改或者暂时停止施工的。

(3)施工单位拒不整改或者不停止施工,未及时向有关主管部门报告的。

(4)未按照法律、法规和工程建设强制性标准实施监理的。

六、文明施工监理

切实搞好现场文明施工,搞好扬尘治理,贯彻环境保护、水土保持的政策和法令,同样是建设监理工作的重要内容,监理工程师应重点监督施工单位采取以下有效措施,保证现场文明施工。

1. 实行环保目标责任制

把环保指标以责任书的形式层层分解到有关单位和个人,列入承包合同和岗位责任制,建立一个懂行善管的环保自我监理控体系。

项目经理是环保工作的第一责任人,是施工现场环境保护自我监控体系的领导者和责任者。要把环保政绩作为考核项目经理的一项重要内容。

2. 加强检查和监控工作

要加强检查,加强对施工现场粉尘、噪声、废气的监测和监控工作。要对文明施工和现场管理一起检查、考核、奖罚。及时采取措施消除粉尘、废气和污水的污染。

3. 进行综合治理

一方面施工单位要采取有效措施,控制人为噪声和粉尘的污染,采取技术措施控制烟尘、污水、噪声污染。另一方面,建设单位应该负责协调外部关系,同当地居委会、村委会、办事处、派出所、居民、施工单位、环保部门加强联系。

要做好宣传教育工作,认真对待来信、来访,凡能解决的问题,立即解决;一时不能解决的扰民问题,也要说明情况,求得谅解,并限期解决。

七、严格执行国家的法律、法规

在编制施工组织设计时,必须有环境保护的技术措施。在施工现场平面布置和组织施工

过程中都要执行国家、地区、行业和企业有关防治空气污染、水源污染、噪声污染等环境保护的法律、法规和规章制度。

八、采取措施防止大气污染

(1)施工现场垃圾、渣土要及时清理出现场。

(2)施工现场道路采用煤渣、级配砂石、粉煤灰级配砂石、沥青混凝土或水泥混凝土等,应指定专人定期洒水清扫,形成制度,防止道路扬尘。

(3)袋装水泥、石灰、粉煤灰等易飞扬的细颗粒散体材料,应库内存放。室外临时露天存放时,必须下垫上盖,严密遮盖,防止扬尘。

散装水泥、粉煤灰、石灰等面粉状材料,应存放在固定容器(散灰罐)内。没有固定容器时,应设封闭式专库存放,并具备可靠的防扬尘措施。

运输水泥、粉煤灰、石灰等细颗粉状材料时,要采取遮盖措施,防止沿途遗撒、扬尘。卸运时,应采取措施,以减少扬尘。

(4)车辆不带泥砂进出现场。可在大门口铺一段石子,定期清理;做一段水沟,冲刷车轮;人工拍土,清扫车轮、车帮;挖土装车不超装;车辆行驶不猛拐,不紧急制动,防止撒土;卸土后注意关好车厢门;场区和场外安排人清扫洒水,基本做到不撒土、不扬尘,减少对周围环境污染。

(5)除设有符合规定的装置外,禁止在施工现场焚烧油毡、橡胶、皮革、树叶、枯草、各种皮包的电料以及其他会产生有毒有害烟尘和恶臭气体的物质。

(6)机动车都要安装PCA阀,对那些尾气排放超标的车辆要安装净化消声器,确保不冒黑烟。

(7)尽量采用消烟除尘型茶炉、锅炉和消烟节能回风灶,烟尘降至允许排放标准为止。

(8)工地搅拌站除尘是治理重点,有条件的要修建集中搅拌站,由计算机控制进料、搅拌、输送全过程,在进料仓上方安装除尘器,可使水泥、砂、石中的粉尘降低99%以上。采用现代化先进设备是解决工地粉尘污染的根本途径。

工地采用普通搅拌站,先将搅拌站封闭严密,尽量不使粉尘外泄,并在搅拌机拌筒出料口安装活动胶带皮罩,通过高压静电除尘器或旋风滤尘器等除尘装置将灰尘分开净化,达到除尘目的。最简单易行的是将搅拌站封闭后,在拌筒的出料口上方和地上料斗侧面装几组喷雾器喷头,利用水雾除尘。

(9)拆除旧有建筑物时,应适当洒水,防止扬尘。

(10)遇有四级风以上的天气,应停止土方施工作业。

九、防止水源污染措施

(1)禁止将有毒、有害废气物土方回填。

(2)施工现场搅拌站废水、电石(碳化钙)的污水须经沉淀池沉淀后再排入城市污水管道或河流。最好将沉淀后的水用于工地洒水降尘或采取措施回收利用。上述污水未经处理不得直接排入城市污水管道或河流中去。

(3)现场存放油料时,必须对库房地面进行防渗处理。如采用防渗混凝土路、地面,铺油毡等。使用时,要采用措施,防止油料跑、冒、滴、漏,污染水体。

(4)施工现场100人以上的临时食堂,污水排放时可设置简易有效的隔油池,定期掏油和杂物,防止污染。

(5)工地临时厕所、化粪池应采取防渗漏措施。有条件的可采用水冲式厕所,蹲坑上加盖,并有防蝇、灭蝇措施,防止污染水体和环境。

(6)化学药品、外加剂等要妥善保管,库内存放,防止污染环境。

十、防止噪声污染措施

(1)严格控制人为噪声,进入施工现场不得高声喊叫、无故甩打模板、乱吹哨,限制高音喇叭的使用,最大限度地减少噪声扰民。

(2)凡在人口稠密区进行强噪声作业时,须严格控制作业时间,一般晚10点到次日早6点之间停止强噪声作业。确系特殊情况必须昼夜施工时,尽量采取降低噪声措施,并会同建设单位找当地居委会、村委会或当地居民协调,出安民告示,求得群众谅解。

(3)从声源上降低噪声。这是防止噪声污染最根本的措施。

①尽量选用低噪声设备和工艺,如低噪声振捣器、风机、电动空压机、电锯等代替高噪声设备与加工工艺。

②在声源处安装消声器消声,即在通风机、鼓风机、压缩机、燃气轮机、内燃机及各类排放空气装置等风管的适当位置安装消声器。常用的消声器有阻性消声器、抗性消声器、阻抗复合消声器、穿微孔板消声器等。具体选用哪种消声器,应根据所需消声量、噪声源频率特性和消声学性能及空气动力特性等因素而定。

公路工程施工由于受技术、经济限制(如建筑机械本身噪声超标,现在一时又无好办法解决,或因资金问题一时不能解决),对环境的污染不能控制在规定范围的,监理单位应当会同建设单位和施工单位事先报请当地人民政府交通行政主管部门和环境行政主管部门批准。

• 第六节　环境保护监理 •

环境保护是我国一项长期的基本国策。在社会主义经济建设过程中,为了正确处理环境保护与经济发展的关系,坚持环境与经济协调发展的思想,为此国家制定了“经济建设、城乡建设、环境建设同步规划、同步实施、同步发展,实现经济效益、社会效益、环境效益统一”的指导方针,相继颁布了《环境保护法》等各项有关环境保护方面的专门法律,发布了20多项环保法规和360项环保标准,以指导各行各业在经济建设活动中的环境保护工作。就公路工程环保而言,国家体现的是公路建设与环境保护并举的原则,同时提出“保护优先,防护为主,防治结合”的方针,为公路工程建设过程中的环保问题提出了明确的方向。

一、公路工程环保监理的意义

自20世纪80年代起,按照国家有关环境保护的规定,在公路建设项目的可行性研究阶段执行环境影响评价制度。通过环境影响评价,对项目存在的环境影响问题进行分析、预测,并针对不利于环境的影响提出防治措施,要求项目在规划设计阶段、实施阶段和建成运营阶段严格落实执行。涉及亚行和世行贷款的项目对环境保护问题尤为重视,要求在环境影响评价报告的基础上编制环境保护行动计划,以指导项目的整个实施过程。因此,在公路施工过程中实行环境保护,是对项目全过程环境保护管理不可缺少的重要环节,也完全符合国家关于环境保护必须与工程主体“同时设计、同时实施、同时交付使用”的三同时原则。

二、公路工程环境保护监理的依据

公路工程环境保护监理的依据如下:

(1)项目的环境影响评价报告书。

(2)项目的环境行动计划(贷款项目均有此文件)。

(3)国家有关资源环境保护法规。

(4)国家有关文物保护法规。

(5)国家有关环境质量法规。

(6)地方有关环境保护法规。

三、公路工程环保监理工作程序和方法

公路施工期环保监理工作实质上就是施工活动过程中的对环保的管理工作,必须与整个施工组织管理紧密结合,要以法制观念强化工程管理人员的环保意识,使环保管理工作制度化、规范化、合理化。环保监理工作有以下几个主要环节。

1. 施工期环境保护措施报告表

此报告表要求由承包人编制,报告表随总体施工组织设计、各单项工程开工申请表同时呈报。

报告表编制时,要求承包人依据国家各项有关环境保护法规、政策,环境影响评价报告书或环境行动计划提出的环保措施,针对施工活动的具体内容,提交承包人在施工组织管理过程中的环保承诺。报告表由监理工程师审核,随总体施工组织设计或单项工程开工报告一同批准实施。

2. 施工期环保措施实施情况的核查

监理工程师应定期或不定期地对施工现场进行环保措施实施情况的核查。检查承包人在环保措施报告表中承诺的各项环保措施是否得到落实和执行,该检查结果应有文字记录备案,作为工程竣工验收的考核内容。

3. 施工现场环境监测

监理人员应对施工现场进行定期(或不定期)的环境监测,并及时将监测结果通报承包人和驻地监理工程师,以便双方能够掌握施工现场环境质量动态情况,及时调整环保监控力度。同时,环境监测结果也是施工现场执行环保措施的客观评价。环境监测方法按国家环保局有关环境监测分析方法的规定执行。

四、主要环保监测仪器

这里仅对公路施工期环保监测内容提出主要的监测仪器,因同类仪器型号多种多样,只提出监测仪器的统称。

(1)大气 TPS 总悬浮微粒监测仪。

(2)水质监测仪。水质监测仪的监测项目包括 COD、DO(溶解氧)、pH 值(酸碱度)、水温、电导、浓度等。

(3)声级计。

(4)常规气象观测仪。常规气象观测仪的观测项目包括风速、风向、气温、湿度、气压等。

(5)有害气体监测仪。有害气体监测项目根据需要而定,一般隧道施工时要求测定施工环境中 CO、NO_2、SO_2、H_2S 等的含量。

五、公路工程环境保护监理的要点

公路工程环保在不同的方面和不同的施工阶段有着不同的环保要求。下面就临时设施、路基、路面、桥梁隧道、绿化五个方面进行叙述。

1. 临时设施的环保要求

这里的临时设施指承包人和驻地监理工程师的临时驻地和临时施工现场。

1)对水的要求

(1)生活用水　生活用水必须符合国家有关饮水标准的要求。

(2)生活污水　对生活污水的处理要求如下:

①临时驻地必须建有化粪池或其他能满足使用要求的系统,并予以管理、维护直至合同终止。此化粪池或系统用于汇集与处理由临时驻地的住房、办公室及其他建筑物和流动性设施排放的污水。

②污水处理系统的位置、容量与设计均应能够满足正常使用的要求。

③每一处临时施工现场均应备有临时污水汇集设施;对拌和场清洗砂石料后的污水应汇集处理回用,不得排出施工现场以外的地方。

2)垃圾处理

临时驻地产生的一切垃圾必须每天有专人负责清理集中并处理(可与当地有关部门联系定期运至指定的垃圾处理场),临时施工现场产生的施工垃圾必须随当地日作业班组清理至集中处,以保证作业现场的整洁卫生。垃圾管理工作应持续至工程竣工交验后为止。

修建临时工程应尽量减少对原自然环境的损害,在竣工拆除临时工程后,应恢复原来的自然状态。

3)控制扬尘

(1)拌和场　对可产生扬尘的细粉料拌和作业,应在其作业现场设置喷水嘴装置并洒水,以使作业产生的扬尘减至最低程度。

(2)运输　对易引起扬尘的材料运输,运输车辆应备有帆布、盖套及类似的物品进行遮盖。

(3)料场　对易引起尘害的细粉料堆应予以遮盖或采取洒水等措施进行处理。

4)噪声控制

施工机械噪声对附近居民的影响超过国家标准规定时,应采取降噪或调整作业时间及施工机械的措施,以保证居民能够有安静的休息环境。

2. 路基工程的环保要求

1)场地清理

公路用地及借土场范围以内的所有垃圾和非适用材料均应清除与移运到适宜的地方妥善

处理。清除的表层腐殖熟土应集中堆放，以备工程后期用于绿化或用于弃土渣场复土还耕。

2）防水、排水

（1）临时排水设施应与永久性排水设施相结合，污水不得排入农田、耕地和污染自然水源，也不得引起淤积和冲刷。

（2）在施工过程中，不论何种原因，在没有得到有关管理部门书面同意的情况下，各类施工活动不应干扰河流、水道、现有灌渠或排水系统的自然流动。

（3）在路基和排水工程（涵洞、倒虹吸等）施工期间，应为邻近的土地所有者提供灌溉与排水用的临时管道。

3）路基挖方

（1）路基挖方施工和开挖方法应考虑对地下历史文物、自然保护区的保护措施，同时不得对邻近的设施及其正常使用造成破坏及干扰。

（2）挖方施工中产生的弃方不得弃入或侵占耕地、农田灌溉渠道、河道、现有通车道路等场所；必须运至指定的弃土场。

（3）弃土的堆放应整齐、美观、稳定，必要时坡脚应予以加固，并且使其保持排水通畅。

4）路基填方

（1）在取土和运输过程中不得损坏自然环境。

（2）借土结束或借土场废弃时，应对借土场地面进行修整和清理。在条件许可时最好在地表覆盖熟土还耕。

（3）粉煤灰路堤施工中，粉煤灰的运输和堆放应呈潮湿状态，运输车辆周边应密闭，顶面应加盖，以防粉灰沿路散落飞扬而污染环境。同时，在施工路堤两侧应有良好的排水设施和防雨冲刷的措施，以防止粉煤灰遭雨水冲刷流失而污染附近水源和农田等。

3. 路面工程的环保要求

1）拌和场

拌和场选址应遵从远离自然村落，并在其常年主导风向下风口处的原则。拌和设备应配装有集尘装置。

2）路面摊铺

沥青路面和水泥路面摊铺施工过程中剩余废弃料必须及时收集运到废弃料场集中处理，不得随意抛弃。

4. 桥涵、隧道工程的环保要求

1）桥涵工程

（1）桥梁施工钻孔桩必须设置泥浆沉淀池，不得将钻孔泥浆直接排入河水或河道中。

（2）桥基施工现场材料应堆放整齐有序。

（3）施工现场应设置简易临时厕所，以防粪便侵入河体污染河水。

（4）桥梁预制厂必须设置排水系统，防止产生的废水随意溢流；有条件者也可采取废水回收处理后循环使用。

2）隧道工程

（1）隧道凿岩施工必须采用湿法钻孔。通风量必须保证能够有效地通风除尘，并置换新鲜空气进入作业面。

(2)作业面应有瓦斯检测报警装置,以防止瓦斯浓度超过警戒浓度,威胁施工人员生命及造成安全生产事故。

(3)隧道弃渣应充分予以利用。禁止在洞口随意堆放弃渣。多余的渣应弃放在指定地弃渣场,并堆放整齐、稳固。弃渣场应修建必要的排水设施。

(4)隧道施工废水应经过处理后再进行排放,并不得对附近居民生活用水造成污染。

5. 绿化工程的环保要求

本部分绿化内容是指公路建设征用地范围内的绿化工程(工程设计文件已给出规定)。

1)一般要求

(1)公路绿化工程应符合图样和规范要求。在实施绿化工程前规定的时间内,承包人应制订出详尽的施工计划,说明栽种位置、种植范围和植物的种类等,并报请监理工程师批准。

(2)在公路建设过程中,要尽量保护道路用地范围之外的现有植被不受破坏。若因修建临时工程破坏了现有植被,则必须在拆除临时工程时予以等量恢复。

(3)在绿化工程实施全过程中,必须有园林专业工程师作为技术指导或代理人,在技术上领导或指导全部绿化工程。

2)种植与管理

(1)植物的种植应选择当地各类植物的最佳种植季节植种。

(2)种植用土应选用含有植物生长地有机物质(也可直接用原地表层熟土)的腐殖土。

(3)苗木要选择健康无病害地适用苗木,以保证成活率达到设计要求。

(4)种植工作结束后,应进行有效的管理,使植物保持良好的生长条件。该管理工作包括浇水(或洒水)、修剪、清除杂草杂物、垃圾等。

●第七节　合同管理●

公路工程项目从招标、投标、施工到竣工交付使用,涉及业主单位、设计单位、材料设备供应商、材料生产厂家、施工单位、工程监理单位等。怎样使工程项目各有关单位之间建立有机的联系,相互协调,默契配合,共同实现进度、质量、费用三大目标,一个重要的措施就是利用合同手段,通过经济与法律相结合的方法,将工程项目所涉及的各单位在平等互利的原则上建立起多方的权利义务关系,以保证工程项目目标的顺利实现。

改革开放以来,尤其是我国十多年的工程监理实践证明,公路工程项目进度、质量、费用三大目标的实现,最为关键的一点,就是业主、承包人、监理工程师三方必须树立强烈的合同意识,按合同约定办事。本节将在介绍合同基本概念及作用的基础上,重点介绍符合国际惯例的FIDIC管理模式下合同管理的主要内容。

一、合同的基本概念和作用

1. 合同的基本概念

1)合同的概念

合同,又称契约,它是当事人双方或数方设立、变更和终止相互权利和义务的协议。协议应在平等互利的原则下签订。合同作为一种法律手段,是法律规范在具体问题中的应用,签订

合同属于一种法律行为,因此,依法成立的合同具有法律约束力。

经济合同是法人与法人之间为实现一定的经济目的,明确相互权利义务关系的协议。这种协议以法律的形式确认和调整合同当事人之间的权利和义务。

工程合同属于经济合同范畴,是指业主就工程项目的设计、施工、监理等环节,与各经济法人(承包人)为实现工程目标而以书面协议形式缔结的具有法律效力的契约。

从以上概念可知,凡签订各种经济合同,合同双方必须是法人。法人是个法律上的概念,是指按法定程序组成,有一定的组织机构和财产,能以法人名义参加经济(或民事)法律关系,取得经济(或民事)权利,承担经济(或民事)义务,并能在法院起诉或应诉的社会单位实体或组织。经济合同必须由具有法人资格的法人代表或法人代表的代理人签订。

2)工程法律关系的多元性

(1)经济法律关系的多元性。工程合同是合同双方或多方的法律行为,是合同双方或多方意向一致的表示。经济法律关系的多元性主要表现在合同签订和实施过程中会涉及业主、监理工程师、承包人、分包人、材料供应、设备供应、银行、保险公司等有关单位,因而产生纵横交错的复杂关系,这些复杂关系都要用合同予以联结和约束。

(2)合同条款的复杂性。由于经济法律关系的多元性,以及工程项目的一次性特点所决定的每一工程项目的特殊性,工程项目在实施过程中受到各方面、诸条件的制约和影响,而这些影响均应以合同条款的形式反映到工程合同文件中去。

(3)合同双方的平等性。工程合同双方当事人在合同范围内处于平等地位,任何一方均不得超越合同规定,强迫他人意志。即使有行政隶属关系的上级和下级,在合同关系上也应是完全平等的,一切工程问题只能在合同的范围内解决。

(4)工程合同的风险性。由于工程合同的经济法律多元性、复杂性,加之工程项目的投资大、竞争激烈及人们预测能力的局限性等因素影响,工程合同必然具有一定的风险性。因此,合同双方需慎重分析风险可能产生的各种因素,制订平等严格的风险条款,以避免各种风险条款,避免各种风险因素对工程项目造成的不利影响。

3)工程合同的常见类型

工程经济活动中,合同的形式与类型多种多样,下面主要按合同支付方式介绍工程合同的几种常见类型。工程合同一般分为总价合同、单价合同及成本补偿合同三大类,而每类之中又可细分为许多形式。

(1)总价合同。总价合同也称总价固定合同或总价不变合同。这种合同要求投标者按照招标文件的要求报一个总价。根据完成设计图纸和说明书上规定的所有项目,业主不管承包人获得多少利润,均按合同规定的总价分批付款,所以有时也简称包干制。采取这种方式,必须满足下列三个条件:

①在招标时,能详细而全面地准备好设计图纸和说明书,以便投标者能准确地计算工程量;

②工程风险不大;

③在合同条件允许范围内给承包人以各种方便。

总价合同一般有下列四种形式:

①固定总价合同:承包人的报价以准确的设计图纸及计算为基础,并考虑到一些费用的上

升因素，如图纸不变则总价固定。但当施工中图纸有变更，则总价也要变更。

②调值总价合同：在报价及订合同时，以设计图纸、工程量及当时价格计算签订总价合同，但在合同条款中双方商定。如果在执行合同中，由于通货膨胀引起工料成本增加时，合同总价做相应调整。一般工期较长的工程，适合采用这种形式。

③固定工程量总合同：即业主要求投标者在投标时按单价合同方法分别填报分项工程单价，从而计算出工程总价，据之签订合同。

④管理费总价合同：业主雇佣某一公司的管理专家对发包合同的工程项目进行施工管理和协调，由业主付给一笔总的管理费用。

(2)单价合同。当准备发包的工程项目的内容和设计指标一时不能确定，或工程量可能出入较大，则采用单价合同形式为宜。单价合同有以下两种不同形式。

①估计工程量单价合同：以工程量表为基础，以工程量表中填入的单价为依据来计算合同价格，作为报价之用。但在结账时以实际完成的工程量为准，按月结账，最后以实际竣工结算工程总价格。

②纯单价合同：招标文件只向投标者给出各分项工程内的工作项目一览表、工程范围及必要的说明，而不提工程量，承包人只要给出各项目的单价即可，将来施工时按实际工程量计算。

(3)单价与总价混合制合同。以单价合同为基础，但对其中某些不易计算工程量的分项工程，则采用包干方式。即对能用某种单位计算工程量的，均要求报单价，按实际完成工程量及合同上的单价结账；对不易算出工程量的，按项目完成大致程度结账，项目全部完成后，此项目的包干款额全部付给。

(4)成本补偿合同。成本补偿合同也称成本加酬金合同，即业主向承包人支付实际工程成本、管理费以及利润的一种合同方式。成本补偿合同有多种形式，一般有成本加固定费用合同、承包加定比费用合同、成本加奖金合同、工时及材料补偿合同等。

2. 工程合同的作用

社会主义市场经济体制为工程建设市场的建立和完善提供了有利条件，工程合同的普遍实行，将更加有利于工程建设市场的规范与发展，加速推进公路工程施工监理制度。工程合同的科学行、公平性和法律效力使合同各方自觉遵守，有章可循，其具体作用可从如下几个方面反映：

1)工程合同可以有效管理工程进度

为了保障施工顺利进行，工程合同对各种可能影响工程进度的情况均做了相应的规定，承包人和监理工程师都将按合同规定的分项和整个工程的工期要求，合理地组织施工和实施监理。如果工程进度计划受到影响，监理工程师将按合同规定，要求承包人修改计划，采取各种措施，确保在合同工期内完成工程施工任务。

2)工程合同可以保证工程质量

根据合同规定，承包人必须严格按照工程施工技术规范进行施工。技术规范详细地规定了各项工程和各种材料的质量标准，监理工程师可按合同要求对承包人的施工方案、工艺、材料、施工机械设备、试验路段等质量进行全面控制管理。质量不符合要求，监理工程师不予计量，承包人则得不到相应的工程款项。因此，工程合同是保证质量的有力措施之一。

3)工程合同可以公正地维护合同双方利益

工程合同详细规定了合同双方的职责、权利和义务，既保证了业主的投资利益，同时也保

护了承包人的合法权益。如:合同中有关违约管理的条款、索赔条款等,使合同双方的矛盾可以在比较合理的基础上得到解决。

4)工程合同有利于工程建设的科学管理

工程建设活动投资大,涉及面广,要求有一种科学的管理体系。工程合同充分地反映了这种管理的科学性。工程合同规定:工程施工过程中合同各方办事要有根据,验收要有数据,变更要有指令,支付要有凭证,即业主、承包人、监理工程师必须工作扎扎实实,以科学的态度,按客观规律办事,搞好工程项目的建设。

二、合同管理的主要内容

我国实行公路工程施工监理制度以来,国际惯例的 FIDIC 土木工程施工合同条件得到了广泛的应用,尤其是引入外资的项目更是如此。十几年来的工程施工监理的实践证明,公路工程的进度、质量、费用等均应实施合同管理。

合同管理的主要内容:工程变更、工程延期、费用索赔、争端与仲裁、违约、工程分包、工程保险等方面。理解和熟悉合同的主要内容,对监理工程师、业主、承包人都十分重要。下面结合我国公路工程施工监理实践,对合同管理的主要内容作概括性介绍。

1. 工程变更

工程变更,是指经监理工程师审查批准并下达变更令后,对工程合同文件的任何部分或工程项目的任何部分所采用的形式上的改变、质量要求上的改变或工程数量上的改变,涉及的内容比较广泛。

公路工程施工过程中,工程变更通常是不可预见的。但工程变更一般均会对工程费用、工期产生影响,涉及业主和承包人的利益,因而监理工程师应谨慎地按合同条款实施工程变更管理。

一般来讲,工程变更要求可以由业主、监理工程师、承包人提出,但必须经过监理工程师的批准才能生效。监理工程师认为有必要根据合同有关规定变更工程时,应经业主同意;业主提出变更时,监理工程师应根据合同有关规定办理;承包人请求变更时,监理工程师必须审查,必要时报业主同意后,根据合同有关规定办理。监理工程师应就颁布工程变更令而引起的费用增减,与业主和承包人协商,确定变更费用。

工程变更程序一般包括:

1)意向通知

监理工程师决定根据有关规定对工程进行变更时,向承包人发出变更意向通知,内容主要包括:变更的工程项目、部位或合同某文件内容;变更的原因、依据及有关的文件、图纸、资料;要求承包人向监理工程师提交此项变更给其费用带来影响的估价报告。

2)资料收集

监理工程师宜指定专人受理变更,重大的工程变更请业主和设计单位参加。变更意向通知发出的同时,着手收集与该变更有关的一切资料,包括:变更前后的图纸(或合同、文件);技术变更洽商记录;技术研讨会记录;来自业主、承包人、监理工程师方面的文件与会谈记录;行业部门涉及变更方面的规定与文件;上级主管部门的指令性文件等。

3)费用评估

监理工程师根据掌握的文件和实际情况,按照合同的有关条款,考虑综合影响,完成上述工作之后对变更费用做出评估。评估的主要工作在于审核变更工程数量及确定变更工程的单价及费率。

4)协商价格

监理工程师应与承包人和业主就其工程变更费用评估的结果进行磋商,在意见难以统一时,监理工程师应确定最终的价格。

5)签发工程变更令

变更资料齐全,变更费用确定之后,监理工程师应根据合同规定,签发工程变更令。工程变更令主要包括以下文件:文件目录、工程变更令、工程变更说明、工程费用估计表及有关附件。

工程变更的指令必须是书面的,如果因某种特殊的原因,监理工程师有权口头下达变更命令。承包人应在合同规定的时间内要求监理工程师书面确认。监理工程师在决定批准工程变更时,要确认此工程变更必须属于合同范围,是本合同中的任何工程或服务等,此变更必须对工程质量有保证,必须符合规范要求。

2. 工程延期

1)工程延期的条件

FIDIC 合同条件中工程延期的定义是:按合同有关规定,非承包人自身原因造成的,经监理工程师书面批准的合理竣工期限的延长,它不包括由于承包人自身原因造成的工期延误。延期的原因主要有:额外的或附加的工作;异常恶劣的气候条件;由业主造成的延误、妨碍、阻止;不是承包人的过失、违约或由其负责的其他特殊情况;合同中所规定的任何延误原因。监理工程师必须在确认下述条件满足后才受理工程延期:

(1)由于非承包人的责任,工程不能按原定工期完工。

(2)延期情况发生后,承包人在合同规定期限内向监理工程师提交工程延期意向。

(3)承包人承诺继续按合同规定向监理工程师提交有关延期的详细资料,并根据监理工程师需求随时提供有关证明。

(4)延期时间终止后,承包人在合同规定的期限内,向监理工程师提交正式的延期申请报告。

2)工程延期的受理程序

工程延期管理是监理工程师实施合同管理的重要工作之一,一般的受理程序如下:

(1)收集资料,做好记录。监理工程师应在承包人延期意向后,做好工地实际情况的调查和记录,收集各种相关的文件资料及信息。

(2)审查承包人的延期申请。监理工程师收到承包人正式的延期申请后,应主要从以下几个方面进行审查:

①延期申请的格式满足监理工程师的要求。

②延期申请应列明延期的细目及编号,阐明延期发生、发展的原因及申请所依据的合同条款,并附有延期测算方法和延期涉及的有关证明、文件、资料、图纸等。

审查通过后,可开始下一步的评估。

(3)延期评估。评估应主要从以下几个方面进行评定:

①承包人提交的申请资料必须真实、齐全,满足评审需要。

②申请延期的合同依据必须准确。

③申请延期的理由必须正确与充分。

④延期天数的计算规则与方法应恰当。

(4)审查报告,确定延期。监理工程师应根据现场记录和有关资料,经调查、讨论、协调,在确认延期测算方法及由此确认的延期天数的基础上做出审查报告,并在确认其结论之后,确定延期,签发有关报表。

3. 费用索赔

费用索赔是指工程实施过程中,非承包人自身原因造成的费用损失或增加,根据合同的有关规定,承包人通过合法的途径和程序,正式向业主提出认为应该得到额外费用的一种手段。

监理工程师根据合同规定处理费用索赔时,一般分两个步骤进行,即查证索赔原因、核实索赔费用。在收到承包人的正式索赔申请时,监理工程师首先应看所要求的索赔是否有合同依据,然后将承包人所附的原始记录、账目等与驻地监理工程师的记录核对,以弄清承包人所声称的损失是否由于自身工作效率低或管理不善所致。

如果经监理工程师查证,承包人所提索赔理由成立,则应核实承包人的计算是否正确。在允许索赔事件中,承包人常有意或无意地在计算上出差错,监理工程师必须严格审核计算过程,特别是承包人计算中所采用的合同条款依据、价格、费率标准和数量等方面。

一般来讲,监理工程师是代表业主的利益来进行工程项目管理的。但在处理索赔时,监理工程师必须以完全独立的裁判人身份,对索赔做出公正的裁决,即使索赔对业主不利,也不能偏袒徇私。如果监理工程师的裁决不公正,承包人可将此类裁决诉于仲裁,仲裁人可以推翻监理工程师的裁决,监理工程师的信誉将受到损害。

4. 争端与仲裁

在公路工程施工过程中以及合同终止以前或以后,业主和承包人对合同以及工程施工中的很多问题将可能发生各种争端事宜,包括由于监理工程师对某一问题的决定使双方意见不一致而导致的争端事宜。FIDIC 合同条件对争端事宜的解决做了明确的程序规定。

1)争端的管理

按照合同要求,无论是承包人还是业主,应以书面形式向监理工程师提出争端事宜,并呈一副本给对方。监理工程师应在收到争议通知后,按合同规定的期限,完成对争议事件的全面调查与取证。同时对争议做出决定,并将决定书面通知业主和承包人。如果监理工程师发出通知后,业主或承包人未在合同规定的期限内要求仲裁,其决定则为最终决定,争端事宜处理完毕。只要合同未被放弃或终止,监理工程师应要求承包人继续精心施工。

2)仲裁

当合同一方提出仲裁要求时,监理工程师应在合同规定的期限内,对争议设法进行友好调解,同时督促业主和承包人继续遵守合同,执行监理工程师的决定。在合同规定的仲裁机构进行仲裁调查时,监理工程师应以公正的态度提供证据和作证,监理工程师应在仲裁后执行裁决。一般而言,仲裁人的裁决是最终裁决,对双方均有约束力,任何一方不再诉诸于法院或其他权力机构,以改变此裁决。

5. 违约管理

1)业主的违约

业主有下列事实时,监理工程师应确认为业主违约。

(1)宣告破产,或作为一个公司宣告停业清理,但清理不是为了改组或合并。

(2)由于不可预见的理由,而不能继续履行其合同义务。

(3)没有在合同规定的时间内根据监理工程师的支付证书向承包人付款,或干涉、阻挠、拒绝支付证书的签发。

当监理工程师受到承包人因业主违约而提出的部分或全部中止合同的通知后,应尽快深入调查,收集掌握有关情况,澄清事实。在调查、了解的基础上,根据合同文件要求,同业主、承包人协商后,办理部分或全部中止合同的支付。

按照合同规定,因业主未能按时向承包人支付其应得款项而违约时,承包人有权按合同有关规定暂停工程或延缓工程进度,由此发生的费用增加和工期延长,经监理工程师与业主、承包人协商后,将有关费用加到合同价中,并应给予承包人适宜的工期延长。如果业主收到承包人暂停工程或延缓工程进度的通知后,在合同规定时间内恢复了向承包人应付款的支付以及支付了延期付款利息,承包人应尽快恢复正常施工。

2)承包人的违约

承包人违约视情节分为一般违约和严重违约两种。监理工程师在处理时应区别对待。

(1)一般违约　根据规定,承包人有下列事实,监理工程师应确认承包人一般违约。

①给公共利益带来伤害、妨碍和不良影响。

②未严格遵守和执行国家及有关部门的政策与法规。

③由于承包人的责任,使业主的利益受到损害。

④不严格执行监理工程师的指示。

⑤未按合同监管好工程。

承包人属一般违约时,监理工程师应书面通知承包人在尽可能短的时间内,予以弥补与纠正,且提醒承包人一般违约有可能导致严重违约。对于因承包人违约对业主造成的费用影响,监理工程师办理扣除承包人相应费用的证明。

(2)严重违约　承包人有下列事实时,监理工程师应确认承包人严重违约:

①无力偿还债务或陷入破产,或主要财产被接管,或主要资产被抵押,或停业整顿等,因而放弃合同。

②无正当理由不开工或拖延工期。

③无视监理工程师的警告,公然忽视履行合同规定的责任与义务。

④未经监理工程师同意,随意分包工程,或将整个工程分包出去。

监理工程师确认承包人严重违约,业主已部分或全部中止合同后,应采取如下措施:

①指示承包人将其为履行合同而签订的任何协议的利益(如材料和货物的供应服务的提供等)转让给业主。

②认真调查并充分考虑业主因此受到的直接和间接的费用影响后,办理并签发部分或全部中止合同的支付证明。

在终止对承包人的雇佣及驱逐承包人之后,按照合同规定,业主有权处理和使用承包人的设备、材料和临时工程。

6. 工程分包

工程分包是指承包人经监理工程师批准后,将所有承包工程一部分委托其他承包人承建

或为实施合同中以暂定金额支付的工程施工和机械设备、材料的供应等工程任务而由业主、监理工程师指定另外的承包人承担。

工程分包有两种形式，即一般分包和指定分包。

1）一般分包的管理

一般分包是指由承包人自己选择分包人，但监理工程师应禁止承包人把大部分工程分包出去或层层分包。承包人必须经监理工程师批准，并按规定办理分包工程手续后，才能将部分工程分包出去。所分包的工程不能超过全部工程的一定百分比，该百分比应在合同中予以明确。承包人未经业主同意，不得转让合同或合同的任务部分。这主要表明业主希望工程承包合同由中标的承包人来执行。

在一般分包中，承包人不能因为分包而对所有分包出去的工程不承担合同所规定的义务。即承包人应对分包人的任何行为、违约、疏忽和工程质量、进度等负责。监理工程师应通过承包人对分包工程进行管理，监理工程师也可以直接到分包工程去检查，发现涉及分包工程的各类问题，应要求承包人负责处理，监理工程师应通过“中期支付证书”，由承包人对分包工程进行支付。

监理工程师在获得承包人推荐的分包人和分包的工程内容及有关的资料后，应对分包人进行审查。主要审查分包人的资格情况及证明；分包工程项目及内容；分包工程数量及金额；分包工程项目所使用的技术规范与验收标准；分包工程的工期；承包人与分包人的合同责任；分包协议。监理工程师完成上述审查工作后，若无问题，签发“分包申请报告单”，批准分包人。

2）指定分包的管理

指定分包是指业主或监理工程师根据工程需要而指定的分包。分包合同一经签发，指定分包人应接受承包人的管理，向承包人负责，承担合同文件中承包人应向业主承担一切相应责任和义务，并向总承包人交纳部分管理费。监理工程师应要求分包人保护和保障承包人由于指定分包人的疏忽、违约造成的一切损失。

若承包人未按合同规定向指定分包人支付应得款项，根据监理工程师的证明，业主有权直接向指定分包人付款，并在承包人应得款项中扣除。

为保证工程的顺利进行，在指定分包合同招标前，指定分包人最好被业主或监理工程师和承包人共同认可。若承包人有合理的理由，可以拒绝业主或监理工程师指定的分包人。

当指定分包人未能按要求实施分包任务时，业主或监理工程师应采取如下措施：

（1）业主或监理工程师应重新指定分包人。

（2）业主支付承包人所受损失的任何附加费。

（3）应给承包人一个适当的工期延长。

7. 保险

土木工程实施阶段的保险，是指通过专门机构——保险公司收取保险费的方式建立保险基金，一旦发生自然灾害或意外事故，造成参加保险者的财产损失或人员伤亡时，即用保险金给以补偿的一种制度。它的好处是参加者付出一定的小量保险费，换得遭受大量损失时得到补偿的保障，从而增强抵御风险的能力。监理工程师应根据合同有关规定，督促承包人进行保险。

1)检查保险

保险的种类,一般分为工程和装备的保险;人员伤亡或伤残事故的保险;第三方保险。

监理工程师应根据合同有关规定,从以下几个方面对承包人的保险进行检查:

(1)保险的数额应与保险标的实际价值相符。

(2)保险的有效期应不少于合同工期或修订的合同工期。

(3)保险单及保险费收据。确认承包人已在合同规定的时间内提交给业主,并保留复印件备查。

2)落实保险

当监理工程师确认承包人未在合同规定的时间内,按合同规定的内容,向业主提交合格的保险单时,应采取如下措施:

(1)指示承包人尽快补充办理保险。

(2)承包人拒绝办理时,通知建议业主补充办理保险。

(3)保险最终由业主补充办理的,监理工程师应签发扣除承包人相应费用的证明。

(4)如果业主也未补办,监理工程师应书面通知承包人和业主由此带来的危害。根据合同有关规定,未来发生与此有关的一切责任和费用将由责任方承担和赔偿,并督促其尽快办理保险。

第八节　工程监理信息管理

工程监理的信息管理,是指以工程项目作为目标系统的管理信息系统。它通过对工程项目建设监理过程中信息的采集、加工和处理,也即通过统计分析、对比分析、趋势预测等处理过程,为监理工程师的决策提供依据,对工程的费用、进度、质量进行控制;同时它也为确定索赔内容、索赔金额及反索赔提供确凿的事实依据。因此,信息管理是监理工作的一项重要内容。

一、信息管理任务

1. 任务

信息管理包括信息的收集、传递、处理、存储、发布等方面。根据公路工程款额巨大,建设长期,质量要求高,各种合同多,使用机械、设备、材料数量大的特点,信息管理采取人工决策和计算机辅助管理相结合的手段,特别是利用计算机准确及时地收集、处理、传递和存储大量数据,并进行工程进度、质量、费用的动态分析,做到工程监理高效、迅速、准确。

2. 监理信息的类型

为了使信息能够更好地发挥控制作用,按监理的目标划分信息更能适应需要。即将信息划分为:工程费用控制信息、质量控制信息、进度控制信息和合同管理信息。

工程费用控制信息包括:工程合同价、物价指数、各种估算指标、施工过程中的支付账单、原材料价格、机械设备台班费、人工费、各种物资单价及运杂费等。

质量控制信息包括:国家质量政策及质量标准、工程项目的建设标准、质量目标分解体系、质量控制工作流程、质量控制工作制度、质量控制的风险分析、质量抽样检查的数据、验收的有关记录和报告等信息。对重要工程和隐蔽工程还应包括有关的照片、录像等。

进度控制信息包括:施工定额、计划参数数据、施工进度计划、进度目标分解、进度控制的工作程序、进度控制的工作制度、进度控制的风险分析及进度记录等。

合同管理信息:主要是业主与承包人在招标过程中有关合同文件的信息,包括:合同协议书、中标通知书、投标书及附件、合同通用及专用条件、技术规范、图纸、投标书及附表、其他有关文件(包括补遗书等),它们是监理工程师开展监理工作的主要依据。

其他类型的信息还有:

(1)监理信息。监理信息包括监理过程中,监理工程师的一切指令、审核、审批意见、监理文件等。

(2)承包人信息。承包人信息是指施工过程中,反映承包人的工程进度、质量、变更、索赔、延期、单价计量、支付、报表及其他方面的信息。

(3)试验信息。指对施工材料、混合料等性能试验信息。

(4)原始记录。包括记录的工作日记、现场检查记录、会议记录、来往信函等。

(5)上级及业主信息。指在项目实施过程中,上级的有关指示、业主的有关意见、决定等的相关信息。

(6)环境信息。指沿线地方政府、有关单位、人民群众对建设项目的意见、建议及之间关系等信息,天气、气候信息等。

二、信息管理的方法

信息管理的基本方法是建立信息的编码系统,明确信息流程,制订相应的信息采集制度,利用高效的信息处理手段处理信息,为监理工程师的决定提供有力依据。

1.信息的处理

公路工程施工监理的信息处理一般采用人工决策加以计算机辅助管理办法。其主要工作包括:

1)确定计算机辅助管理系统的流程模式

计算机辅助管理系统与监理组织机构相对应,其主要内容包括工程施工的进度管理、质量管理、合同管理及行政管理,分别拥有各自相应的子系统。各子系统包含业务系统和根据工程需要进一步详细的细目管理。

2)原始信息的校核

驻地监理办对收集的原始数据进行校核,由计算机辅助管理部门输入计算机数据库。数据的输入采取自动校验方式,例如:项目编号输错计算机会对用户发出警告,提示用户重新核对输入。数据输入完毕,计算机自动排序、汇总、建立各种子程序及表格所对应的数据库。

3)计算机中央处理系统对信息的分析处理

质量控制子程序推行全员质量管理,提供包括路基工程、路面工程、桥涵工程等。各主要分项工程和施工工序的质量控制子程序。各子程序通过对各专业监理工程师的材料、检测数据及工程质量检测数据的分析,最终判断各主要分项工程施工质量是否合格。以图纸形式输出承包人各工序的施工质量是否合格,最终判断各主要分项工程质量是否合格,给监理工程师提供准确的判断依据。

进度控制子程序系统提供工程进度计划网络图的绘制系统,包括对时间参数的计算、进度计划的调整、进度计划变化趋势的预测分析等,供监理工程师决策。

费用控制子程序系统可按工程合同段或分项工程两种情况进行分块,以实现工程计量与具体支付的计算机管理。程序包括价格的调整和费用索赔、工程最终结算等业务子程序,可对人工、材料价格调整进行计算,变更设计及额外工程对合同价格调整的计算,并打印相应的结论表格。现可编制完整的工程计量支付表,包括工地材料预付款汇总表。

合同管理子程序系统既可编制整个合同项目的计量支付款报表,也可用于承包人编制各分项单位的支付申请表,可以对全线工程量进行分割计算。

整个中央处理系统应具备有各种方便灵活的查询功能,并能自动将各项完成的工程量与合同清单数量比较,避免错误计量与支付。同时应具备多种图形显示功能,为监理工程师的决策及时提供准确的依据。

2. 信息的发布与存储

施工监理的信息存储采用文档管理和计算机存储管理两种方式。文档管理信息有效地保证了原始材料的可靠性,而计算机存储则可发挥计算机存储量大、信息处理快的机器特征。信息的发布按照一定的工作程序进行。一般,经过计算机辅助管理和监理工程师决策处理的各项信息结论,由驻地监理组织下达给承包人和专业监理工程师,上报总监办,反馈给业主及相关部门,并保证其及时性和准确性。施工过程中的各种工地会议及各种形式的监理通信均是监理信息发布的主要途径。

第九节　组织协调

一、组织协调的概念

所谓协调,就是以一定的组织形式、手段和方法,对项目中产生的不畅关系进行疏通,对产生的干扰和障碍予以排除的活动。项目的协调其实就是一种沟通,沟通确保了能够及时和适当地对项目信息进行收集、分发、储存和处理,并对可预见问题进行必要的控制,以利于项目目标的实现。

项目系统是一个由人员、物质、信息等构成的人为组织系统,是由若干相互联系而又相互制约的要素,有组织、有秩序地组成的,具有特定功能和目标的统一体。项目的协调关系一般来可以分为 3 大类:一是“人员/人员界面”;二是“系统/系统界面”;三是“系统/环境界面”。

首先,项目组织是人的组织,是由各类人员组成的。人的差别是客观存在的,由于每个人的经历、心理、性格、习惯、能力、任务、作用的不同,在一起工作时,必定存在潜在的人员矛盾或危机。这种人和人之间的间隔,就是所谓的“人员/人员界面”。

如果把项目系统看作是一个大系统,则可以认为它实际上是由若干个子系统所组成的一个完整体系。各个子系统的功能不同,目标不同,内部工作人员的利益不同,容易产生各自为政的趋势和相互推诿的现象。这种子系统和子系统之间的间隔,就是所谓的“系统/系统界面”。

项目系统在运作过程中,必须和周围的环境相适应,所以项目系统必然是一个开放的系统。它能主动地向外部世界取得必要的能量、物质和信息。在这个过程中存在许多障碍和阻力。这种系统与环境之间的间隔，就是所谓的"系统/环境界面"。

工程项目建设协调管理就是在"人员/人员界面"、"系统/系统界面"、"系统/环境界面"之间，对所有的活动及力量进行联结、联合、调和的工作。

由动态相关性原理可知，总体的作用规模要比各子系统的作用规模之和大，因而要把系统作为一个整体来研究和处理。为了顺利实现工程项目建设系统目标，必须重视协调管理，发挥系统整体功能。要保证项目的各参与方围绕项目开展工作，组织协调很重要，只有通过积极的组织协调才能使项目目标顺利实现。

二、项目监理组织协调的范围和层次

一般认为，协调的范围可以分为对系统内部的协调和对系统的外层协调。对于项目监理组织来说，系统内部的协调包括项目监理部内部协调、项目监理部与监理企业的协调；从项目监理组织与外部世界的联系程度看，项目监理组织外层协调又可以分为近外层协调和远外层协调。近外层和远外层的主要区别是，项目监理组织与近外层关联单位一般有合同关系，包括直接的和间接的合同关系，如与业主、设计单位、总包单位、分包单位等的关系；和远外层协调关联单位一般没有合同关系，但却受法律、法规和社会公德等的约束，如与政府、项目周边居民社区组织、环保、交通、环卫、绿化、文物、消防、公安等单位的关系。项目监理组织协调的范围与层次如图5-17所示。

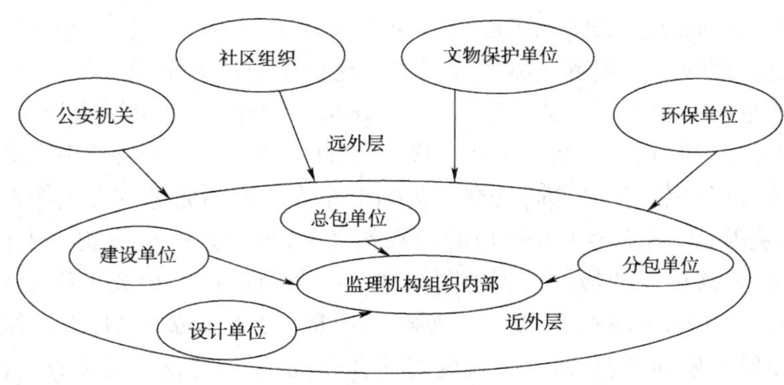

图5-17　项目监理组织协调的范围和层次

三、项目监理组织协调的内容

1. 项目监理组织内部协调

项目监理组织内部协调包括人际关系、组织关系的协调。项目监理组织内部人际关系指项目监理部内部各成员之间以及项目总监和下属之间的关系总和。内部人际关系的协调主要是通过各种交流、活动，增进相互之间的了解和亲和力，促进相互之间的工作支持。另外还可以通过调解、互谅互让来缓和工作之间的利益冲突，化解矛盾，增强责任感，提高工作效率。项目内部要用人所长，责任分明、实事求是地对每个人的绩效进行评价和激励。组织关系协调是指项目监理组织内部各部门之间工作关系的协调，如项目监理组织内部的岗位、职能、制度的设置等，具体包括各部门之间的合理分工和有效协作。分工和协作同等重要，合理的分工能保

证任务之间平衡匹配,有效协作既避免了相互之间利益分割,又提高了工作效率。组织关系的协调应注意以下几个原则:

(1)明确每个机构的职责;

(2)设置组织机构要以职能划分为基础;

(3)通过制度明确各机构在工作中的相互关系;

(4)建立信息沟通制度;制订工作流程图;

(5)根据矛盾冲突的具体情况及时灵活地加以解决。

2.项目监理组织近外层协调

近外层协调包括与业主、设计单位、总包单位、分包单位等的关系协调。项目与近外层关联单位一般有合同关系,包括直接的和间接的合同关系。工程项目实施的过程中,与近外层关联单位的联系相当密切,大量的工作需要互相支持和配合协调,能否如期实现项目监理目标,关键就在于近外层协调工作做得好不好。可以说,近外层协调是所有协调工作中的重中之重。

要做好近外层协调工作,必须做好以下几个方面的工作:

(1)要理解项目总目标,理解建设单位的意图。项目总监必须了解项目构思的基础、起因、出发点,了解决策背景,了解项目总目标。在此基础上,再对总目标进行分解,对其他近外层关联单位的目标也要做到心中有数。只有正确理解了项目目标,才能掌握协调工作的主动权,做到有的放矢。

(2)利用工作之便做好监理宣传工作,增进各关联单位对监理工作的理解,特别是对项目管理各方职责及监理程序的理解。虽然我国推行建设工程监理制度已有多年,可是社会对监理工作和性质还是有不少不正确的看法,甚至是误解。因此,监理单位应当在工作中尽可能地主动做好宣传工作,争取到各关联单位对自己工作的支持。如主动帮助建设单位处理项目中的事务性工作,以自己规范化、标准化、制度化的工作去影响和促进双方工作的协调一致。

(3)以合同为基础,明确各关联单位的权利和义务,平等地进行协调。工程项目实施的过程中,合同是所有关联单位的最高行为准则和规范。合同规定了相关工程参与单位的权利和义务,所以必须有牢固的合同观念,要清楚哪些工作是什么单位做的,什么时候完成,要达到什么样的标准。如果出现问题,是哪个单位的责任,同时也要清楚自己的义务。比如在工程实施过程中,承包单位如果违反合同,监理工程师必须以合同为基础,坚持原则,实事求是,严格按规范、规程办事。只有这样,才能做到有理有据,在工作中树立监理工程师的权威。

(4)尊重各相关联单位。近外层相关联单位在一起参与项目工程,说到底最终目标还是一致的,就是完成项目的总目标。因而,在工程实施的过程中,出现问题、纠纷时一定要本着相互尊重的态度进行处理。对于承包单位,监理工程师应强调各方面利益的一致性和项目总目标,尽量少对承包单位行使处罚权或经常以处罚威胁,应鼓励承包单位将项目和实施状况、实施结果和遇到的困难和意见向自己汇报,以寻找对目标控制可能的干扰。双方了解得越多越深刻,监理工作中的对抗和争执就越少,出现索赔事件的可能性就越小。一个懂得坚持原则,又善于理解尊重承包单位项目经理,工作方法灵活,随时可能提出或愿意接受变通办法的监理工程师肯定是受欢迎的,因而其工作必定是高效的。

对分包单位的协调管理,主要是对分包单位明确合同管理范围,分层次管理。将总包合同作为一个独立的合同单元进行投资、进度、质量控制和合同管理,不直接和分包合同发生关系。

对分包合同中的工程质量、进度进行直接跟踪监控，通过总包人进行调控、纠偏。分包人在施工中发生的问题，由总包人负责协调处理，必要时，监理工程师帮助协调。当分包合同条款与总包合同条款发生抵触，以总包合同条款为准。此外，分包合同不能解除总包人对总包合同所承担的任何责任和义务。分包合同发生的索赔的问题，一般由总包人负责，涉及总包合同中业主义务和责任时，由总包人通过监理工程师向业主提出索赔，由监理工程师进行协调。

对于建设单位，尽管有预定的目标，但项目实施必须执行建设单位的指令，使建设单位满意。如果建设单位提出了某些不适当的要求，则监理工程师一定要把握好，如果一味迁就，则势必造成承包单位的不满，对监理工作的公正性产生怀疑，给自己工作带来不便。此时，可利用适当时机，采取适当方式加以说明或解释，尽量避免发生误解，以使项目进行顺利。对于设计单位，监理单位和设计单位之间没有直接的合同关系，但从工程实施的实践来看，监理单位和设计单位之间的联系还是相当密切的。设计单位为工程项目建设提供图纸，以及工程变更设计图纸等，是工程项目主要相关联单位之一。

协调的过程中，一定要尊重设计单位的意见，例如主动组织设计单位介绍工程概况、设计意图、技术要求、施工难点等；在图纸会审时请设计单位交底，明确技术要求，把标准过高、设计遗漏、图纸差错等问题解决在施工之前；施工阶段，严格监督承包单位按设计图施工，主动向设计单位介绍工程进展情况，以便促使他们按合同规定或提前出图；若监理单位掌握比原设计更先进的新技术、新工艺、新材料、新结构、新设备时，可主动向设计单位推荐，支持设计单位技术革新等；为使设计单位有修改设计的余地而不影响施工进度，可与设计单位达成协议，限定一个期限，争取设计单位、承包单位的理解和配合，如果逾期，设计单位要负责由此而造成的经济损失；结构工程验收、专业工程验收、竣工验收等工作，请设计代表参加；若发生质量事故，认真听取设计单位的处理意见；施工中，发现设计问题，应及时主动向通过建设单位向设计单位提出，以免造成大的直接损失。

(5)注意语言艺术和感情交流。协调不仅是方法问题、技术问题，更多的是语言艺术、感情交流。同样的一句话，在不同的时间、地点，以不同的语气、语速说出来，给当事人的感觉会是大不一样的，所产生的效果也不相同。所以，有时我们会看到，尽管协调意见是正确的，但由于表达方式不妥，反而会激化矛盾；而高超的协调技巧和能力则往往起到事半功倍的效果，令各方面都满意。在协调的过程中，更多换位思考，多做感情交流，在工作中不断积累经验，才能提高协调能力。

3. 项目远外层协调

远外层与项目监理组织不存在合同关系，只通过法律、法规和社会公德来进行约束，相互支持、密切配合、共同服务于项目目标。在处理关系和解决矛盾过程中，应充分发挥中介组织和社会管理机构的作用。一个工程项目的开展还存在政府部门及其他单位的影响，如政府部门、金融组织、社会团体、服务单位、新闻媒介等，对工程项目起着一定的或决定性的控制、监督、支持、帮助作用。这层关系若协调不好，工程项目实施也可能受到影响。

1)与政府部门的协调

(1)监理单位在进行工程质量控制和质量问题处理时，要做好与工程质量监督站的交流和协调。工程质量监督站是由政府授权的工程质量监督的实施机构，对委托监理的工程，质量监督站主要是核查勘察设计、施工承包单位和监理单位的资质，监督项目管理程序和抽样检验。当参加验收各方对工程质量验收意见不一致时,可请当地建设行政主管部门或工程质量监督机构协调处理。

(2)当发生重大质量、安全事故时,监理单位在配合承包单位采取急救、补救措施的同时,应督促承包单位立即向政府有关部门报告情况,接受检查和处理,应当积极主动地配合事故调查组的调查。如果事故的发生有监理单位的责任,则应当主动要求回避。

(3)建设工程合同应当送公证机关公证,并报政府建设管理部门备案;征地、拆迁、移民要争取政府有关部门支持和协调;现场消防设施的配置,应请消防部门检查认可;施工中还要注意防止环境污染,特别是防止噪声污染,坚持做到文明施工,同时督促承包单位协调好和周围单位及居民区的关系。

2)与社会团体关系的协调

一些大中型工程项目建成后,不仅会给建设单位带来效益,还会给该地区的经济发展带来好处,同时给当地人民生活带来方便,因此必然会引起社会各界关注。建设单位和监理单位应把握机会,争取社会各界,如媒体、社会团体对工程建设的关心和支持。这是一种争取良好社会环境的协调。

根据目前的工程监理实践来看,对外部环境协调,由建设单位负责主持,监理单位主要是针对一些技术性工作协调。如建设单位和监理单位对此有分歧,可在委托监理合同中详细注明。做好远外层的协调,争取到相关部门和社团组织的理解和支持,对于顺利实现项目目标是必需的。

四、项目监理组织协调的方法

组织协调工作千头万绪,涉及面广,受主观和客观因素影响较大。为保证监理工作顺利进行,要求监理工程师知识面要宽,要有较强的工作能力,能够因地制宜、因时制宜地处理问题。监理工程师组织协调可采用以下方法。

1. 会议协调法

工程项目监理实践中,会议协调法是最常用的一种协调方法。一般来说,它包括第一次工地会议、监理例会、专题现场协调会等。

1)第一次工地会议

第一次工地会议是在建设工程尚未全面展开前,由参与工程建设的各方互相认识、确定联络方式的会议,也是检查开工前各项准备工作是否就绪并明确监理程序的会议。由总监理工程师主持召开,建设单位、承包单位和监理单位的授权代表必须出席会议,必要时分包单位和设计单位也可参加,各方将在工程项目中担任主要职务的负责人及高级人员也应参加。第一次工地会议很重要,是项目开展前的宣传通报会。

第一次工地会议应包括以下主要内容。

(1)建设单位、承包单位和监理单位分别介绍各自驻现场的组织机构、人员及其分工;

(2)建设单位根据委托监理合同宣布对监理工程师的授权;

(3)建设单位介绍工程开工准备情况;

(4)承包单位介绍施工准备情况;

(5)建设单位和总监理工程师对施工准备情况提出意见和要求;

(6)总监理工程师介绍监理规划的主要内容;

(7)研究确定各方在施工过程中参加工地例会的主要人员,召开工地例会周期、地点及主要议题。

第一次工地会议纪要应由项目监理机构负责起草,并经与会各方代表会签。

2)监理例会

监理例会是由监理工程师组织与主持,按一定程序召开的,研究施工中出现的计划、进度、质量及工程款支付等问题的工地会议。参加者有总监理工程师代表及有关监理人员、承包单位的授权代表及有关人员、建设单位代表及其有关人员。工地例会召开的时间根据工程进展情况安排,一般有周、旬、半月和月度例会等几种。工程监理中的许多信息和决定是在工地例会上产生和决定的,协调工作大部分也是在此进行的,因此监理工程师必须重视工地例会。

由于监理工地例会定期召开,一般均按照一个标准的会议议程进行,主要是:对进度、质量、投资的执行情况进行全面检查;交流信息;提出对有关问题的处理意见以及今后工作中应采取的措施。此外,还要讨论延期、索赔及其他事项。

会议的主要议题如下:

(1)对上次会议存在问题的解决和纪要的执行情况进行检查;

(2)工程进展情况;

(3)对下月(或下周)进度预测;

(4)施工单位投入的人力、设备情况;

(5)施工质量、加工订货、材料的质量与供应情况;

(6)有关技术问题;

(7)索赔工程款支付;

(8)业主对施工单位提出的违约罚款要求。

会议记录由监理工程师形成纪要,经与会各方认可,然后分发给有关单位。会议纪要内容如下:

(1)会议地点及时间;

(2)出席者姓名、职务及其代表的单位;

(3)会议中发言者的姓名及所发言的主要内容;

(4)决定事项;

(5)诸事项分别由何人何时执行。

监理工地例会举行次数较多,一定要注意防止流于形式。监理工程师要对每次监理例会进行预先筹划,使会议内容丰富,针对性强,可以真正发挥协调作用。

3)专题现场协调会

除定期召开工地监理例会以外,还应根据项目工程实施需要组织召开一些专题现场协调会议,如对于一些工程中的重大问题以及不宜在工地例会上解决的问题,根据工程施工需要,可召开有相关人员参加的现场协调会。如对复杂施工方案或施工组织设计审查、复杂技术问题的研讨、重大工程质量事故的分析和处理、工程延期、费用索赔等进行协调,可在会上提出解决办法,并要求相关各方及时落实。

专题会议一般由监理单位(或建设单位)或承包单位提出后,由总监理工程师及时组织。

参加专题会议的人员应根据会议的内容确定，除建设单位、承包单位和监理单位的有关人员外，还可以邀请设计人员和有关部门人员参加。由于专题会议研究的问题重大，又比较复杂，因此会前应与有关单位一起，做好充分的准备，如进行调查、收集资料，以便介绍情况。有时为了使协调会达到更好的共识，避免在会议上形成冲突或僵局，或为了更快地达成一致，可以先将会议议程打印发给各位参加者，并可以就议程与一些主要人员进行预先磋商，这样才能在有限的时间内，让有关人员充分地研究并得出结论。会议过程中监理工程师应能驾驭会议局势，防止不正常的干扰影响会议的正常秩序。对于专题会议，也要求有会议记录和纪要，作为监理工程师存档备查的文件。

2. 交谈协调法

并不是所有问题都需要开会来解决，有时可采用“交谈”这一方法。交谈包括面对面的交谈和电话交谈两种形式。由于交谈本身没有合同效力，加上其方便性和及时性，所以建设工程参与各方之间及监理机构内部都愿意采用这一方法进行协调。实践证明，交谈是寻求协作和帮助的最好方法，因为在寻求别人帮助和协作时，往往要及时了解对方的反应和意见，以便采取相应的对策。另外，相对于书面寻求协作，人们更难于拒绝面对面的请求。采用交谈方式请求协作和帮助比采用书面方法实现的可能性要大，所以，无论是内部协调还是外部协调，这种方法使用频率都时相当高的。

3. 书面协调法

当其他协调方法效果不好或需要精确地表达自己的意见时，可以采用书面协调的方法。书面协调方法的最大特点是具有合同效力。如：

（1）监理指令、监理通知、各种报表、书面报告等；

（2）以书面形式向各方提供详细信息和情况通报的报告、信函和备忘录等；

（3）会议记录、纪要、交谈内容或口头指令的书面确认。

相关各方对各种书面文件一定要严肃对待，因为它具有合同效力。比如对于承包单位来说，监理工程师的书面指令或通知是具有一定强制力的，即使有异议，也必须执行。

4. 访问协调法

访问法主要用于远外层的协调工作中，也可以用于建设单位和承包单位的协调工作，有走访和邀访两种形式。走访是指协调者在建设工程施工前或施工过程中，对与工程施工有关的各政府部门、公共事业机构、新闻媒介或工程毗邻单位等进行访问，向他们解释工程的情况，了解他们的意见。邀访是指协调者邀请相关单位代表到施工现场对工程进行巡视，了解现场工作。因为在多数情况下，这些有关方面并不了解工程，不清楚现场的实际情况，如果进行一些不适当的干预，会对工程产生不利影响，此时采用访问法可能是一个相当有效的协调方法。大多数情况下，对于远外层的协调工作，一般由建设单位主持，监理工程师主要起协调作用。

总之，组织协调是一种管理艺术和技巧，监理工程师尤其是项目总监理工程师需要掌握领导科学、心理学、行为科学方面的知识和技能，如激励、交际、表扬和批评的艺术，开会的艺术，谈话的艺术，谈判的技巧等。这些知识和能力只有在工作实践中不断积累和总结才能获得，是一个长期的过程。

复习思考题

1. 我国安全生产的方针是什么?
2. 安全施工主要有哪些内容?
3. 安全监理的任务是什么? 简述其主要内容。
4. 安全监理的法律责任是什么?
5. 防止大气污染的措施有哪些?
6. 防止水源污染的措施有哪些?
7. 防止噪声污染的措施有哪些?

第六章

工程监理规划性文件与监理文档管理

教学要求

1. 解释监理大纲、监理规划和监理实施细则的概念，描述其作用、内容和编制注意事项；
2. 识别监理大纲、监理规划和监理实施细则的异同点；
3. 描述工地会议的种类和各自的作用及内容；
4. 描述监理月报和监理报告的内容；
5. 进行监理文档的收集和整理；
6. 描述公路工程竣工文件的内容和编制要求。

● 第一节　工程监理大纲 ●

工程监理规划性文件是指监理单位投标时编制的监理大纲、监理合同签订以后编制的监理规划和专业监理工程师编制的监理实施细则。

一、监理大纲的概念

监理大纲又称监理方案，公路工程监理招投标中称为“技术建议书”，它是监理公司为了承揽监理业务而编写的监理方案性文件，也是监理投标文件的重要组成部分。中标后的监理大纲是工程建设监理合同的一部分，又是编写项目监理规划的直接依据。监理大纲编写的目的是让业主了解自己的监理公司，进而使自己的公司被业主选中为业主的项目建设服务。监理大纲的编制人员应当是监理单位经营部门或技术管理部门人员，也应包括拟定的总监理工程师。总监理工程师参与编制监理大纲有利于监理规划的编制和监理工作的实施。

二、监理大纲的作用

1. 监理大纲是监理单位向建设单位显示监理经验和能力的依据

建设单位在进行监理招标时，一般要求投标单位提交监理费用标书和监理技术标书两部分，其中监理技术标书即监理大纲。工程监理单位要想在投标中显示自己的技术实力和监理业绩，获得建设单位的信任，从而中标，必须写出自己以往监理的经验和能力，以及对本项目的理解和监理的指导思想、拟派驻现场的主要监理人员的资质情况等。建设单位通过对所有投标单位的监理大纲和监理费用的考评，最终评出中标监理单位。需要特别说明的是，建设单位评定监理投标书的重点在监理大纲，即技术标书上，一般约占百分制评标的80%，而费用标书仅占20%左右。由此可见，监理大纲对监理单位能否中标是非常重要的。

2. 监理大纲是项目监理机构开展监理工作、制定基本的方案的依据

工程监理单位一旦中标，在签订工程建设委托监理合同后，监理单位就要求项目总监理工程师着手组织编制项目监理规划，监理规划的编制必须依据工程监理单位投标时的监理大纲。因为监理大纲是工程建设委托监理合同的重要组成部分，也是工程监理单位对建设单位所提技术要求的认同和答复。所以，工程监理单位必须以此编写监理规划，来进一步指导项目的监理工作。

3. 监理大纲是建设单位监督检查监理工程师工作的依据

工程监理单位依据工程建设委托监理合同为建设单位提供监理服务。在监理过程中，建设单位检查监督监理工程师工作质量的优劣，就是依据所签建设工程委托监理合同，而监理合同在谈判、签订时主要依据监理大纲和监理招标文件。因此，工程监理单位在编写监理大纲时，一定要措辞严密，表达清楚，明确自己的责任与义务。

三、监理大纲的编制

监理大纲是发给业主最初的“联络信”，也是决定监理公司能否成为项目业主服务者的“推销词”。如果监理大纲不被业主接受，以后的监理工作就无从谈起。因此如何写好监理大纲，是监理工作前期的一项极为重要的内容。工程建设监理是一项依法进行的规范性技术服务工作，监理大纲的编写形式一定要规范化、标准化。鉴于工程项目的单一性以及业主了解建设监理的具体方法和内容的局限性，在监理大纲中的工程概况、监理工作指导思想、工程监理方案及设想、工作目标和范围等内容的编写时，应该特别注意以下事项：

监理大纲编写前，要充分调查和了解建设项目的有关信息，“知己知彼，百战不殆”。首先要针对项目情况进行仔细调查，以求得对项目内容的充分了解。要着重了解项目所处的地理位置和自然条件，区域地形地貌，工程地质条件，工程水文、气象情况，工程建设的目的用途，工程前期的准备情况，工程设计、施工条件情况，业主选择的勘察、设计单位情况，选择或拟选用的施工单位情况，工程项目的承发包模式等。其次，要针对工程情况，特别是建筑结构类型、规模、可能采取的施工方案等，结合本公司拥有的仪器设备和技术能力，从管理水平、人员素质和专业配套等方面来加以叙述，以表明“本公司具有技术、能力，可以做好本工程项目的监理工作”。

工程建设监理是有明确依据的工程建设行为。根据建设工程的内容，确定具有针对性的、有效的、符合本工程的工程建设法律法规作为本工程建设监理的法律依据。因此要说明哪些是针对本项目的法律法规和技术性文件。同时，针对部门领域、专业领域，将依据本工程的设计图纸和现行国家施工技术、施工验收规范标准以及建设行政主管部门的有关规定，科学、公正、独立、诚信地开展监理工作。特别要注意的是：要遵守的法律法规和规范标准必须是有效的，不能使用已过期失效或还没有开始实施的法律法规和规范标准。

曾经“做过什么”是说明“能做什么”的最好方法。介绍公司的监理业绩时，要如实叙述公司曾经监理过的同类建设项目的情况。对工程施工中曾经发生过的问题,监理方所提出的建议,在工程建设过程中采取的措施以及最后取得的效果等,要用重要篇幅加以阐述,并要重点叙述这些项目建设的社会效益和经济效益。最好能引用曾经服务过的第三者——以往业主的评价。公司有什么监理能力和特点,与别人相比具备哪些优点,人家有的你也有,那仅是合格;人家没有的你都有,那才是优秀。要告诉业主,你的公司所具有的、拟用于工程建设监理过程中的最先进、最有效的测试仪器设备;更要说明使用操作这些测试手段的先进之处和高超技能,并做出本项目监理过程中的使用方案。

要提出本项目的监理组织机构,介绍拟参与本项目监理人员的技术能力和特长。针对项目的特点,建立相对应的监理组织机构;根据专业特点、工程规模、工程建设投资强度,配备相应的专业人员数量。

要针对投标项目的实际情况提出具体的合理化建议,充分发挥公司"专家库"、"智囊团"的优势,开展各种分析研究、交流讨论。合理化建议在大纲中似乎看起来可有可无,其实这是最能打动业主的内容。如果建议能使设计方案稍加改进,就能节约可观的资金或者取得意想不到的使用效果,或可方便施工,取得更好的施工质量或加快施工进度,从而能够增强业主的满意度。

监理大纲既要规范化、标准化,又要在说明问题的前提下,简要明了,篇幅不宜过长。大纲的条目要粗细有别,有的只要告诉标题性内容,简略带过就行。对于结合工程的特点要求和本公司特长、能力或监理方法,那就必须着重叙述。大纲的表现形式,如能说明问题,尽量多用图表。文中用词不要华丽,但必须准确得体。叙述公司所拥有的设备、人才、技术、技能和监理业绩时,既要充分又要实事求是,不能言过其实,以免到时无法兑现,有违诚信原则。

四、监理大纲的内容

监理大纲的内容一般包括下列几方面:

1. 项目概况

主要包括招标文件提供的工程项目自然环境和条件,工程技术标准和规模,工程内容(结构及分项)和数量,工程特点及其难易程度,工程施工安排(如标段划分、工期要求及施工进度安排)等。

2. 监理工作的指导思想和监理目标

主要根据交通主管部门的有关规定,结合本项目的具体要求,认真贯彻"严格监理、热情服务、秉公办事、一丝不苟"的原则,采取有效措施,实现业主提出的,或监理单位为确保其信誉而承诺达到的监理目标。监理目标主要是指:质量、进度和费用的控制和合同、信息管理(即"三控两管")目标。对于制约"三控两管"的主要环节都应加以分析,提出具体目标和措施。

3. 监理组织机构及人员配备

现场监理机构是保证监理目标的组织措施。监理机构的设置要保证监理任务的完成,必须做到机构"简",人员"精"。要尽量减少层次,上层管理人员少而精,基层监理人员要有现场管理经验;要充分授权各工序主管监理工程师处理现场事务。驻地监理工程师或高级驻地监理工程师要善于把握全局,务必使施工按预定步骤持续进行。对影响工期、质量的关键环节、关键问题有能力及时处理。监理人员要根据工程内容、性质和要求配备,做到专业配套,根据工程的安排进行分工、分岗,并随着工程进展及时进行调整。要有明确的岗位责任制,以便整个监理机构有条不紊地运转,充分发挥群体优势;要自始至终注意监理人员的培训和业务素质的提高。例如,在施工准备阶段组织上岗培训,在施工阶段组织经验交流,进行单项技术培训等。监理机构要有示意性框图,明确各种监理人员的配置,并编制监理人员进退场计划。该计划将在进场后根据核准的实施性施工计划进行调整,以便更加切实可行。

4. 质量控制的工作任务与方法

工程质量控制是监理工作的重要内容,在整个施工期间必须每日每时地注意掌握。

1)建立和健全质量控制体系是监理质量控制的保证

监理机构设有试验室,配有熟悉施工要求和规范的测量、道路、结构等专业监理工程师,有熟悉设计、施工和试验,且有丰富实践经验的高级监理工程师任驻地监理工程师(或高级驻地监理工程师),还有足够数量具有专业知识和施工监理经验(或训练有素的)监理员,这就是工程质量控制的组织保证。在此基础上建立和完善质量管理制度和程序。监理人员通过旁站、巡查,采用现代化仪器和手段进行试验、检测;同时,督促承包人建立相应的质量自检体系,形成有效的工程质量保证体系。

2)注重抓关键、抓重点是保证工程质量的重要措施和方法

要对每道工序提出监理重点,使各岗位监理人员胸有成竹,掌握主动性;要根据工程情况、施工条件和要求,分析影响整体工程质量的薄弱环节(例如,软土地段路基、桥梁的桩基工程、预应力混凝土梁的钢筋张拉等)和关键部位,有针对性地提出进一步要求,进行全过程的严格控制。

3)严格按照监理程序和施工规范进行施工管理是质量控制的重要手段

质量控制的基本程序是:把握住开工申请关,工序完工的质量检验关,分部、分项工程完工后的中间交工验收关。要做到"六不准",即人员不到位,机械设备准备不足,不准开工;未经检验的材料,或经检验不合格的材料,不准使用;不符合施工规范要求,未经批准的施工工艺,不准采用;未经批准的图纸,不准用于施工;前道工序未经验收,后道工序不准施工;未经验收的工程不准计量。为便于掌握,可以附上质量控制流程框图。

5. 进度控制的工作任务与方法

进度控制,是关系到工程能否按合理安排的进度计划连续进行,并在保证工程质量的前提下保证按期交工的重要措施。其工作应具有一定的超前性和预见性,并应建立在科学管理的基础上。其主要任务和方法有:

1)督促承包人编制施工计划

监理工程师应要求承包人在中标通知书发出后28天内(或合同文件规定的期限内),按照工程承包合同工期和技术规范、设计文件的要求,结合实际情况,编制出实施性的总体施工组织设计及工程进度计划。其内容应包括:

(1)工程概况;

(2)总体施工部署;

(3)各主要分部或分项工程的施工方案;

(4)总体施工进度计划;

(5)施工人员配备、机具设备配置、材料开采和采购计划及其进场安排;

(6)施工场地总平面布置图;

(7)安全、质量及环境保护措施;

(8)资金流动计划估算。

2)监理工程师审查计划

监理工程师应组织有关监理人员对承包人报送的施工组织设计及总体工程进度计划进行审查,并在合同规定或满足施工需要的合理时间内审查完毕。审查的主要内容为:

(1)工期和时间安排的合理性。

①施工总工期的安排是否符合合同工期的要求,是否符合承包人投标时的承诺。

②施工阶段的划分和单项工程的施工顺序及时间安排与材料、机具设备的进场计划是否协调。

③施工安排是否抓住有利季节,并考虑必要的间歇,留有余地;施工实际时间的估算是否适当扣除法定假日、恶劣天气影响时间,以及技术性间歇时间(如软土沉降、现浇混凝土和稳定土的养护和成型时间等)。

(2)施工计划是否可行。

①人、机、料进场计划是否落实,有无保证。

②一旦情况有变,是否有应变措施。

(3)监督计划执行。监理工程师应对已批准的施工进度计划执行情况进行检查、督促。

①要求承包人按单位工程、分项工程的实际进度每日进行记录,并检查执行情况。

②要求承包人根据每日施工进度记录,进行统计分析和整理,按月向总监理工程师及其代表提交一份工程进度报告,其内容应包括:工程进展情况及评议,肯定有效措施,或分析滞后原因,提出改进措施。

③编制进度控制图表:即用于记录、统计、标记,反映实际工程进度与计划工程进度及其差距的图表(包括横道图、柱状图和进度曲线等及统计表等),以便随时对工程进度进行分析和评价,并作为要求承包人采取相应措施,或调整进度计划的依据。

(4)工程进度控制的主要方法。

①深入施工现场调查研究。监理工程师要对承包人的施工现场管理,诸如:施工安排、劳动组织及人员配备、施工工艺及机具设备的使用情况等,进行经常性的了解,以便及时发现问题,处理问题。

②保证进度计划的实施。当监理工程师发现施工现场的组织安排、施工能力或人员、设备、材料不能保证进度计划的实现时,应要求承包人采取加快施工进度措施;施工能力不足者,立即要求承包人予以增强;施工组织不善者改善管理,措施必须符合施工程序,确保施工安全和工程质量,并应取得监理工程师的批准。

③进度计划的调整。由于客观或主观原因造成进度滞后,除应采取相应补救措施之外,还应及时调整进度计划,以便保证既定的总工期或合理延长的工期的实现。调整进度计划时要相应调整人员、施工设备配备和材料供应计划。

④对承包人延误工期的惩罚。由于承包人的原因造成工程进度延误,并且承包人拒绝接

受监理工程师为加快工程进度而发出的指令，或承包人虽然采取了加快工程进度的措施，但仍无法按计划完成工程时，监理工程师要及时对承包人的实际施工能力重新评价，向承包人发出书面警告，并向业主写出书面报告，要求业主采取强制性措施，直至对部分工程进行分割或终止合同，更换承包人。

6. 投资控制的任务和工作方法

投资控制的任务在于使业主的支付与获得的合格工程产品相适应，并使工程的资金投入计划（支付计划）及其总额控制在预定额度之内，或者在合理调整的额度之内，使业主获得预定的投资效益。其控制方法大致如下：

1）正确计量

（1）监理工程师要对工程项目的内容和合同条款十分熟悉，以便保证做到正确计量。

（2）计量应在计量工程师和现场专业监理工程师的共同参与下，按合同规定的方法进行，并且按合同要求的最终产品进行计量，注意避免重复计量，超额计量，防止承包人弄虚作假。

（3）坚持按规定程序进行计量，未经质量检查合格一概不予计量；未按规定程序申报计量者不予计量。

2）坚持按原则计量

（1）对于无抗压强度指标要求的工序或部位，施工完成验收合格者，可按照工程量清单的单价和已完成的合格工程数量逐月计量支付。

（2）对于有强度指标的分项工程，如混凝土或钢筋混凝土工程、浆砌工程及水泥稳定碎石等，在浇筑、砌筑和碾压成型后都不能立即计量支付，要在取得 R28 或 R7 强度实测数据，且达到设计规定值时，方能计量支付。

（3）预制构件分两次计量：预制构件测试合格后按工程量清单该构件预制部分的计量单价按月进行计量支付；待其安装到位，并经验收合格后再按安装部分单价进行计量支付。如工程量清单未分列预制、安装两部分，按合同条款规定计量或经与业主和承包人协商后，可按适当比例分列，进行计量支付。

（4）对于已经监理验收合格，并已计量支付的部分工程量，如后来发现它不符合合同文件要求，仍应作不合格工程处理，其返工责任由承包人承担；对已支付的工程款在下个月中期支付证书中扣除。

3）计量支付的程序

计量支付要严格地按照规定的流程进行。

4）加强监督，完善计量手续

为了避免徇私舞弊，人为地增加投资，必须健全计量支付手续。

（1）计量时应有计量工程师与现场专业监理工程师共同参与，并有监理和承包人双方代表签字。

（2）总监理工程师或其代表，应对计量支付表进行认真审核，进行一定比例的抽检，并签字确认，以示负责。发现不正确计量，应及时查清，对徇私舞弊者应予追究处理。

5）精打细算，节省投资

监理工程师应在工作中处处精打细算，千方百计为业主节省投资。为此：

(1)监理工程师应十分熟悉设计文件,并进行现场核实。如发现设计与现场情况有不符之处,或者设计有不合理者,应向业主提出合理化建议。在保证达到工程标准和质量要求的条件下节省投资,或者为避免失误,虽增加初期投资,但可减少损失。

(2)监理工程师应尽量避免由于本身或业主的延误、失误而造成的索赔。一旦发生索赔,应对索赔金额认真审核,有理有据地核实承包人所报项目和金额,防止承包人滥用索赔获取非分收入,而使业主蒙受损失。

(3)对于承包人所报结算项目,应予认真审核,该扣除、扣留的如数扣除、扣留。

(4)对承包人违约的经济惩罚或因局部质量没完全达到验收标准,但判定不需返工者,应按合同规定作适当扣除。

7. 合同管理

1)综合管理

(1)监理人员进场后,首先要审核承包人是否按施工合同的要求配备人员、施工机械,采购工程材料。对进场人员素质、施工机械性能和工程材料进行检查认证。对不合格人员、不合格机械、材料一律责令退场更换。

(2)要求承包人做出全面的施工组织计划,编制主要工序的施工方案和技术措施,经监理工程师批准后实施。

(3)组织好工地例会,通过会议对承包人各方面工作进行全面检查,对承包人履行合同的状况加以评估,提出改进意见,写出纪要,必要时发出指令,督促承包人全面履行合同。

2)分包管理

分包管理的要点是:

(1)承包人可按合同规定将部分工程(单位工程、分部工程或分项工程)分包给具有相应资质的分包人,但不得将其承包的工程整体分割成几段进行分包。

(2)承包人未在投标文件中明确分包的意向,并未经业主同意者,不得随意进行分包。在合同允许的情况下需要分包时,必须事先征得监理工程师的同意,经业主正式批准后方可分包。

(3)承包人对分包人必须进行统一的管理,将分包计划纳入承包人的计划中,并对分包人所完成的工程负责。分包人完成的工程先由承包人检查,然后申报监理工程师检查签认。

(4)施工中发现不合格分包人,监理有权责令其退场。

3)工程变更

(1)监理工程师进场后,将对施工合同文件、设计文件进行认真研究,并对设计文件进行现场核查,发现问题及时向业主提出,并研究处理。如需变更,应按规定程序向业主申报,待批准后执行。

(2)承包人对原设计或规定施工方案提出变更意见,凡属技术经济可行的,可通过监理工程师报业主审批后执行。

(3)业主提出变更设计,应通过监理工程师下达承包人执行。

以上各种情况通过监理工程师下达的变更,可按审定的单价和实际完成的工程数量进行结算。

(4)承包人对各单项工程施工中出现的工程量或工程性质的变化,应及时报监理工程

师,监理工程师通过观察或进行必要的检测加以确认后方准许计量;对承包人事后报告不予考虑。

4)工程延期

工程延期管理的要点是:

(1)为保证按期完成工程,承包人应按施工合同要求及时开工。为此,监理工程师应尽力事先催促承包人尽早做好开工准备。如承包人延误开工,情节严重者将以违约论处,并报告业主采取必要的惩罚措施。

(2)监理工程师按月、按季检查施工进度计划,如有延误,应分析其原因,提出改进措施。如由于承包人原因,造成工期一拖再拖,应报请业主采取制裁措施,直到分割工程或终止合同。

5)工程索赔管理

工程索赔管理的要点是:

(1)凡是由于业主及合同明确规定的客观原因,或监理工程师的原因引起的延误所造成的费用增加,经必要的程序,可给承包人以合理的补偿。为此,监理工程师要严格把关,认真查证分析,并要求资料齐全,不失时效,避免不必要的索赔。

(2)监理工程师应尽量避免由于其主观原因造成的延误或失误。一旦监理工程师由于自身原因造成延误或失误,将追究个人责任,情节严重者可按监理协议的制约条款对监理单位进行适当惩罚。

6)档案资料管理

(1)监理机构设专职或兼职人员一人,负责施工监理文件、资料管理,以便工程结束时向业主移交施工监理的全套档案资料(含图纸、照片、软盘等)。

(2)工地例会和重要会议都要有记录和会议纪要。

(3)施工单位的施工计划、施工月报以及各种交验报表,及时整理归档。

(4)业主与监理机构的来往文件,监理的抽检资料、工程验收资料以及竣工文件均应保持完整,不泄密。

(5)监理人员均按要求写监理工作日记,完工后归档存查。

8. 监理公司对现场监理机构的领导和保证措施

鉴于现场执行监理任务的是监理公司派出的人员,为了更好执行监理合同,保证监理服务的完成,监理公司应有必要的管理措施,作为监理单位的承诺。

(1)监理公司派出的项目监理部代表公司履行监理合同,接受公司的领导。监理部的总监(或总监代表)由公司推荐,业主任命(或在业主认可后由公司任命)。公司派出的监理人员受公司的纪律约束,有不称职者由公司撤换。

(2)项目监理部(组)作为公司的下属单位,应严格执行公司的管理制度。公司应对监理部(组)进行必要的指导和检查督促。

(3)公司根据本项目特点,组织监理人员进行上岗培训,并在此基础上编制监理实施方案,明确各人的岗位职责,作为工作的行动指南。

(4)工地出现疑难的技术问题,监理部难以解决时,公司将派出专家前往会诊,协助处理。

9. 监理大纲附表(表6-1～表6-4)

监理单位主要业绩表 表6-1

序号	项目名称	工程等级	长度(km)	监理服务方式	服务期限(月)	派出人数(人)

单位近五年主要工程概况表 表6-2

工程名称及等级:	工程具体地点:
公路里程:	大桥: m/座
路面类型:	隧道: m/处
开工及完工日期:	服务期限: 月
派出人数:	监理负责人:(姓名、职务、职称)
工程概况:	
监理服务范围:	
监理工作评价(附业主证明):	
业主单位地址、联系电话及传真:	

主要监理人员简历表 表6-3

<table>
<tr><td>姓名</td><td></td><td>性别</td><td></td><td>出生年月</td><td></td></tr>
<tr><td>文化程度</td><td></td><td>毕业学校</td><td></td><td>政治面貌</td><td></td></tr>
<tr><td>拟任职务</td><td></td><td>技术职称</td><td></td><td>聘任时间</td><td></td></tr>
<tr><td>从事设计工作年限</td><td></td><td>从事施工工作年限</td><td></td><td>从事监理工作年限</td><td></td></tr>
<tr><td>监理培训证书号</td><td colspan="2"></td><td>监理工程师证书号</td><td colspan="2"></td></tr>
<tr><td rowspan="2">本人原工作单位</td><td>名称</td><td colspan="2"></td><td>邮政编码</td><td></td></tr>
<tr><td>地址</td><td colspan="2"></td><td>电话</td><td></td></tr>
<tr><td>施工、设计、监理主要经历</td><td colspan="5"></td></tr>
</table>

拟派监理人员一览表 表6-4

序号	姓名	性别	年龄	技术职称	拟担任监理职务	有何监理证书

●第二节　工程监理规划●

监理规划是监理单位接受建设单位委托并签订委托监理合同之后，在项目总监理工程师的主持下，根据委托监理合同，在监理大纲的基础上，结合工程的具体情况，广泛收集工程信息和资料的情况下制订，经监理单位技术负责人批准，作为指导项目监理机构全面开展监理工作的指导性文件。

监理规划制订的时间是在监理大纲之后。显然，如果监理单位不能够在监理竞争中中标，则该监理单位就没有再继续编写该监理规划的机会。从内容范围上讲,监理大纲与监理规划都是围绕着整个项目监理机构所开展的监理工作来编写的,但监理规划的内容要比监理大纲翔实、全面。

一、工程监理规划的作用

1. 指导项目监理机构全面开展监理工作

监理规划的基本作用就是指导项目监理机构全面开展监理工作。

工程监理的中心目的是协助建设单位实现工程建设的总目标。实现工程建设总目标是一个系统过程。它需要制订计划,建立组织,配备合适的监理人员,进行有效的领导,实施工程的目标控制。只有系统地做好上述工作,才能完成工程建设监理的任务。在实施建设监理的过程中,监理单位要集中精力做好目标控制工作。因此,监理规划需要对项目监理机构开展的各项监理工作做出全面、系统的组织和安排。它包括确定监理工作目标,制订监理工作程序,确定目标控制、合同管理、信息管理、组织协调等各项措施和确定各项工作的方法和手段。

2. 监理规划是监理主管机构对监理单位监督管理的依据

政府建设监理主管机构对工程监理单位要实施监督、管理和指导,对其人员素质、专业配套和工程建设监理业绩要进行核查和考评以确认其资质和资质等级,以使我国整个工程建设监理行业能够达到应有的水平。要做到这一点,除了进行一般性的资质管理工作之外,更为重要的是通过监理单位的实际监理工作来认定其水平。而监理单位的实际水平可从监理规划及其实施中充分地表现出来。因此,政府建设监理主管机构对监理单位进行考核时,应当十分重视对监理规划的检查。也就是说,监理规划是政府建设监理主管机构监督、管理和指导监理单位开展监理活动的重要依据。

3. 监理规划是建设单位确认监理单位履行合同的主要依据

监理单位如何履行监理合同,如何落实建设单位委托监理单位所承担的各项监理服务工作,作为监理的委托方,建设单位不但需要而且应当了解和确认监理单位的工作。同时,建设单位有权监督监理单位全面、认真地执行监理合同,而监理规划正是建设单位了解和确认这些问题的最好资料,是建设单位确认监理单位是否履行监理合同的主要说明性文件。监理规划应当能够全面而详细地为建设单位监督监理合同的履行提供依据。

4. 监理规划是监理单位内部考核的依据和重要的存档资料

从监理单位内部管理制度化、规范化、科学化的要求出发,需要对各项目监理机构(包括总监理工程师和专业监理工程师)的工作进行考核,其主要依据就是经过内部主管负责人审批的监理规划。通过考核,可以对有关监理人员的监理工作水平和能力做出客观、正确的评价,从而有利于今后在其他工程上更加合理地安排监理人员,提高监理工作效率。

从工程监理控制的过程可知,监理规划的内容必然随着工程的进展而逐步调整、补充和完善。它在一定程度上真实地反映了一个建设工程监理工作的全貌,是最好的监理工作过程记录。因此,它是每一家工程监理单位的重要存档资料。

二、监理规划的编写

监理规划是在项目总监理工程师和项目监理机构充分分析和研究建设工程的目标、技术、管理、环境及参与工程建设的各方等方面的情况后制订的。

监理规划要真正能起指导项目监理机构进行监理工作的作用,就应当有明确具体的、符合该工程要求的工作内容、工作方法、监理措施、工作程序和工作制度,并应具有可操作性。

1.工程建设监理规划编写的依据

1)项目监理的有关资料

(1)自然条件方面的资料。包括:工程建设所在地点的地质、水文、气象、地形以及自然灾害发生情况等方面的资料。

(2)社会和经济条件方面的资料。包括:工程建设所在地政治局势、社会治安、建筑市场状况、相关单位(勘察和设计单位、施工单位、材料和设备供应单位、工程咨询和工程建设监理单位)、基础设施(交通设施、通信设施、公用设施、能源设施)、金融市场情况等方面的资料。

2)工程建设方面的法律、法规

工程建设方面的法律、法规具体包括三个方面:

(1)国家颁布的有关工程建设的法律、法规是工程建设相关法律、法规的最高层次。在任何地区或任何部门进行工程建设都必须遵守国家颁布的工程建设方面的法律、法规。

(2)工程所在地或所属部门颁布的工程建设相关的法规、规定和政策。任何工程建设必然是在某一地区实施的,也必然是归属于某一部门的,这就要求工程建设必须遵守工程建设所在地颁布的工程建设相关的法规、规定和政策,同时也必须遵守工程所属部门颁布的工程建设相关规定和政策。

(3)工程建设的各种标准、规范。工程建设的各种标准、规范也具有法律地位,也必须遵守和执行。

3)政府批准的工程建设文件

政府批准的工程建设文件包括两个方面:

(1)政府工程建设主管部门批准的可行性研究报告、立项批文。

(2)政府规划部门确定的规划条件、土地使用条件、环境保护要求、市政管理规定等。

4)工程建设委托监理合同

在编写监理规划时,必须依据工程建设委托监理合同中的以下内容:监理单位和监理工程师的权利和义务、监理工作范围和内容、有关建设工程监理规划方面的要求等。

5)其他工程建设合同

在编写监理规划时,也要考虑其他工程建设合同关于建设单位和承建单位权利和义务的内容。

6)监理大纲

监理大纲中的监理组织计划,拟投标人的主要监理人员,投资、进度、质量控制方案,合同管理方案,信息管理方案,定期提交给建设单位的监理工作阶段性成果等内容都是监理规划编写的依据。

7)业主的正当要求

根据监理单位应竭诚为客户服务的宗旨,在不超出合同职责范围的前提下,监理单位应最大限度地满足业主的正当要求。

8)工程实施过程输出的有关工程信息

这方面的内容包括:方案设计、初步设计、施工图设计文件、工程招标投标情况、工程实施

状况、重大工程变更、外部环境变化等。

2. 工程建设监理规划编写的要求

1)基本构成内容应当力求统一

监理规划是指导整个项目开展监理工作的纲领性文件,在编制监理规划时总体内容组成上应力求做到统一。这是监理工作规范化、制度化、科学化的要求。监理规划的基本作用是指导监理机构全面开展监理工作。如果监理规划的编写内容不能做到系统、统一,项目监理工作就会出现漏洞或矛盾,使正常的监理工作受到影响,甚至出现失误。

监理规划基本构成内容的确定,首先应考虑整个建设监理制度对工程建设监理的内容要求。工程建设监理的主要内容是控制工程建设的投资、工期和质量,进行工程建设合同管理,协调有关单位间的工作关系。因此,对整个监理工作的组织、控制、方法、措施等将成为监理规划必不可少的内容。至于某一个具体工程建设的监理规划,则要根据监理单位与建设单位签订的监理合同所确定的监理实际范围和深度来加以取舍。

2)具体内容应具有针对性

监理规划基本构成的内容应当统一,各项具体的内容则要有针对性。监理规划是指导某一个特定的工程建设监理工作的技术组织文件,它的具体内容应与该工程建设相适应。由于所有的工程建设都具有单件性和一次性的特点,也就是说每个工程建设都有自身的特点。而且,每一个监理单位和每一位总监理工程师对某一个具体的工程建设在监理思想、监理方法和监理手段等方面都会有自己的独到之处。因此,不同的监理单位和不同的监理工程师在编写监理规划的具体内容时,必然会体现出自己鲜明的特色。

每一个监理规划都是针对一个具体的工程建设的监理工作计划,都必然有其自己的投资目标、进度目标、质量目标,有其自己的项目组织形式,有其自己的监理组织机构,有其自己的目标控制措施、方法和手段,有其自己的信息管理制度,有其自己的合同管理措施。只有具有针对性,工程建设监理规划才能真正起到指导具体监理工作的作用。

3)监理规划应当遵循工程建设的运行规律

监理规划是针对一个具体的工程建设编写的,而不同的工程建设具有不同的工程特点、工程条件和运行方式。工程建设的这种动态性决定了监理规划必然与工程运行客观规律具有一致性;监理规划不能凭个人意志或主观臆想编制,必须把握、遵循工程建设运行的规律。只有把握工程建设运行的客观规律,监理规划的运行才是有效的,才能实施对这项工程的有效监理。

监理规划要把握工程建设运行的客观规律,还意味着它要随着工程建设的展开进行不断的补充、修改和完善。在工程建设的运行过程中,内外因素和条件不可避免地要发生变化,造成工程的实施情况偏离计划,往往需要调整计划乃至目标,这就必然造成监理规划在内容上也要相应地调整。其目的是使工程建设能够在监理规划的有效控制之下,不让它成为脱缰野马,变得无法驾驭。

监理规划要把握工程建设运行的客观规律,就需要不断地收集大量的编写信息。如果掌握的工程信息很少,就不可能对监理工作进行详尽的规划。例如,随着设计的不断进展、工程招标方案的出台和实施,工程信息量越来越多,监理规划的内容也就越来越趋于完整。就一项工程建设的全过程监理规划来说,想一气呵成是不实际的,也是不科学的。

4)项目总监理工程师是监理规划编写的主持人

监理规划应当在项目总监理工程师主持下编写制订，这是工程建设监理实施项目总监理工程师负责制的必然要求。当然，编制好工程建设监理规划，还要充分调动整个项目监理机构中专业监理工程师的积极性，要广泛征求各专业监理工程师的意见和建议，并吸收其中水平比较高的专业监理工程师共同参与编写。

在监理规划编写的过程中，应当充分听取建设单位的意见，最大限度地满足他们的合理要求，为进一步搞好监理服务奠定基础。

在监理规划编写的过程中，如果有条件，还可听取被监理方的意见，最好还向富有经验的其他承建单位广泛地征求意见，这样编写的监理规划更趋于切合实际。

作为监理单位的业务工作，在编写监理规划时还应当按照本单位的要求进行编写。

5)监理规划一般要分阶段编写

如前所述，监理规划的内容与工程进展密切相关，没有规划信息也就没有规划内容，即监理规划的内容应有时效性。监理规划的内容的时效性是指随着工程建设项目的逐步展开对其不切实际的措施进行不断的补充、完善、调整。实际上，它是把开始勾画的轮廓进一步细化，使得监理规划更加详尽可行。在工程建设项目开始阶段编制的监理规划，总监理工程师不可能对项目的具体信息掌握得十分准确，加之工程建设项目在进行过程中，受到来自内外各种因素和条件变化的影响，这就使得监理规划必须进行相应的调整和进一步完善，才能保证监理目标的实现。因此，监理规划的编写需要有一个过程，需要将编写的整个过程划分为若干个阶段。

监理规划编写阶段可按工程实施的各阶段来划分，这样，工程实施各阶段所输出的工程信息就成为相应的监理规划信息。例如，监理规划可按设计阶段、施工招标阶段和施工阶段分别编制。设计的前期阶段，即设计准备阶段，应完成监理规划的总框架，并详细编写设计阶段的监理规划；设计阶段结束，大量的工程信息能够提供出来，所以施工招标阶段监理规划的大部分内容能够落实；随着施工招标的进展，各承包单位逐步确定下来，工程施工合同逐步签订，施工阶段监理规划所需的工程信息基本齐备，足以编写出完整的施工阶段监理规划。在施工阶段，有关监理规划的主要工作是根据工程进展情况进行调整、修改，使监理规划能够动态地控制整个工程建设的正常进行。

在监理规划的编写过程中需要进行审查和修改，因此，监理规划的编写还要留出必要的审查和修改的时间。为此，应当对监理规划的编写时间事先做出明确的规定，以免编写时间过长，耽误监理规划对监理工作的指导，使监理工作陷于被动和无序状态。

6)监理规划的表达方式应当格式化、标准化

现代科学管理应当讲究效率、效能和效益，其表现之一就是使控制活动的表达方式格式化、标准化，从而使控制工作更明确、更简洁、更直观。因此，需要选择最有效的方式和方法来表示监理规划的各项内容。比较而言，图、表和简单的文字说明应当是基本方法。我国的建设监理制度应当走规范化、标准化的道路，这是科学管理与粗放型管理在具体工作上的明显区别。可以这样说，规范化、标准化是科学管理的标志之一。所以，编写工程建设监理规划各项内容时应当采用什么表格、图示以及哪些内容需要采用简单的文字说明应当做出统一规定。

7)监理规划应该经过审核

监理规划在编写完成后需进行审核并经批准。监理单位的技术主管部门是内部审核单

位，其负责人应当签认。同时，还应当按合同约定提交给建设单位，由建设单位确认，并监督实施。

从监理规划编写的上述要求来看，它的编写既需要由主要负责者（项目总监理工程师）主持，又需要形成编写班子。同时，项目监理机构的各部门负责人也有相关的任务和责任。监理规划涉及工程建设监理工作的各方面，有关部门和人员都应当关注它，使监理规划编制得科学、完备，真正发挥全面指导监理工作的作用。

三、工程建设监理规划的内容及其审核

1. 工程监理规划的内容

由于工程监理规划是在明确工程建设监理委托关系及确定项目总监理工程师后，在更详细掌握有关资料的基础上编制的，所包括的内容与深度比工程建设监理大纲更为详细和具体。

工程建设监理规划应在项目总监理工程师的主持下，根据工程建设委托监理合同和建设单位的要求，在充分收集和详细分析研究监理工程有关资料的基础上，结合监理单位的具体条件编制。

监理单位在与建设单位进行工程建设委托监理合同谈判期间，就应确定该工程的总监理工程师人选，且该人选应参与监理合同的谈判工作。在工程建设委托监理合同签订以后，项目总监理工程师应组织监理机构人员详细研究委托监理合同的内容和工程建设条件，主持编制工程建设监理规划。工程建设监理规划应将委托监理合同中规定的监理单位承担的责任及监理任务具体化，并在此基础上制订实施监理的具体措施。工程建设监理规划是编制建设监理实施细则的依据，是科学、有序地开展工程建设监理工作的基础。

工程建设监理规划通常包括以下内容：

1）工程项目概况

工程项目的概况部分主要编写以下内容：

（1）工程建设名称。

（2）工程建设地点。

（3）工程建设组成及建筑规模。

（4）主要建筑结构类型和主要技术指标。

（5）预计工程投资总额。预计工程投资总额可以按以下两种费用编列：

①工程建设投资总额；

②工程建设投资组成简表。

（6）工程建设计划工期。工程建设计划工期可以以工程建设的计划持续时间或以工程建设开、竣工的具体日历时间表示：

①以工程建设的计划持续时间表示，即工程建设计划工期为“××个月”或“×××天”；

②以工程建设的具体日历时间表示，即工程建设计划工期由××年××月××日至××年××月××日。

（7）工程质量要求，应具体提出工程建设的质量目标要求。

（8）工程建设设计单位及施工单位名称（表6-5、表6-6）。

（9）工程建设项目结构图与编码系统。

设计单位名称一览表 表6-5

序　号	设计单位	设计内容	项目技术负责人	通信地址

施工单位名称一览表 表6-6

序　号	施工单位	承包工程内容或标段	项目负责人	备注

注:①施工总包单位有分包内容的,应在备注栏内注明分包具体内容及分包单位。

②项目负责人为施工总包单位的项目经理。

2)监理工作范围

监理工作范围是指监理单位通过建设单位授权所得到的监理任务的工程范围。如果监理单位承担全部工程建设的监理任务,监理范围为全部工程建设;否则应按监理单位所承担的工程建设的建设标段或子项目划分确定工程建设监理范围。

3)监理工作内容

(1)工程建设立项阶段监理工作的主要内容:

①协助建设单位准备工程报建手续。

②可行性研究咨询或监理。

③组织技术、经济、环保论证,优选建设方案。

④编制工程建设投资估算。

⑤组织建设项目的设计任务书的编制。

(2)设计阶段监理工作的主要内容:

①结合工程建设特点,收集设计所需的技术、经济、环保等资料。

②编写设计要求文件。

③组织工程建设设计方案竞赛或设计招标,协助建设单位选择好勘察设计单位。

④拟定和商谈设计委托合同内容。

⑤向设计单位提供设计所需的基础资料。

⑥配合设计单位开展技术经济分析,优化设计方案。

⑦配合设计进度,组织设计单位与有关部门,如消防、环保、土地、人防、防汛、园林以及供水、供电、供气、供热、电信等部门的协调工作。

⑧组织各设计单位之间的协调工作。

⑨审核主导设计与工艺设计的配合。

⑩参与主要设备、材料的选型。

⑪审核工程概算、施工图预算。

⑫审核主要设备、材料清单。

⑬审核工程设计图纸,检查设计文件是否符合现行设计规范及标准,检查施工图纸是否能满足施工需要。

⑭检查和控制设计进度。

⑮全面审核设计图样。

⑯组织设计文件的报批。

(3)施工招标阶段监理工作的主要内容:

①拟定工程建设施工招标方案并征得建设单位同意。

②准备工程建设施工招标条件。

③办理施工招标申请。

④协助建设单位编写施工招标文件。

⑤标底经建设单位认可后,报送所在地方建设主管部门审核。

⑥协助建设单位组织建设工程施工招标工作。

⑦组织现场勘察与答疑会,回答投标人提出的问题。

⑧协助建设单位组织开标、评标及定标工作。

⑨协助建设单位与中标单位商签施工合同。

(4)材料、设备采购供应监理工作的主要内容:

对于由建设单位负责采购供应的材料、设备等物资,监理工程师应负责制订计划,监督合同的执行和供应工作。具体内容包括:

①协助建设单位制订材料、设备供应计划和相应的资金需求计划。

②通过质量、价格、供货期、运输及售后服务等条件的分析和比选,协助建设单位确定材料、设备等物资的供应单位。重要设备尚应调查现有使用用户的设备运行情况,并考察生产单位的质量保证体系。

③协助建设单位拟订并商签材料、设备的订货合同。

监督供货合同的实施,确保材料、设备的及时供应。

(5)施工准备阶段监理工作的主要内容:

①审查施工单位选择的分包单位的资质及以往业绩。

②监督检查施工单位质量保证体系及安全技术措施,完善质量管理程序与制度。

③检查设计文件是否符合设计规范及标准,检查施工图样是否能满足施工需要。

④参加设计单位向施工单位的技术交底。

⑤审查施工单位编制施工组织设计,重点对施工方案,劳动力、材料、机械设备的组织及保证工程质量、安全、工期和控制造价等方面的措施进行审查,并向业主提出审查意见。

⑥监督建设单位"五通一平"的实施,并及时办理向承包人移交施工现场。

⑦在单位工程开工前检查施工单位的复测资料,特别是两个相邻施工单位之间的测量资料、控制桩是否交接清楚,手续是否完善,质量有无问题,并对贯通测量、中线及水准桩的设置、固桩情况进行审查。

⑧对重点工程部位的中线、水平控制进行复查。

⑨监督落实各项施工条件,审批一般单项工程、单位工程的开工报告,并报业主备查。

(6)施工阶段质量控制的主要内容:

①对所有的隐蔽工程在隐蔽以前进行检查和办理签证,对重点工程要派监理人员驻点跟踪监理,签署重要的分项工程、分部工程和单位工程质量评定表。

②对施工测量、放样等进行检查,对发现的质量问题应及时通知施工单位纠正,并做好监

理记录。

③检查确认运到现场的工程材料、构件和设备质量,并应查验试验、化验报告单、出厂合格证是否齐全、合格,监理工程师有权禁止不符合质量要求的材料、设备进入工地和投入使用。

④监督施工单位严格按照施工规范、设计图样要求进行施工,严格执行施工合同。

⑤对工程主要部位、主要环节及技术复杂工程加强检查。

⑥检查施工单位的工程自检工作,数据是否齐全,填写是否正确,并对施工单位质量评定自检工作做出综合评价。

⑦对施工单位的检验测试仪器、设备、度量衡定期检验,不定期地进行抽验,保证度量资料的准确。

⑧监督施工单位对各类土木和混凝土试件按规定进行检查和抽查。

⑨监督施工单位认真处理施工中发生的一般质量事故,并认真做好监理记录。

⑩对大、重大质量事故以及其他紧急情况,应及时报告业主和有关部门。

⑪监督事故处理方案的实施并验收结果。

⑫监督施工单位对工程半成品的保护。

⑬监督施工单位的文明施工。

(7)施工阶段进度控制的主要内容:

①监督施工单位严格按施工合同规定的工期组织施工。

②对控制工期的重点工程,审查施工单位提出的保证进度的具体措施,如发生延误,应及时分析原因,采取对策。

③建立工程进度台账,核对工程形象进度,按月、季向业主报告施工计划执行情况、工程进度及存在的问题。

(8)施工阶段投资控制的主要内容:

①熟悉施工图样、招标文件、标底、投标文件、分析合同价构成因素,找出工程造价最易突破的部位、最易发生索赔事件的原因及部位,明确投资控制的重点应制订相应对策。

②审查施工单位申报的月、季度计量报表,认真核对其工程数量,不超计、不漏计,严格按合同规定进行计量支付签证。

③保证支付签证的各项工程质量合格、数量准确。

④建立计量支付签证台账,定期与施工单位核对清算。

⑤按业主授权和施工合同的规定审核变更设计。

⑥客观、公正地处理施工单位提出的索赔事件。

(9)施工验收阶段监理工作的主要内容:

①督促、检查施工单位及时整理竣工文件和验收资料,受理单位工程竣工验收报告,提出监理意见。

②根据施工单位的竣工报告,提出工程质量检验报告。

③组织工程预验收,参加建设单位组织的竣工验收。

(10)合同管理工作的主要内容:

①拟定本工程建设合同体系及合同管理制度,主要包括:合同草案的拟定、会签、协商、修改、审批、签署、保管等工作制度及程序。

②协助建设单位拟定工程的各类合同条款，并参与各类合同的商谈。

③及时处理与工程有关的索赔事宜及合同纠纷等事宜。

④对合同的执行情况进行分析和跟踪管理。

(11)建设单位委托的其他服务。依据工程建设委托监理合同，建设单位可以在附加协议条款中委托监理工程师其他服务内容，并支付其相应报酬。服务内容主要有：

①协助业主准备工程条件，办理供水、供电、供气、电信线路等申请或签订协议。

②协助业主制订产品营销方案。

③为业主培训技术人员等。

4)监理工作目标及依据

(1)监理工作目标　工程建设监理目标是指监理单位所承担的工程建设的监理控制预期达到的目标。通常以工程建设的投资、进度、质量三大目标的控制值来表示。

①投资控制目标：投资控制目标以________年预算为基价，静态投资为________万元（或合同价为________万元）。

②工期控制目标：工期控制目标________个月或自________年________月________日至________年________月________日。

③质量控制目标：工程建设质量合格及满足业主的其他质量要求。

(2)监理工作依据如下：

①工程建设方面的法律、法规。

②政府批准的工程建设文件。

③工程建设委托监理合同。

④其他工程建设合同。

5)项目监理机构

(1)监理机构的组织形式　选择适合项目实际的监理组织形式，应根据工程建设监理要求选择，并列出各级监理人员名单，绘出项目监理机构组织结构图。

(2)项目监理机构的人员配备计划　项目监理机构的人员配备应根据工程建设监理的进程合理安排，如表6-7所示。

项目监理机构的人员配备计划　　表6-7

时间					
监理工程师					
监理员					
文秘人员					

(3)项目监理机构的人员岗位职责。

6)监理工作程序

监理工作程序比较简单明了的表达方式是监理工作流程图。一般可对不同的监理工作内容分别制订监理工作程序。

7)监理工作方法及措施

工程建设监理控制目标的方法与措施应重点围绕投资控制、进度控制、质量控制这三大控制任务展开。

(1)投资目标控制方法与措施:

①投资目标分解。投资目标可视工程的具体情况按下述方法分解:

a.按工程建设的投资费用组成分解;

b.按年度、季(月)度分解;

c.按工程建设实施阶段分解;

d.按工程建设组成分解。

②编制投资使用计划。一般情况下,投资使用计划应分年度按季度(或月)编制。

③投资目标实现的风险分析。

④投资控制的工作流程。

⑤投资控制措施。投资控制的具体措施包括:

a.投资控制的组织措施。建立健全项目监理机构,完善职责分工及有关制度,落实投资控制的责任。

b.投资控制的技术措施。在设计阶段,推行限额设计和优化设计;在招标投标阶段,合理确定标底及合同价;对材料、设备采购,通过质量、价格比选,合理确定生产供应单位;在施工阶段,通过审核施工组织设计和施工方案,使组织施工合理化。

c.投资控制的经济措施。项目实施过程中监理工程师应及时进行计划投资与实际发生投资的比较分析,同时对监理人员在监理工作中提出的合理化建议,使建设单位得到了经济效益,建设单位应按建设工程委托监理合同专用条款中的约定给予奖励。

d.投资控制的合同措施。严格履行工程款支付、计量、签字程序,按合同条款支付工程款,防止过早、过量的支付;全面履约,减少施工单位的索赔,正确处理索赔事宜等。

⑥投资控制的动态比较。投资控制的动态比较主要包括:

a.投资目标分解值与概算值的比较;

b.概算值与施工图预算值的比较;

c.合同价与实际投资的比较。

⑦投资控制表格。

(2)进度目标控制方法与措施:

①工程总进度计划。

②总进度目标的分解。总进度目标可按下述方法分解:

a.年度、季度进度目标;

b.各阶段的进度目标;

c.各子项目进度目标。

③进度目标实现的风险分析。

④进度控制的工作流程。

⑤进度控制的具体措施。进度控制的具体措施包括:

a.进度控制的组织措施。落实进度控制的责任,建立进度控制协调制度。

b.进度控制的技术措施。建立多级网络计划体系,监控承建单位的作业实施计划。

c.进度控制的经济措施。对工期提前者实行奖励;对应急工程实行较高的计件单价;确保资金的及时供应等。

d. 进度控制的合同措施。按合同要求及时协调有关各方的进度，以确保工程建设的形象进度。

⑥进度控制的动态比较。

⑦进度控制表格。

(3)质量目标控制的方法与措施：

①质量控制目标的描述。

a. 设计质量控制目标。

b. 材料质量控制目标。

c. 设备质量控制目标。

d. 土建施工质量控制目标。

e. 设备安装质量控制目标。

f. 其他说明。

②质量目标实现的风险分析。

③质量控制的工作流程。

④质量控制的具体措施。质量控制的具体措施包括：

a. 质量控制的组织措施。建立健全的监理组织，完善职责分工及有关质量监督制度，落实质量控制责任。

b. 质量控制的技术措施。在设计阶段，协助设计单位开展优化设计，完善质量保证体系；在材料设备供应阶段，通过质量价格比选，正确选择生产供应厂家，协助完善质量保证体系；在施工阶段，以事前控制为主，严格事中、事后质量控制。

c. 质量控制的经济措施及合同措施。严格质检和验收，不符合合同规定质量要求的拒付工程款；达到建设单位特定质量目标要求的，按合同支付质量补偿金或奖金。

⑤质量目标状况的动态分析。

⑥质量控制表格。

(4)合同管理的方法与措施：

①合同结构。绘出本项目的合同结构图，明确各类合同间的联系。

②合同目录一览表(表6-8)。

③合同管理的工作流程。

④合同管理的具体措施。

⑤合同执行状况的动态分析。

⑥合同争议调解与索赔处理程序。

⑦合同管理表格。

合同目录一览表　　表6-8

序　号	合同编号	合同名称	承包人	合同价	合同工期	质量要求

(5)信息管理的方法与措施：

①信息分类表(表6-9)。

信息分类表

表6-9

序　　号	信息类别	信息名称	信息管理要求	责任人

②机构内部信息流程。

③信息管理的工作流程。

④信息管理的具体措施。

⑤信息管理表格。

(6)组织协调的方法与措施:

①与工程建设项目有关单位的协调,包括:

a.项目近外层单位的协调,主要有建设单位、设计单位、施工单位、材料和设备供应单位、资金提供单位等单位间的关系协调。

b.项目系统远外层单位的协调,主要有政府建设行政主管机构、政府其他有关部门、工程毗邻单位、社会团体等单位间的关系协调。

②协调分析,包括:

a.与内部相关单位协调重点的分析。

b.与外部相关单位协调重点的分析。

③协调工作程序。

④协调工作表格。

8)监理工作制度

(1)项目立项阶段:

①可行性报告评审制度。

②工程估算审核制度。

③技术咨询论证制度。

(2)设计阶段　设计阶段监理工作制度主要有:

①设计大纲、设计要求编写及审核制度。

②设计合同管理制度。

③设计咨询制度。

④设计方案评审制度。

⑤工程估算、概算审核制度。

⑥施工图样审核制度。

⑦设计费支付签署制度。

⑧设计协调会及会议纪要制度。

⑨设计备忘录签发制度等。

(3)施工招标阶段　施工招标阶段监理工作制度主要有:

①招标准备工作有关制度。

②编制招标文件有关制度。

③标底编制及审核制度。

④合同条件拟定及审核制度。

⑤组织招标实务有关制度等。

(4)施工阶段 施工阶段监理工作制度主要有:

①施工图样会审及设计交底制度。

②施工组织设计审核制度。

③工程开工申请审批制度。

④工程材料、构配件报验制度。

⑤隐蔽工程、分项(部)工程质量验收制度。

⑥单位工程、单项工程检验验收制度。

⑦设计变更处理制度。

⑧工程质量事故处理制度。

⑨施工进度监督及报告制度。

⑩工程款支付签认制度。

⑪工程索赔签认制度。

⑫监理报告制度。

⑬工程竣工验收制度。

⑭监理日志和会议制度等。

(5)项目监理机构内部工作制度 项目监理机构内部工作制度主要有:

①监理组织工作会议制度。

②对外行文审批制度。

③监理工作日志制度。

④监理周报、月报制度。

⑤技术、经济资料及档案管理制度。

⑥监理费用预算制度等。

9)监理设施

建设单位提供满足监理工作需要的如下设施:

(1)办公设施。

(2)交通设施。

(3)通信设施。

(4)生活设施。

根据工程建设类别、规模、技术复杂程度、工程建设所在地的环境条件,按委托监理合同的约定,配备满足监理工作需要的常规检测设备和工具。

2. 工程建设监理规划的审核

工程建设监理规划在编写完成后需要进行审核并经批准。监理单位的技术主管部门是内部审核单位,其负责人应当签认。监理规划审核的内容主要包括以下几个方面:

1)监理范围、工作内容及监理目标的审核

依据监理招标文件和委托监理合同,看其是否理解了建设单位对该工程的建设意图,监理范围、监理工作内容是否包括了全部委托的工作任务,监理目标是否与合同要求和建设意图相一致。

2)项目监理机构结构的审核

(1)组织机构　在组织形式、管理模式等方面是否合理,是否结合了工程实施的具体特点,是否能够与建设单位的组织关系和承包人的组织关系相协调等。

(2)人员配备　人员配备方案应从以下4个方面审查:

①派驻监理人员的专业满足程度。应根据工程特点和委托监理任务的工作范围审查,不仅如土建监理工程师、机械监理工程师等考虑专业监理工程师能否满足开展监理工作的需要,而且还要看其专业监理人员是否涵盖了工程实施过程中的各种专业要求,以及高、中级职称和年龄结构的组成。

②人员数量的满足程度。主要审核从事监理工作人员在数量和结构上的合理性。

③专业人员不足时采取的措施是否恰当。大中型建设工程由于技术复杂、涉及的专业面宽,当监理单位的技术人员不足以满足全部监理工作要求时,对拟临时聘用的监理人员的综合素质应认真审核。

④派驻现场人员计划表。对于大中型工程建设,不同阶段对监理人员人数和专业等方面的要求不同,应对各阶段所派驻现场监理人员的专业、数量计划是否与工程建设的进度计划相适应进行审核。还应平衡正在其他工程上执行监理业务的人员,是否能按照预定计划进入本工程参加监理工作。

3)工作计划审核

在工程进展中各个阶段的工作实施计划是否合理、可行,审查其在每个阶段中如何控制工程建设目标以及组织协调的方法。

4)投资、进度、质量控制方法和措施的审核

对三大目标的控制方法和措施应重点审查。看其如何应用组织、技术、经济、合同措施保证目标的实现,方法是否科学、合理、有效。

5)监理工作制度审核

主要审查监理的内、外工作制度是否健全、可行。

第三节　监理实施细则

一、监理实施细则的概念及作用

监理实施细则是监理工作实施细则的简称,又简称为监理细则,是根据监理规划,由专业监理工程师编制,并经总监理工程师批准,针对工程项目中某一专业或某一方面监理工作的指导监理工作的操作性文件。附例6-1列举了某公路工程沥青面层施工监理实施细则,供学习参考。

监理实施细则的作用是指导本专业或本子项目具体监理业务的开展。

二、监理实施细则的编制程序与依据

1. 监理实施细则编制程序

(1)监理实施细则应在相应工程施工开始之前编制完成;

(2)监理实施细则应由专业监理工程师编制。

2. 监理实施细则编制的依据

(1)已批准的监理规划;

(2)与专业相关的规范、标准、设计文件和技术资料;

(3)施工组织设计。

3. 监理实施细则的主要内容

(1)专业工程的特点;

(2)监理工作的流程;

(3)监理工作控制要点及目标值;

(4)监理工作的方法及措施。

监理实施细则的内容应体现出针对性强、可操作性强、便于实施的特点。

附例 6-1　某公路工程沥青面层施工监理实施细则

1　总则

沥青面层是位于基层上最重要的路面结构层,是直接承受车轮荷载和大气自然因素作用的结构层,应具有平整、坚实、耐久以及抗车辙、抗裂、抗滑、抗水害等方面的综合性能。为有效控制路面面层的施工质量,监理组特制订本实施细则。

2　施工前准备工作

2.1　准备工作

2.1.1　监理组试验工程师对原材料进行源头控制并督促承包人按规定频率自检,同时对进场原材料进行抽检,不合格材料应立即清场。

2.1.2　施工机械设备和质量检测仪器的检查。

(1)道路工程师应认真检查承包人配备的主要机械数量、性能及配套施工能力,使之至少能满足一个作业点每日连续施工作业及施工质量和工期的要求,如果不能满足,应及时要求承包人增加或更换设备。

(2)试验工程师和测量工程师要检查承包人的检测设备,使之满足工程施工质量和施工进度的要求,同时要维护和保养监理组的检测设备,以满足日常工作需要。

(3)承包人拌和场的粗、细集料的存放场地必须进行硬化处理,并设有排水设施,细集料要求备有防雨措施,填料要堆放在仓库内,并有防潮措施。

(4)进场的原材料必须插有标签进行识别,主要包括原材料名称、产地、进场日期、数量、检验是否合格等。

(5)拌和场的沥青混合料配合比牌子应明确设计配合比。

(6)沥青混凝土应采用间歇式拌和机拌和,并配有拌和过程中能逐盘打印沥青及各种矿料用量和拌和温度的装置。

2.2　沥青混凝土配合比设计的审查和验证

承包人必须进行完善的沥青混凝土配合比设计，热拌沥青混合料的配合比设计应遵循目标配合比设计、生产配合比设计、生产配合比验证三个阶段进行。承包人在按上述三个步骤进行配合比设计外，还应形成目标配合比和生产配合比设计的文件，报监理组审查。监理组试验工程师要对承包人提交的目标配合比和生产配合比进行验证试验，形成目标配合比设计和生产配合比设计验证报告，报监理组长批复。

3　施工过程控制

3.1　试铺试验路段

3.1.1　下承层的检查。

(1)沥青下面层铺筑前，现场监理应对下封层的完整性和清扫工作进行检查。对局部基层外露和下封层宽度不足的部分应按下封层施工要求进行补铺；对表面泥土、砂浆、杂物及浮动矿料、灰尘也应清扫干净。

(2)沥青中、上面层施工前，现场监理应督促承包人将下、中面层清扫干净，完工相隔时间较长的，清扫干净后可根据业主要求喷洒适量的黏层沥青。

(3)各面层施工前，应保持施工摊铺段表面干燥。

3.1.2　试铺段申请的审批。目标配合比和生产配合比得到确认后，承包人可以铺筑面层试验段，但必须报试验段申请，监理组及时审查承包人的试铺申请，当使用的原材料、施工机械、检测设备、测量放样以及施工方案均能满足要求时，监理组长签认后可进行试铺。

3.1.3　通过试铺应确定以下内容，为正式施工提供依据：

(1)混合料的配合比；

(2)混合料的松铺系数；

(3)摊铺机的摊铺速度；

(4)碾压段落的长度以及碾压顺序和方法；

(5)施工组织以及管理体系和质保体系；

(6)前、后场通信联系方式。

3.1.4　试铺总结及开工申请的检查。试铺结束后，近检验各项技术指标符合要求，承包人立即提交试铺总结报告，并上报《分项工程开工申请》，经监理组审查、监理组长批复后报总监批准认可，作为正式开工依据。

3.2　施工过程检查

3.2.1　施工现场的检查。

(1)测量工程师应在沥青混凝土摊铺前，对沿线的导线点、水准点进行复核，检查施工段钢丝绳的高程及边线宽度。

(2)现场监理对施工段落的下承层进行检查，表面要干净无浮灰、干燥无积水。

(3)中、下面层摊铺宜采用钢丝绳引导的高程控制方式，钢丝拉力应大于800N；上面层宜采用摊铺层前后保持相同高差的雪橇式摊铺厚度控制方式。

(4)沥青混凝土面层施工宜采用两台性能良好的摊铺机一前一后相距10～30m梯队作业，相邻两幅的摊铺应有5～10m的宽度重叠。

(5)每天施工前，摊铺机的振动熨平板要预热至少30min。施工缝立面要涂有乳化沥青以

利于混合料的粘结。

(6)沥青混合料必须缓慢、均匀、连续不间断地摊铺。摊铺过程中不得随意变换速度或中途停顿。摊铺机螺旋送料器应匀速转动，与摊铺机前进的速度一致，始终使熨平板前面的混合料保持在送料器高度的2/3。

(7)现场监理要检查摊铺后粗、细集料分布均匀性和松铺厚度，如果出现少量局部混合料离析现象，应派专职人员进行处理；较多时应及时分析原因予以纠正。同时严禁无关人员在摊铺后热料上行走。

(8)运输车要用篷布覆盖，用以保温、防雨、防污染，并检查料车进场、摊铺、初压、复压、终压时的温度，使之符合有关规范或指导意见的要求。

(9)料车进场后，要有专职人员指挥停放、卸料。料车卸料时严禁撞击摊铺机，应将料车在摊铺机前10～30cm处停稳并挂空挡，靠摊铺机推力前进。

(10)为减少摊铺后混合料离析，卸载后空车和料车交换要迅速及时，摊铺机前料斗中不能空料。

(11)检查摊铺机的震级及碾压的方式、方法，并注意振动压路机的振幅频率。碾压段落要有明显的标志，避免碾压如有沾轮现象时，可向碾压轮洒少量水和加洗衣粉水，严禁洒柴油。压路机在左右过程中，应将驱动轮面向摊铺机，并严禁制动。

(12)摊铺遇雨时，应立即停止施工，并清除未压成型的混合料。遭受雨淋的混合料应废弃，不得用于施工，当气温低于10℃时不宜摊铺热料沥青混凝土。

3.2.2　后台质量控制。沥青拌和场(后台)是控制沥青混合料质量的关键，为确保每一盘生产的混合料都符合质量要求，监理组在每一个拌和楼都安排一名试验员，注意检查以下内容：

(1)密切注意承包人在拌和过程中的进料情况，并按规定频率抽检，发现问题应及时向试验工程师报告。

(2)按有关要求，严格控制沥青、集料的加热温度，控制混合料的拌和时间，记录和检查料车出场的料温。

(3)为保证沥青混合料质量，拌和机回收的粉料，不得采用，并注意清理和堆放。

(4)拌和场混合料的储料仓要有一定容量，且储料时间不得超过72小时。

(5)注意检查混合料拌和的均匀性和色泽，并按规定频率做马歇尔试验和抽提筛分试验。

3.2.3　中间检验。施工结束后，应对以下内容进行检查：

(1)督促承包人对已成型的段落进行自检。

(2)试验工程师应对已成型的段落的厚度、压实度、平整度进行抽检，并出具抽检报告。

(3)测量工程师应逐层对中线平面偏位、纵断高程、宽度、横坡度进行检查，并出具抽检报告。

4　试验

(1)按规定频率现场采样进行马歇尔试验及抽检筛分试验。

(2)抽检现场成型的压实度、厚度。

(3)沥青、粗细集料、填料的质量抽检。

5　监理日记记录的内容

包括：施工日期、桩号、施工迄止时间、机械运行状况、下层清扫情况、松铺厚度、混合料摊铺均匀性、施工缝处理情况、其他异常情况及处理方法。

三、监理大纲、监理规划、监理实施细则三者之间的关系

监理大纲、监理规划、监理实施细则是相互关联的，都是工程监理工作文件的组成部分，它们之间存在着明显的依据性关系：在编写监理规划时，一定要严格根据监理大纲的有关内容来编写；在制订监理实施细则时，一定要在监理规划的指导下进行。

一般来说，监理单位开展监理活动应当编制以上工作文件。但这也不是一成不变的，就像工程设计一样。对于简单的监理活动只编写监理实施细则就可以了，而有些建设工程也可以制订较详细的监理规划，而不再编写监理实施细则。三者间的区别如表6-10所示。

监理大纲、监理规划、监理实施细则的主要区别 表6-10

文件名称	编制对象	编制人	编制时间和目的	编制主要内容		
				为什么做？	做什么？	如何做？
监理大纲	整个项目	经营部门	在项目监理招标阶段编制；使建设单位信服本监理单位能胜任该项目监理工作	●	○	○
监理规划	整个项目	项目总监	在签订项目监理合同后编制；用于指导项目监理的全部工作	○	●	●
监理细则	分部（项）工程	各专业监理工程师	在完善项目监理组织，确定专业监理工程师职责后编制；用于具体指导实施各专业监理工作	○	●	○

注：●代表编制的重点内容；
○代表编制的非重点内容。

•第四节 工地会议•

工地会议是指在合同管理中，由监理工程师主持召开的会议。工地会议是做好监理工作的一种有效措施。由于会议的任务不同，工地会议通常包括第一次工地会议、工地例会和专题工地会议三种形式。第一次工地会议的任务是介绍监理工程师和承包人双方人员和办事机构，制订行政例行程序，检查开工前的各项准备工作，宣布承包人的工程进度计划等。开好这次会议，对于工程能否按期开工和开工后持续顺利地施工影响很大。工地例会的任务是解决施工中有关工程进度、工程质量、工程费用以及延期索赔等问题。专题工地会议是由双方指派的人员对当日或短期内施工中存在的问题和接下来的工作安排进行协调，便于互通信息，相互协调搞好工作。第一次工地会议和工地例会，都必须有正式的会议议程，一定格式的详细会议记录，会议记录一旦被监理工程师和承包人认可，就成为正式文件，对双方均具有约束力。如遇特殊问题，可单独行文通知承包人参加专题工地会议，共同协商解决问题的办法，这种会议同样要做出双方一致认可的会议记录。根据记录形成会议纪要，成为合同文件的一部分。通过以上各种会议，监理工程师和承包人都可以及时掌握工程进度以及影响工程进度和质量的

各种不利因素，共同协商，采取措施，解决施工中存在的任何问题，这对确保合同顺利执行有着很大作用。

一、第一次工地会议

第一次工地会议是承包人、监理工程师进入工地后的第一次会议，是业主、承包人、监理工程师建立良好合作关系的一次机会。第一次工地会议宜在正式开工前召开，并应尽早举行。会议的组织由监理工程师单位负责，监理工程师应事前将会议议程及有关事项通知业主、承包人及有关方面，必要时可先召开一次预备会议，使参加会议的各方做好资料准备。在会议期间，如果某些重大问题达不到目的要求，可以暂时休会，待条件具备时再行复会。

1. 参加人员

第一次工地会议应由监理工程师主持，业主、承包人的授权代表必须出席会议，各方将要在工程项目中担任主要职务的部门（项目）负责人及指定分包人也应参加会议。

2. 会议的主要内容

1）介绍人员及组织机构

业主或业主代表应就其实施工程项目期间的职能机构、职责范围及主要人员名单提出书面文件，并就有关细节做出说明。

总监理工程师应向监理工程师代表及高级驻地监理工程师授权，并声明自己仍保留哪些权力；书面将授权书、组织机构框图、职责范围及全体监理人员名单提交承包人，并报业主备案。

承包人应书面提出工地代表（项目经理）授权书、主要人员名单、职能机构框图、职责范围及有关人员的资质材料，以取得监理工程师的批准；监理工程师应在本次会议中进行审查并口头予以批准（或有保留的批准），会后正式予以书面确认。

2）监理工程师介绍施工施工组织设计的审批情况

承包人的施工施工组织设计应在中标通知书发出后合同规定的时间内提交给监理工程师。在第一次工地会议上，监理工程师应就施工组织设计审批做出如下说明：施工施工组织设计可于何日批准或哪些分项已获得批准；根据批准或将要批准的施工组织设计，承包人何时可以开始哪些工程施工，有无其他条件限制，有哪些重要的或复杂的分项工程还应单独编制施工组织设计提交批准。

3）承包人介绍施工准备情况

承包人应就施工准备情况按如下内容提出陈述报告，监理工程师应逐项予以澄清、检查和评述。

（1）主要施工人员（含项目负责人、主要技术人员及主要机械手）是否进场或将于何日进场，并应提交进场人员计划及名单。

（2）用于工程的材料、机械、仪器和设施是否进场或将于何日进场，是否将会影响施工，并应提交进场计划及清单。

（3）用于工程的本地材料来源是否落实，并应提交料源分布图及供料计划清单。

（4）施工驻地及临时工程建设进展情况如何，并应提交驻地及临时工程建设计划分布和布置图。

（5）工地试验流动试验室及设备是否准备就绪或将于何日安装就绪，并应提交试验室布置、流动试验室分布图及仪器设备清单。

(6)施工测量的基础资料是否已经落实并经复核,施工测量是否进行或将于何日完成,并应提交施工测量计划及有关资料。

(7)履约保函和动员预付款保函及各种保险是否已办理或将于何日办理完毕,并应提交有关已办理手续的副本。

(8)为监理工程师提供的住房、交通、通信、办公等设备及服务设施是否具备或将于何日具备,并应提交有关计划安排及清单。

(9)其他与开工条件有关的内容及事项。

4)业主说明开工条件

业主代表应就工程占地、临时用地、临时道路、拆迁、工程支付担保情况以及其他开工条件有关的问题进行说明;监理工程师应根据批准或将要批准的施工进度计划的安排,对上述事项提出建议及要求。

5)监理工程师明确施工监理例行程序

监理工程师应沟通与承包人的联系渠道,明确工作例行程序并提出有关表格及说明,一般应包括:质量控制的主要程序、表格及说明;施工进度控制的主要程序、图表及说明;计量支付的主要程序、报表及说明;延期与索赔的主要程序、报表及说明;工程变更的主要程序、图表及说明;工程质量事故及安全事故的报告程序、报表及说明;函件往来传递交接程序、报表及说明;确定施工过程中工地会议举行的时间、地点及程序等。

二、工地例会

工地例会属于开工后举行的一种经常性会议,用于解决施工中存在的问题。工地例会由监理工程师主持,宜每月召开一次,具体时间间隔可由监理工程师根据施工中存在的问题程度决定,工地例会应在开工后的整个活动期内定期举行。

1. 参加人员

会议参加者应为高级驻地监理工程师及有关助理人员,承包人的授权代表、指定分包人及有关助理人员,业主代表及有关助理人员。

2. 会议的主要内容

会议按既定的例行议程进行,一般应由承包人逐项进行陈述并提出问题与建议;监理工程师逐项组织讨论并做出决定或决议的意向。会议一般应按以下议程进行讨论和研究:

1)确认上次会议记录

可由监理工程师的记录人对上次会议记录征询意见,并在本次会议记录中加以修正。

2)审查工程进度

主要是关键线路上的施工进展情况及影响施工进度的因素和对策。

3)审查现场情况

主要是审查现场机械、材料、劳力的数额以及对进度和质量的适应情况,并提出解决措施。

4)审查工程质量

主要针对工程缺陷和质量事故,就执行标准控制、施工工艺、检查验收等方面提出问题及解决措施。

5）审查工程费用事项

主要是材料设备预付款、价格调整、额外的暂定金额等发生或将要发生的问题及初步的处理意见或意向。

6）审查安全事项

主要是对发生的安全事故或隐藏的不安全因素以及对交通和民众的干扰提出问题及解决措施。

7）讨论施工环境

主要是承包人无力防范的外部施工阻挠或不可预见的施工障碍等方面的问题及解决措施。

8）讨论延期与索赔

主要是对承包人提出延期或索赔的意向进行初步的澄清和讨论，另按程序申报并约定专门会议的时间和地点。

9）审议工程分包

主要是对承包人提出的工程分包的意向进行初步审议和澄清，确定进行正式审查的程序和安排，并解决监理工程师已批准（或已批准进场）分包中管理方面的问题。

10）其他事项

会议中若出现延期、索赔及工程事故等重大问题，可另行召开专门会议协调处理。

三、专题工地会议

在整个施工活动期间，根据工程的需要，及时召开不同层次的专题工地会议。会议应由监理工程师主持，承包人或代表出席，有关监理人员及施工人员酌情参加。会议只对近期施工活动进行证实、协调和落实，对发现的施工质量问题随时予以纠正，对其他重大问题只是提出而不进行讨论，另外召开专门会议或在例行工地会议上进行研究处理。会议的主要内容包括：承包人报告近期的施工活动，提出近期的施工计划安排，简要陈述发生或存在的问题；监理工程师就施工进度和施工质量予以简要评述，并根据承包人提出的施工活动安排，安排监理人员进行旁站、工序检查、抽样试验、测量验收、计算测算、缺陷处理等施工监理工作；对执行施工合同有关的其他问题交换意见。

专题工地会议以协调工作为主，讨论和证实有关问题，及时发现问题，一般对出现的问题不做出决议，重点只对日常工作发出指令。监理工程师和承包人通过专题工地会议彼此交换意见，交流信息，促使监理工程师与承包人双方保持良好的关系。

第五节　监理报告制度

建立健全工程监理的报告制度，及时向业主反映和汇报合同执行和项目实施的情况是日常监理工作的重要内容，同时也是反映监理工作成效和业主考核监理工作的重要依据。

一、监理报告的种类

驻地监理工程师办公室应实行监理工作报告制度，定期向业主（代表）、总监代表处报送各种工作报告,报表和台账。

1. 报告

(1)监理工作月报;

(2)试验工作月报;

(3)工程进度快报;

(4)监理工作季度报告;

(5)监理工作年总结报告;

(6)工程监理报告。

2. 各种报表

(1)工程形象进度表;

(2)工程计量支付汇总表;

(3)各合同段检验、试验工作报表;

(4)各合同段主要人员机械设备到位情况报表;

(5)计划完成情况汇总表;

(6)工程变更汇总表。

3. 工程台账

(1)计量支付台账;

(2)变更台账;

(3)安全管理台账;

(4)试验台账;

(5)监理验收台账;

(6)监理旁站台账。

二、工程监理月报

监理工程师应根据工程进度情况、财务状况、存在的问题,每月以报告书的格式向业主报告。月报所陈述的问题包括已存在的或将对工程造价、质量及工期产生实质性影响的事件,报告使业主的有关部门对工程现状有一个比较清晰的了解。报告书中对进度比原定计划落后的分项工程和细目,说明延迟的原因以及挽回这种局面已采取或将要采取的措施。报告还包括施工单位主要职员和监理工程师主要人员的变动情况,已完成的主要分项工程和细目等。

监理月报的主要内容包括:工程概况、认可的分包人及供应人、工程质量、工程进度、费用支付及合同管理情况、监理工作执行情况、合理化建议、小结和附录。现以附例6-2对监理月报加以说明。

附例6-2　某工程第13期监理月报(附件略)

1　工程概况

主要说明工程名称、勘察设计单位、施工单位和建设单位。

2　本月工程形象进度

以图表形式反映本月计划完成投资和本月实际完成投资情况。

3 工程进度

3.1 本期实际完成情况与计划进度比较

本期计划完成工作量436万元，实际完成342万元，占计划的78%，比计划少22万元。

3.2 对进度完成情况及采取措施效果的分析

本月该合同段进度滞后，路基边坡防护开工面少，施工力量不足；桥梁墩柱进度缓慢，严重偏离计划目标；隧道出口掘进现已完成塌方抢险，进口正准备明洞施工，受主、客观因素影响，完成6月目标已十分困难。以上情况驻地监理已多次提醒和督促，由于承包人面临的资金压力和组织管理上存在的问题，仍无法掀起施工高潮。

4 工程质量

4.1 本期工程质量情况分析

现场施工质量基本正常，预制梁板存在工艺上的技术问题已解决，可以恢复正常施工，隧道在完成进口准备和出口塌方处理过，月底可恢复正常施工。路基防护工程施工质量较好，但填方施工存在问题较多，急需整改。

4.2 本期采取的工程质量措施及效果

(1)严控制构造物基坑和沟槽开挖的尺寸检查；

(2)严格进行填方插杆挂线和压实度检测；

(3)加强预制场的现场监理力度，及时纠正施工中的不良操作；

(4)按业主要求即时做好变更资料的签审工作。

5 工程计量与工程款支付

5.1 工程量审核情况

该合同段存在许多已定方案，但资料未上报或审批的变更资料不完善，现已严重影响计量工作。

5.2 工程款审批情况及月支付情况

5.3 工程款支付情况分析

本月未收到支付月报。

5.4 本月采取的措施及效果

督促承包人抓紧计量支付工作，按时上报月支付报表。

6 合同其他事项的处理情况

6.1 工程变更

本期共审核变更完善资料3份，变更完成金额为21.7万元。

6.2 工程延期

本期未收到延期文件报告

6.3 费用索赔

本期承包人应向业主支付质量罚金4000.00元。

7 本月监理工作小结

7.1 对本月进度、质量、安全等方面情况的综合评价

通过检查，本月该标段进度仍然较慢，在施工黄金季节尚未形成大干快上的施工高峰，如不及时采取措施，6月目标将无法实现。施工面较少，施工质量基本正常，下一步应主要控制

桥梁预制梁板施工和隧道超前支护施工质量，洞内掘进，施工单位必须尽快做好和完善通风工作，确保施工安全。

7.2 本月监理工作情况

针对现场出现的问题，驻地办召开两次会议，在加强业务学习的同时，进一步明确各监理人员的职责权限，监理工作效果有所提高。

7.3 有关本工程的意见和建议

(1)建议项目部及时采取措施，督促各施工队加快进度。

(2)针对隧道工程，建议业主在材料供应、资金等方面适当倾斜，确保隧道正常、有序施工。

7.4 下月监理工作的重点

(1)下月质量监控的关键是桥梁梁板预制，墩柱浇注，隧道超前支护和掘进控制。

(2)督促承包人做好质量抽检和控制测量工作，外购材料的验证试验，混凝土强度抽检，隧道围岩位移，锚杆抗拔力试验等。

(3)认真做好进度监理工作，采取必要手段从细部入手，督促承包人加快进度。

(4)采取积极有效的措施，加大现场监管力度。

三、工程监理报告

工程监理报告，也称监理工作总结，一般由监理工作总结和质量监理总结两部分组成。工程监理报告是对工程施工监理工作的全面总结，说明监理工程师对监理合同的履行情况，实施监控的措施和达到的效果，以及对工程运营和养护提出建议，内容包括：

(1)工程基本概况。

(2)监理组织机构及工作起、止时间。

(3)关于工程质量、进度、费用监理和合同管理的执行情况。

(4)分项、分部、单位工程质量评估(包括缺陷责任期中发现的质量问题及处理措施)。

(5)工程费用分析。

(6)对工程建设中存在的问题的处理意见和建议。

(7)照片或录像。

• 第六节　文件与资料管理 •

一、监理记录

监理记录是监理工作的基础工作。建立健全监理记录是进行质量监理、进度监理和费用监理的重要环节，也是体现监理工作质量的重要依据。

一套全面、系统、完善、科学的监理记录，不仅可以反映出工程质量情况、工程进度情况、工程费用情况和施工单位的资金周转情况，还可以及时发现施工过程中存在的问题。为了工程保质保量完成，以及为工程费用的合理使用提供依据，监理记录既是监理工程师内部行政管理的工具，又是监督施工单位依照合同办事的重要依据。

1. 原始记录

原始记录主要是工程完成情况的记录。原始记录主要包括：

1）工地会议记录

各类会议记录主要有第一次工地会议、工地例会、专题工地会议的会议记录等。

2）监理日志

监理日志通常也称监理日记，它是监理人员每日工作内容的一种记录形式，监理工程师应该每日填写监理日志。监理日志应采用统一的格式，一般主要记录以下内容：

（1）施工单位当日所完成的工作及开始和结束时间。

（2）施工的质量情况。

（3）当日所完成的工程量在分项工程中所占的比重。

（4）发生工程延误的原因。

（5）监理工程师对施工单位的口头和书面指令。

（6）工地上发生的纠纷和解决的方法方案、最终的结果。

（7）工地上出现的各类事故的详细情况。

（8）遇到的与工程有关的特殊问题。

（9）施工单位施工机械、设备的运送和转移，投标书中承包人机械设备的到场、使用、完成和撤离情况。

（10）分包人的工程情况；承包人和分包人的现场管理人员出勤情况；业主或其他有关人员、代表参观工地的有关细节，在现场所发出的指示、指令，与监理工程师的口头协议；有关工程进度的问题等。

监理日志一般均应每月上交监理工程师一份，并由监理工程师写出评语。

3）天气记录

天气记录主要内容有：

（1）当日的最高、最低气温。

（2）风力风向。

（3）降雨降雪量及持续时间。

（4）其他特殊天气（如霜降、冰冻、雾等）情况。

（5）因天气变化而延误的工作时间等。

（6）其他有关记录（如水文等）。

如果工地范围大、气候条件存在较大的不同时，应选择几个有代表性的地点进行实际天气观测。

4）监理月报（详见本章第五节）

5）向施工单位发出的指令

向施工单位发出的指令常采用以下形式：

（1）正式函件。监理工程师向施工单位发出的任何指令（特别是重要的指示）应当采用正式函件的形式下达。

（2）口头指令。在工程实际中，尤其是在现场，口头指令较为常见。当发出口头指令后，应做好记录，所有的口头指令，均应在事后用书面指令的形式予以确认。

6)提供给施工单位的图纸

任何提供给施工单位的图纸(包括草图)均应做出详细的记录,以免遗漏而延误工程,造成施工单位的索赔。同时,所有的图纸均应有副本,以归档备查。

7)施工单位的报告和通知

施工单位的例行报告和报表,以及在日常工作中的各种函件、通知、报告均是工程原始记录,均应做好记录。

2. 工程计量及财务支付记录

计量记录主要是记录工程计量和财务支付金额,因此计量记录必须以计量结果为准。计量记录主要记录以下内容:

(1)根据合同条件、技术规范,哪些内容符合计量要求,哪些已经计量,计量结果如何,哪些尚未计量,因何原因未计量。

(2)哪些计量内容已经签发支付证书,哪些内容尚未签发。

(3)需扣回的工程细目和扣回金额。

监理工程师应将施工单位每月的工程计量文件和由建设单位批复的支付文件归档并进行累计,为监理工程师进行统计和分析提供依据。

3. 质量记录

质量记录主要包括试验记录、样品记录、测量记录、验收记录等。

1)试验记录

试验记录是对按照有关合同文件、技术规范等规定的试验项目与相应的试验结果的记录,是监理工程师对工程质量进行评定的重要依据,也是监理工程师在监理过程中,指导自己并监督施工单位的重要依据。试验记录又可分为以下几种记录:

(1)验证试验记录。是对材料或成品构件进行预先鉴定,以决定是否可以用于工程的试验记录。

(2)标准试验记录。是对各项工程的内在品质进行施工前的数据采集,包括各种关系试验、集料的级配试验、混合料的配合比试验、结构的强度试验结果等记录,它是控制和指导施工的科学依据。

(3)工艺试验记录。是对依据技术规范,在工程开工前对路基、路面及其他需要通过预先试验方法能正式施工的分项工程预选进行的试验结果的记录,它是全面指导施工单位施工的依据。

(4)抽样试验记录。对各项工程实施中的实际内在品质进行符合性检查,包括各种材料的物理性能、混凝土的强度等测定和试验结果的记录。

(5)验收试验记录。对各项已完工程的实际内在品质做出评定的成果记录。

2)样品记录

样品记录与抽样试验记录不同,样品记录主要用于对试验抽取样品的登记。样品记录一般均有标准的表格,记录样品的数目、来源、取样地点、取样深度、取样方法、容器、取样日期、样品将试验的项目和其他有关样品或试验中应注意事项的说明。样品记录一般均比较简洁明了,并且容易保存。

3)测量记录

测量记录主要包括以下内容:

(1)向施工单位提供准确无误的原始基准点、基准线的基准高程,并对施工单位的定线控制测量进行监督检查和认定的记录。

(2)在各项工程开工之前,对施工单位的施工放线测量进行监督检查和认定的记录。

(3)在各项工程的施工进行中,对控制工程线的位置、高程和尺寸的环节进行监督、检查和认定的记录。

(4)在各分项工程、分部工程、工程段落或总体工程项目的完工和竣工验收时进行测量检查,汇总并提出各项工程的测量误差成果资料的记录。

4)验收记录

主要是指归档各类工序质量检验验收单,并进行分类,为监理工程师进行质量控制和进行计量工作提供依据。监理记录在工程验收后应归类整理,作为项目竣工资料的重要组成部分。

二、监理档案管理

1. 监理档案构成

1)合同文件档案。

(1)施工监理服务协议书。

(2)施工合同协议书(含问题澄清)、投标书、招标文件(含补遗书等)以及施工招标、施工合同有关资料。

2)日常资料分类

按工程监理控制目标,监理资料可分为以下五类:

(1)质量控制资料。检验、试验以及有关质量的监理指令。

(2)进度控制资料。总体进度计划,旬、月度计划及其完成情况,进度计划调整资料以及有关计划的监理指令。

(3)费用控制资料。工程量统计、计量与支付、工程费用变更资料以及有关费用控制的监理指令。

(4)合同管理资料。有关工程分包、变更、索赔、延期的来往文件,监理月报和相关监理指令。

(5)监理内部管理资料。规章制度、监理费用、工作考核、奖惩等。

3)竣工文件

按照交通部《关于贯彻公路工程交竣工验收办法有关事宜的通知》中的竣工资料目录的规定,竣工资料中监理的档案资料目录如下:

(1)监理管理文件。

(2)工程质量控制文件。

①质量控制措施、规定及往来文件;

②材料试验、检测资料;

③监理独立抽检资料;

④交工验收工程质量评定资料。

(3)工程进度计划管理文件。

(4)工程合同管理文件。

(5)其他文件。

(6)其他资料。监理日志,会议记录、纪要,工程照片,音像资料,监理机构及人员情况,各级监理人员的工作范围、责任划分、工作制度。

2. 监理档案管理的注意事项

1)明确职责,协调配合

监理组织机构应建立资料、文件管理制度,明确档案管理要求,设资料、文件管理岗位,配备专职或兼职人员,承担全工程监理资料档案管理工作,定期督促检查承包人的内业管理,完善监理机构内部文件资料的管理,组织审查承包人提交的竣工文件。各级监理人员应管理职责范围内的资料,独立存档。部门之间建立资料借阅记录台账。

2)加强督促检查,规范档案管理

通过检查、考核、交流等办法,加强监理内业管理和监督。定期按照监理资料、文件管理的统一要求,对文件资料内容、准确性、及时性和外观质量等方面检查评价,发现问题及时提示和整改,不断规范管理。

3)学习业务,提高管理水平

监理档案管理是一门专业技术。要组织人员学习档案管理知识,特别应向档案管理部门学习或咨询,改进管理,提高理论水平。

3. 监理表式管理

监理表式是监理档案的组成部分,它的规范化、标准化是监理工作有秩序进行的基础,是监理信息科学化管理的一项重要内容 。

1)监理表式构成

监理表式分为五大部分:监表、支表、检表、试表和评表。

(1)监表。监表是监理工程师在履行监理职责进行工程监控时使用的表格。

(2)支表。支表是进行工程计量和支付申请和审批的用表。

(3)检表和试表。检表和试表主要是供承包人自检使用的表格,监理工程师也可以此做旁站监理记录和抽查检验使用。

(4)评表。评表是工程项目中间或全部交工后,将检表和试表的结果汇总,按照《公路工程质量检验评定标准》规定对分项评定,对分部、单位工程和整个工程质量进行评定的用表。

2)监理表式的制订和修订程序

(1)在工程准备阶段,监理机构应依据《公路工程监理规范》的要求组织编制监理表式。表式应规范、标准、齐全、适用,以信息管理部门为主,其他技术、试验部门协助共同编制,最迟于工程开工前完成。

(2)在第一次工地会议上监理工程师应向承包人印发监理表式,说明编制要求、提交程序、份数、范围、时限等。

(3)监理工程师应针对使用监理表式不符合规定的情况向监理人员或承包人做进一步解释,并听取对表式的反馈意见,适时对监理表式进行修订或补充。

(4)对于因某些情况变化已不适用于实际的表式,应及时修订和补充,进一步完善表式系统。

·第七节 竣工文件的编制·

公路工程竣工文件是基本建设的历史档案和重要技术资料,是国家科技档案的重要组成部分。我国基本建设程序规定,在工程竣工后、验收前,应做好技术资料的整理和竣工图纸的绘制工作。国家档案局规定:凡按批准的设计文件所规定的内容新建、扩建的基本建设项目(工程)和技术改造项目的竣工验收工作均应包括对档案的验收。《公路法》中亦明确指出:公路建设项目竣工后,应按国家有关规定进行验收。做好竣工文件的编制工作,不仅是竣工验收及使用、管理、养护、改扩建的需要,而且对今后公路的发展也具有重要的借鉴作用。

一、竣工文件构成体系

竣工文件由五部分组成,各部分内容如下:

第一部分 综合文件

一、竣(交)工验收文件

1. 竣工验收文件

2. 交工验收文件

3. 各参建单位总结报告

二、单项工程验收文件

1. 机电工程验收文件

2. 房建工程验收文件

3. 环保工程验收文件

4. 档案验收文件

三、建设依据及上级有关指示

1. 项目建议书及批准文件

2. 工程可行性研究报告及批准文件

3. 水土保持批准文件

4. 环境影响评价及批准文件

5. 文物调查、保护等文件

6. 初步设计文件及审批文件

7. 施工图设计文件及审批文件

8. 设计变更文件及批准文件

9. 设计中重大技术问题来往文件、会议纪要

10. 上级单位有关指示

四、征地拆迁资料

1. 征地拆迁合同协议

2. 征地批文

3. 征用土地数量一览表

4. 占地图及土地使用证

5. 拆迁数量一览表

五、工程管理文件

1. 招标文件

2. 投标文件、评标报告

3. 合同书、协议书

4. 技术文件及补充文件

5. 建设单位往来文件

6. 其他文件及资料

第二部分　决算和审计文件

一、支付报表

二、财务决算文件

三、工程决算文件

四、项目审计文件

五、其他文件

第三部分　监理资料

一、监理管理文件

二、工程质量控制文件

1. 质量控制措施、规定及往来文件

2. 材料试验、检测资料

3. 监理独立抽检资料

4. 交工验收工程质量评定资料

三、工程进度计划管理文件

四、工程合同管理文件

五、其他文件

六、其他资料

(监理日志,会议记录、纪要,工程照片,音像资料,监理机构及人员情况,各级监理人员的工作范围、责任划分、工作制度)

第四部分　施工资料

一、竣工图表

1. 变更设计一览表

2. 变更图纸

3. 工程竣工图

二、工程管理文件

三、施工质量控制文件

(一)工程质量文件

1. 工程质量往来文件

2. 工程质量自检报告及工程质量检验评定资料

3. 安全质量事故及处理情况报告、补救后达到要求的认可证明文件

4. 桥梁竣工验收荷载试验报告

5. 桥梁基础、梁的预制等强度、完整性检验资料

6. 施工中遇到的非正常情况记录、处理方案、施工工艺、质量检测记录及观察记录、对工程质量影响分析

7. 交工验收施工单位的试验、检测、评定资料

（二）试验、检测报告

1. 各种原材料试验报告

2. 混凝土、砂浆配合比试验报告

3. 原材料、外购成品、半成品抽检、试验资料

4. 击实试验报告

5. 路面结构层配合比设计报告

6. 外购材料（产品）合格证书及检验报告、质量鉴定报告

7. 机电设备、监控设备成品合格证、试验、调试记录

（三）施工原始资料

（Ⅰ）路基工程

1. 路基土石方工程

（1）地表处理资料；

（2）不良地质处理方案、施工资料、检测资料；

（3）分层压实资料；

（4）路基检测、验收资料；

（5）分段资料汇总。

2. 构造物及防护工程

（1）基坑开挖、处理试验、检测资料；

（2）各工序施工记录、检测、试验资料；

（3）成品检测资料；

（4）砂浆（混凝土）强度试验。

3. 小桥工程

（1）基坑处理、检查记录；

（2）基础处理、检查、试验记录；

（3）各分项施工检查、施工、试验记录；

（4）质量检查记录。

4. 排水工程

（1）各工序施工、检测记录；

（2）砂浆、混凝土强度试验资料；

（3）成品检查记录；

（4）分段质量检测资料汇总。

5. 涵洞工程

（1）基坑开挖、处理记录；

(2)各工序施工、检查记录资料;
(3)砂浆、混凝土试验资料;
(4)成品检查资料。
(Ⅱ)路面工程
1. 压实度检测资料
2. 强度检测、试验资料
3. 材料配合比检测、试验资料
4. 各工序施工检测记录
5. 检查资料汇总
(Ⅲ)桥梁工程
1. 基坑开挖、处理施工记录、检查资料
2. 基础施工检查资料,桩基检测资料
3. 现浇构件施工、检测、试验资料
4. 预制构件施工、检验资料
5. 预应力张拉、压浆检查资料
6. 外购件检查记录
7. 按施工工序各中间环节检查记录
8. 混凝土、砂浆强度试验资料
9. 各部位检查、验收资料
10. 引道工程、防护工程施工、检测、试验资料
(Ⅳ)隧道工程
1. 洞身开挖施工、检查资料
2. 衬砌施工、检验资料
3. 隧道路面工程施工、检查记录
4. 照明、通风、消防设施施工、检查记录
5. 洞口施工检查记录
6. 各种附属设施检验、施工记录
7. 各环节工序检查、验收资料
8. 隧道衬砌厚度、混凝土强度检验资料
(Ⅴ)交通安全设施
1. 各种标志牌制作安装检查记录
2. 标线检查资料、施工记录
3. 防撞护栏、隔离栅及附属设施施工、检查资料
4. 照明系统施工、检测资料
5. 各中间环节检测资料
6. 成品检测资料
(Ⅵ)收费站等房建施工资料
(房建施工资料应按建筑部门有关法规、资料编制办法管理、汇总)

(Ⅶ)收费、监控、通信系统
(收费、监控、通信系统施工、检测、验收资料应按有关行业标准整理汇总)
(Ⅷ)绿化工程等施工资料
(四)缺陷责任期资料
四、施工安全及文明施工文件
1. 安全生产的有关文件
2. 安全事故的调查处理文件
3. 文明施工的有关文件
五、进度控制文件
1. 进度计划(文件、图表)、批准文件
2. 进度执行情况(文件、图表)
3. 有关进度的往来文件
六、计量支付文件
七、合同管理文件
八、施工原始记录
1. 施工日志
2. 天气、温度及自然灾害记录
3. 测量原始记录
4. 各工序施工原始记录(未汇入施工质量控制文件的部分)
5. 会议记录、纪要
6. 施工照片、音像资料
7. 其他原始记录
第五部分　科研、新技术资料
一、科研资料
二、新技术应用资料
(批准的所有科研、新技术资料均要整理归档)

二、竣工文件编制程序

1. 前期准备工作

(1)工程准备期,制订监理表式并及时下发。

(2)明确单位、分部、分项工程的划分。单位、分部、分项工程的划分以部颁《公路工程质量检验评定标准》(JTJ F80/1—2004)为依据。对于特大桥等工程,亦可根据具体情况另行划分。在工程开工之前,监理工程师应督促承包人按合同规定并结合工程特点进行分项、分部、单位工程的划分。监理工程师审核同意分部、单位工程的划分后,报业主批准。当工程规模较大,承包人较多时,为便于统一划分口径,应由监理工程师提出划分方案建议,征求承包人意见后决定。施工期间的文件、报表按此归档。

(3)下发《竣工文件编制方法》。《竣工文件编制方法》内容应包括竣工文件构成体系和编制责任、各卷组成和使用的表格或图表、归卷要求和份数等。《竣工文件编制办法》应由业主或业主委托监理单位编制,编写完成后,应征求业主和档案管理部门的意见,最终定稿,并尽快印发给各监理机构和承包人。以两年工期为例,宜在开工后的半年内编写完成。

2. 施工期的竣工资料

监理单位和承包人的竣工文件应按《竣工文件编制办法》要求,在施工过程中逐步形成。监理工程师应在施工过程中对资料整理档案管理定期检查督促。在编制办法印发后,应和承包人就《竣工文件编制办法》的规定统一认识,明确要求,必要时应制订补充规定或组织研讨。在路基、小桥涵基本完成和路面工程完工时,应组织全面检查,审查资料的完整性、准确性以及与编制办法要求的符合性,督促监理机构和承包人对存在的问题及早整改。

3. 交工资料

工程交工资料是交工验收的必备资料,是竣工文件的基础部分。在工程交工验收之前,按照交工条件的要求,承包人和监理机构除应完成项目实施过程中的检测、试验和合同、支付等资料的汇编外,还应按编制责任完成工程项目的质量评定和各类汇总报表(如质量评定成果、工程交接表和工程总结等;编制竣工图表;完成竣工决算的基础资料;收集施工过程中的原始记录;完成各种文件的整理分类等)。

4. 竣工文件

竣工文件应在交工资料的基础上,补充缺陷责任期中完成的项目资料,必要时修订交工资料中的某些数据报表,以使资料与实际情况相符,并按照竣工文件的编制体系,将各自承担的部分进一步完善,承包人和监理工程师应于竣工验收之前 2 ~3 个月内将竣工文件提交给业主,由业主按照案卷归档的要求将全部资料统一装订组卷,编排档号和总目录。

三、竣工文件编制注意事项

1. 分包工程的竣工文件编制

因指定分包而出现施工交叉时,由分包人完成的工程资料应由分包人整理,质量评定应依据单位、分部、分项工程的划分确定是由承包人或分包人进行。竣工决算、竣工图表宜由双方共同完成。

2. 编制人员的管理

竣工文件编制人员应定人、定岗、定责,避免因中途更换人员而造成编制工作脱节。一般由负责日常管理文档的人员主持竣工文件的编制工作。

3. 分阶段实施,集中整理

在施工过程中,承包人的现场质量检查、质量验收资料必须按划分的分项、分部和单位工程收集归档。每完成一分项工程,应及时评定工程质量,并将该工程的资料(包括原始记录)按竣工文件的编制要求进行初步整理,逐步完善每一单位工程乃至全线的基础资料。施工结束时,填报编制综合类文件,再集中整理,以完全符合编制要求。

四、监理工程师在竣工文件编制中的工作

1. 审查承包人的工程决算表

竣工决算是竣工文件的重要组成部分,包括工程决算和财务决算。监理工程师的主要职责是审查承包人的工程决算。监理工程师审查的重点应放在最终支付证书、工程变更及费用

增加一览表和工程索赔一览表上。最终支付证书是由总监理工程师签发并经业主批准的最后支付证书，应与工程竣工结算单和清账书中所列的工程款一致。工程变更和索赔一览表中的项目应有相应的批准文件，数量和款额计算正确，附有关依据或证明，无漏项和重复列支，并有确认再无任何追加项目的说明。

2. 审查承包人的竣工图表

监理工程师审查竣工图表应掌握以下几个要点：

（1）竣工图、表应完整、准确，全面反映工程竣工的实际情况。

（2）各项数据如长度、宽度、厚度、高程、坡度、角度、地质情况等要与竣工部位的实际完成一致。

（3）凡竣工项目均必须有竣工图。竣工图要求图面清晰，线条、字迹、图表等工整、清楚、干净。竣工图应逐张加盖竣工图章。

（4）重点审查变更工程项目的图表。

①如果某项工程完全按照原设计图纸施工没有变化时，可利用原设计图纸，加盖竣工图章；

②在施工中如设计图无变更，仅有工程数量的变化，则仅制作竣工工程数量表装入竣工图内；

③若实际工程与原设计图不符发生工程变更，则必须重新绘制竣工图。

复习思考题

1. 简述工程监理大纲、监理规划、监理实施细则三者之间的关系。
2. 工程监理规划有何作用？
3. 编写工程建设监理规划应注意哪些问题？
4. 工程建设监理规划编写的依据是什么？
5. 工程建设监理规划一般包括哪些主要内容？
6. 监理大纲有何作用？其主要内容有哪些？
7. 工地会议的种类有哪些？第一次工地会议的作用是什么？
8. 监理在日常工作中需要上报哪些文件报表？
9. 监理月报的内容有哪些？
10. 工程监理报告的内容有哪些？
11. 监理表式由哪几部分组成？
12. 公路工程竣工文件由哪几部分构成？
13. 监理工程师在竣工文件编制中的工作内容有哪些？

附录一

公路工程施工监理招标投标管理办法

交通部令2006年第5号

第一章　总　　则

第一条　为规范公路工程施工监理招标投标活动，保证公路工程质量，维护招标投标活动各方当事人合法权益，依据《公路法》和《招标投标法》，制定本办法。

第二条　依法必须进行招标的公路工程施工监理项目，其招标投标活动应当遵守本办法。本办法所称公路工程施工监理，包括路基路面（含交通安全设施）工程、桥梁工程、隧道工程、机电工程、环境保护配套工程的施工监理以及对施工过程中环境保护和施工安全的监理。

第三条　公路工程施工监理招标投标应当遵循公开、公平、公正和诚实信用的原则。

第四条　交通部负责全国公路工程施工监理招标投标活动的监督管理。县级以上地方人民政府交通主管部门负责本行政区域内公路工程施工监理招标投标活动的监督管理工作。交通主管部门可以委托其所属的质量监督机构具体负责施工监理招标投标活动的监督管理工作。

第五条　交通主管部门应当加强对公路工程施工监理招标投标活动全过程的监督管理。

第六条　交通主管部门应当按照《工程建设项目招标投标活动投诉处理办法》和国家有关规定，建立公正、高效的招标投标投诉处理机制。任何单位和个人认为公路工程施工监理招标投标活动违反法律、法规、规章规定，都有权向招标人提出异议或者依法向交通主管部门投诉。

第七条　交通主管部门应当逐步建立公路工程施工监理企业和人员信用档案体系。信用档案中应当包括公路工程施工监理企业和人员的基本情况、业绩以及行政处罚记录。

第二章　招　　标

第八条　依照本办法进行施工监理招标的公路工程项目，应当具备下列条件：

（一）初步设计文件应当履行审批手续的，已经批准；

（二）建设资金已经落实；

（三）项目法人或者承担项目管理的机构已经依法成立。

第九条 公路工程施工监理招标人，应当是依照本办法规定提出公路工程施工监理招标项目、进行招标的公路工程项目法人或者其他组织。

第十条 招标人可以将整个公路工程项目的施工监理作为一个标一次招标，也可以按不同专业、不同阶段分标段进行招标。招标人分标段进行施工监理招标的，标段划分应当充分考虑有利于对招标项目实施有效管理和监理企业合理投入等因素。

第十一条 公路工程施工监理招标分为公开招标和邀请招标。

第十二条 公路工程施工监理应当公开招标。符合下列条件之一的项目，经有审批权的部门批准后，可以进行邀请招标：

（一）技术复杂或者有特殊要求的；

（二）符合条件的潜在投标人数量有限的；

（三）受自然地域环境限制的；

（四）公开招标的费用与工程监理费用相比，所占比例过大的；

（五）法律、法规规定不宜公开招标的。

第十三条 采用公开招标方式的，招标人应当依法在国家指定媒介上发布招标公告，并可以在交通主管部门提供的媒介上同步发布。

第十四条 公路工程施工监理招标的招标人应当对潜在投标人进行资格审查。资格审查方式分为资格预审和资格后审。资格预审是招标人在发布招标公告后，发出投标邀请书前对潜在投标人的资质、信誉和能力进行的审查。招标人只向通过资格预审的潜在投标人发出投标邀请书和发售招标文件。资格后审是招标人在收到投标人的投标文件后，对投标人的资质、信誉和能力进行的审查。

第十五条 资格审查方法分为强制性条件审查法和综合评分审查法。强制性条件审查法是指招标人只对投标人或者潜在投标人的资格条件是否满足招标文件规定的投标资格、信誉要求等强制性条件进行审查，并得出“通过”或者“不通过”的审查结论，不对投标人或潜在投标人的资格条件进行具体量化评分的资格审查方法。综合评分审查法是指在投标人或者潜在投标人的资格条件满足招标文件规定的最低资格、信誉要求的基础上，招标人对投标人或者潜在投标人的施工监理能力、管理能力、履约情况和施工监理经验等进行量化评分并按照分值进行筛选的资格审查方法。

第十六条 公路工程施工监理招标，应当按照下列程序进行：

（一）招标人确定招标方式。采用邀请招标的，应当履行审批手续。

（二）招标人编制招标文件，并按照项目管理权限报县级以上地方交通主管部门备案；采用资格预审方式的，同时编制投标资格预审文件，预审文件中应当载明提交资格预审申请文件的时间和地点。

（三）发布招标公告。采用资格预审方式的，同时发售投标资格预审文件；采用邀请招标的，招标人直接发出投标邀请，发售招标文件。

（四）采用资格预审方式的，对潜在投标人进行资格审查，并将资格预审结果通知所有参加资格预审的潜在投标人，向通过资格预审的潜在投标人发出投标邀请书和发售招标文件。

（五）必要时组织投标人考察招标项目工程现场，召开标前会议。

（六）接受投标人的投标文件。

（七）公开开标。

（八）采用资格后审方式的，招标人对投标人进行资格审查。

（九）组建评标委员会评标，推荐中标候选人。

（十）确定中标人，将评标报告和评标结果按照项目管理权限报县级以上地方交通主管部门备案并公示。

（十一）招标人发出中标通知书。

（十二）招标人与中标人签订公路工程施工监理合同。二级以下公路、独立中、小桥及独立中、短隧道的新建、改建以及养护大修工程项目，可根据具体条件和实际需要对上述程序适当简化，但应当符合《招标投标法》的规定。

第十七条　招标人应当根据施工监理招标项目的特点和需要编制招标文件，招标文件应当符合交通部部颁标准《公路工程施工监理规范》中要求强制性执行的规定。二级及二级以上公路、独立大桥及特大桥、独立长隧道及特长隧道的新建、改建以及养护大修工程项目，其主体工程的施工监理招标文件，应当使用交通部颁布的《公路工程施工监理招标文件范本》，附属设施工程及其他等级的公路工程项目的施工监理招标文件，可以参照交通部颁布的《公路工程施工监理招标文件范本》进行编制，并可适当简化。

第十八条　招标文件应当包括以下主要内容：

（一）投标邀请书；

（二）投标须知（包括工程概况和必要的工程设计图纸，提交投标文件的起止时间、地点和方式，开标的时间和地点等）；

（三）资格审查要求及资格审查文件格式（适用于采用资格后审方式的）；

（四）公路工程施工监理合同条款；

（五）招标项目适用的标准、规范、规程；

（六）对投标监理企业的业务能力、资质等级及交通和办公设施的要求；

（七）根据招标对象是总监理机构还是驻地监理机构，提出对投标人投入现场的监理人员、监理设备的最低要求；

（八）是否接受联合体投标；

（九）各级监理机构的职责分工；

（十）投标文件格式，包括商务文件格式、技术建议书格式、财务建议书格式等；

（十一）评标标准和办法：评标标准应当考虑投标人的业绩或者处罚记录等诚信因素，评标办法应当注重人员素质和技术方案。

第十九条　招标人对重要监理岗位人员的数量、资格条件和备选人员的要求，应当符合《公路工程施工监理规范》的规定。

第二十条　招标人要求投标人提交投标担保的，投标人应当按照要求的金额和形式提交。投标保证金金额一般不得超过五万元人民币。

第二十一条　招标人不得在招标文件中制定限制性条件阻碍或者排斥投标人，不得规定以获得本地区奖项等要求作为评标加分条件或者中标条件。

第二十二条　招标公告、投标邀请书应当载明下列内容：

（一）招标人的名称和地址；

（二）招标项目的名称、技术标准、规模、投资情况、工期、实施地点和时间；

（三）获取招标文件或者资格预审文件的办法、时间和地点；

（四）招标人对投标人或者潜在投标人的资质要求；

（五）招标人认为应当公告或者告知的其他事项。

第二十三条　资格预审文件和招标文件的发售时间不得少于 5 个工作日。

第二十四条　招标人应当合理确定投标人编制资格预审申请文件和投标文件的时间。采用资格预审的招标项目，潜在投标人编制资格预审申请文件的时间，自开始发售资格预审文件之日起至提交资格预审申请文件截止之日止，不得少于 14 日。投标人编制投标文件的时间，自发售招标文件之日起至提交投标文件截止之日止不得少于 20 日。

第二十五条　招标人发出的招标文件补遗书至少应当在投标截止日期 15 日前以书面形式通知所有投标人或者潜在投标人。补遗书应当向招标文件的备案部门补充备案。

第二十六条　招标人应当根据编制成本，合理确定资格预审文件和招标文件的售价。

第三章　投　　标

第二十七条　公路工程施工监理投标人是依法取得交通主管部门颁发的监理企业资质，响应招标、参加投标竞争的监理企业。

第二十八条　招标人允许监理企业以联合体方式投标的，联合体应当符合以下要求：

（一）联合体成员可以由两个以上监理企业组成，联合体各方均应当具备承担招标项目的相应能力和招标文件规定的资格条件。由同一专业的监理企业组成的联合体，按照资质等级较低的企业确定资质等级。

（二）联合体各方应当签订共同投标协议，约定各方拟承担的工作和责任，并将共同投标协议连同投标文件一并提交招标人。联合体各方签订共同投标协议后，只能以一个投标人的身份投标，不得针对同一标段再以各自名义单独投标或者参加其他联合体投标。

第二十九条　投标人应当按照招标文件的要求编制投标文件，并对招标文件提出的实质性要求和条件做出响应。

第三十条　采用本办法规定的技术评分合理标价法和综合评标法的项目，投标文件由商务文件、技术建议书、财务建议书组成。商务文件和技术建议书应当密封于一个信封中，财务建议书密封于另一个信封中。上述两个信封应当再密封于同一信封内，成为一份投标文件。采用本办法规定的固定标价评分法的项目，投标文件由商务文件、技术建议书组成。商务文件和技术建议书应当密封于一个信封中，成为一份投标文件。投标文件及任何说明函件应当经投标人盖章，投标文件内的任何有文字页须经其法定代表人或者其授权的代理人签字。

第四章　开标、评标和中标

第三十一条　开标由招标人主持，邀请所有投标人的法定代表人或其授权的代理人参加。交通主管部门应当对开标过程进行监督。

第三十二条　开标时，由投标人或者其推选的代表检查投标文件的密封情况，也可以由招标人委托的公证机构进行检查并公证；经确认无误后，当众拆封商务文件和技术建议书所在的信封，宣读投标人名称和主要监理人员等内容。投标文件中财务建议书所在的信封在开标时不予拆封，由交通主管部门妥善保存。在评标委员会完成对投标人的商务文件和技术建议书的评分后，在交通主管部门的监督下，再由评标委员会拆封参与评分的投标人的财务建议书的信封。

第三十三条　开标过程应当记录，并存档备查。

第三十四条　投标人少于三个的，招标人应当重新招标。

第三十五条　招标人设有标底的，标底应当符合有关价格管理规定。标底应当综合考虑项目特点、要求投入的监理人员、配备的监理设备等因素。标底应当在开标时予以公布。招标人不设标底且不采用固定标价评分法的，招标人可以在规定的范围内设定投标报价上下限。

第三十六条　评标工作由招标人依法组建的评标委员会负责。对国家和交通部重点公路建设项目，评标委员会的专家应当从交通部设立的监理专家库中随机抽取，或者根据交通部授权从省级交通主管部门设立的监理专家库中随机抽取；其他公路建设项目评标委员会的专家从省级交通主管部门设立的监理专家库中随机抽取。

第三十七条　评标委员会应当按照招标文件确定的评标标准和方法，对投标文件进行评审和比较。未列入招标文件的评标标准和方法，不得作为评标的依据。

第三十八条　评标可以使用固定标价评分法、技术评分合理标价法、综合评标法以及法律、法规允许的其他评标方法。固定标价评分法，是指由招标人按照价格管理规定确定监理招标标段的公开标价，对投标人的商务文件和技术建议书进行评分，并按照得分由高至低排序，确定得分最高者为中标候选人的方法。技术评分合理标价法，是指对投标人的商务文件和技术建议书进行评分，并按照得分由高至低排序，确定得分前二名中的投标价较低者为中标候选人的方法。综合评标法，是指对投标人的商务文件和技术建议书、财务建议书进行评分、排序，确定得分最高者为中标候选人的方法。其中财务建议书的评分权值应当不超过10%。

第三十九条　评标委员会成员应当客观、公正地履行职务，遵守职业道德，对所提出的评审意见承担个人责任。评标委员会成员及参加评标的有关工作人员不得私下接触投标人，不得收受商业贿赂。

第四十条　评标委员会完成评标后，应当向招标人提交书面评标报告。评标报告应当包括以下内容：

（一）评标委员会的成员名单；

（二）开标记录情况；

（三）符合要求的投标人情况；

（四）评标采用的标准、评标办法；

（五）投标人排序；

（六）推荐的中标候选人；

（七）需要说明的其他事项。

第四十一条　招标人确定中标人后，应当及时向中标人发出中标通知书，并同时将中标结果告知所有的投标人。

第四十二条　招标人和中标人应当自中标通知书发出之日起30日内订立书面合同。招标人和中标人均不得提出招标文件和投标文件之外的任何其他条件。招标文件中要求中标人提交履约担保的，中标人应当按要求的金额、时间和形式提交。以保证金形式提交的，金额一般不得超过合同价的5%。

第四十三条 招标人应当在与中标人签订合同后的5个工作日内,向中标人和未中标的投标人退还投标保证金。

第五章 法律责任

第四十四条 违反本办法,由交通主管部门根据各自的职责权限按照《招标投标法》和有关法规、规章及本办法进行处罚。

第四十五条 招标人有下列情形之一的,交通主管部门责令其限期改正,根据情节可以处三万元以下的罚款:

(一)公开招标的项目未在国家指定的媒介发布招标公告的;

(二)应当公开招标而不公开招标的;

(三)不具备招标条件而进行招标的;

(四)资格预审文件及招标文件出售时限、潜在投标人提交资格预审申请文件的时限、投标人提交投标文件的时限少于规定时限的;

(五)在规定时限外接收资格预审申请文件和投标文件的。

第四十六条 评标过程中有下列情形之一的,评标无效,应当依法重新进行评标:

(一)使用招标文件没有确定的评标标准和方法评标的;

(二)评标标准和方法含有倾向或者排斥投标人的内容,妨碍或者限制投标人之间竞争,且影响评标结果的;

(三)应当回避担任评标委员会成员的人员参与评标的;

(四)评标委员会的组建及人员组成不符合法定要求的。

第四十七条 评标委员会成员及参加评标的有关工作人员收受投标人的商业贿赂,向他人透露对投标文件的评审和比较、中标候选人的推荐以及与评标有关的其他情况的,给予警告,没收收受的财物,可以并处三千元以上五万元以下的罚款,对评标委员会成员,如有上述违规行为,则取消其担任评标委员会成员的资格,不得再参加任何依法必须进行招标的项目的评标;构成犯罪的,依法追究刑事责任。

第四十八条 交通主管部门及其所属质量监督机构的工作人员违反本办法规定,在监理招标投标活动的监督管理工作中徇私舞弊、收受商业贿赂、滥用职权或者玩忽职守,构成犯罪的,依法追究刑事责任;不构成犯罪的,依法给予行政处分。

第六章 附 则

第四十九条 国际金融组织或者外国政府贷款、援助资金的公路工程项目,贷款方或者资金提供方对施工监理招标投标的具体条件和程序有不同规定的,可以适用其规定,但不得违背中华人民共和国的社会公众利益。

第五十条 本办法自2006年7月1日起施行。交通部1998年12月28日发布的《公路工程施工监理招标投标管理办法》(交通部令1998年第9号)同时废止。

附录二

监理旁站工序/部位表

公路工程监理旁站工序/部位一览表　　附表 2-1

单位工程	分部工程	分项工程	旁站工序或部位
路基工程	路基土石方工程	软土地基处治(碎石桩、塑排板、粉喷桩等)	试验工程
		土工合成材料处治层	试验工程
	大型挡土墙*	基础	混凝土浇筑
路面工程	路面工程	底基层、基层、垫层、联结层	试验工程
		沥青面层	试验工程
		水泥混凝土面层	试验工程、摊铺
桥梁工程	基础及下部构造	桩基	试桩、钢筋笼安放、混凝土浇筑
		地下连续墙	混凝土浇筑
		沉井灌注顶板混凝土	定位、下沉、浇注封底混凝土
		桩的制作、墩台帽、组合桥台	张拉、压浆
	上部构造预制和安装	预应力筋的加工和张拉	张拉、压浆
		转体施工拱	桥体预制、接头混凝土浇筑
		吊杆制作和安装	穿吊杆、预应力束张拉、压浆
	上部构造现场浇筑	预应力筋的加工和张拉	张拉、压浆
		主要构件浇筑、悬臂浇筑	主梁段混凝土浇筑、压浆
		劲性骨架混凝土拱、钢管混凝土拱	混凝土浇筑
	总体、桥面系和附属工程	桥面铺装	试验工程
		钢桥面板上沥青混凝土面层	试验工程、面层铺装
		伸缩缝安装,大型伸缩缝安装	首件安装
隧道工程	洞身衬砌	初期支护	试验工程
		混凝土衬砌	试验工程
	隧道路面	基层、面层	同路面工程基层、面层
	辅助施工措施	小导管周壁预注浆、深孔预注浆	注浆
交通安全设施	防护栏	混凝土防护栏	首段混凝土浇筑

注:互通交工程各分部、分项工程须旁站的工序同主线各相应分项工程规定。

机电工程监理旁站工序/部位一览表 附表 2-2

<table>
<tr><th>单位工程</th><th>分部工程</th><th>分项工程</th><th>规定旁站工序</th></tr>
<tr><td rowspan="27">机电工程</td><td rowspan="9">2 监控设施</td><td>2.1 车辆检测器</td><td>首个线圈布设、控制机箱安装</td></tr>
<tr><td>2.2 气象检测器</td><td>首个基础施工、首件设备安装</td></tr>
<tr><td>2.3 闭路电视监控系统</td><td>首个外场立柱基础施工、首个外场设备安装、首条视频电缆布放、室内设备以中心(分中心)为单位的安装</td></tr>
<tr><td>2.4 可变标志</td><td>可变情报板、首个可变标志基础施工,首个可变标志外场安装</td></tr>
<tr><td>2.5 光、电缆线路</td><td>开盘测试、前 5 条光、电缆布设施工、光缆接头和前 5 个电缆接头接续施工、接续测试、中继段测试</td></tr>
<tr><td>2.6 监控中心设备安装及软件调测</td><td>设备平面位置确定</td></tr>
<tr><td>2.7 地图板</td><td>拼接安装、调试</td></tr>
<tr><td>2.8 大屏幕投影系统</td><td>屏幕拼接安装、调试</td></tr>
<tr><td>2.9 计算机监控软件与网络</td><td></td></tr>
<tr><td rowspan="6">3 通信设施</td><td>3.1 通信管道与光、电缆线路</td><td>首区段管道、首个人(手)井施工,光、电缆线路同 2.5</td></tr>
<tr><td>3.2 光纤数字传输系统</td><td>首站设备安装</td></tr>
<tr><td>3.3 程控数字交换系统</td><td>首站设备安装</td></tr>
<tr><td>3.4 紧急电话系统</td><td>首对外场单机安装和控制台安装</td></tr>
<tr><td>3.5 无线移动通信系统</td><td>基站设备安装</td></tr>
<tr><td>3.6 通信电源</td><td>首站设备安装</td></tr>
<tr><td rowspan="9">4 收费设施</td><td>4.1 入口车道设备</td><td>首站车道设备安装</td></tr>
<tr><td>4.2 出口车道设备</td><td>首站车道设备安装</td></tr>
<tr><td>4.3 收费站设备及软件</td><td>首站收费设备安装</td></tr>
<tr><td>4.4 收费中心设备及软件</td><td>中心设备安装</td></tr>
<tr><td>4.5 IC 卡及发卡编码系统</td><td>首站 IC 卡机安装</td></tr>
<tr><td>4.6 闭路电视监视系统</td><td>首个外场立柱基础施工、首个外场设备安装、首条视频电缆布放、室内设备以中心(分中心)为单位的安装</td></tr>
<tr><td>4.7 内部有线对讲及紧急报警系统</td><td>首站对讲分机、主机、报警设备安装</td></tr>
<tr><td>4.8 站内光、电缆线路</td><td>首站光、电缆布设</td></tr>
<tr><td>4.9 收费系统计算机网络</td><td>首站收费计算机网络设备安装</td></tr>
<tr><td rowspan="2">5 低压配电设施</td><td>5.1 中心(站)内低压配电设施</td><td>首站低压配电设备安装</td></tr>
<tr><td>5.2 外场设施电力电缆</td><td>前 3 条电力电缆布设施工、前 3 条电力电缆接头</td></tr>
</table>

续上表

单位工程	分部工程	分项工程	规定旁站工序
机电工程	6 照明设施	照明设施	前3条基低杆、高杆基础施工，前3根低、高杆安装，首站照明控制设备安装
	7 隧道机电设施	7.1 车辆检测器	同2.1
		7.2 气象检测器	同2.2
		7.3 闭路电视监视系统	同2.3
		7.4 紧急电话系统	首对隧道单机安装
		7.5 环境检测设备	首个控制箱、探头安装
		7.6 报警与诱导设施	首个控制箱、诱导设施安装
		7.7 可变标志	同2.4
		7.8 通风设施	前2对风机安装
		7.9 照明设施	首个控制箱、前20个灯具安装
		7.10 消防设施	首个隧道系统设施安装和管道试压
		7.11 本地控制器	首个控制器安装
		7.12 隧道监控中心计算机控制系统	中心设备安装
		7.13 隧道监控中心计算机网络	中心设备安装
		7.14 低压供配电	首个低压供配电柜安装，前3条电缆布设和电缆接头
	其他	8.1 机电系统新设备、材料	首件新设备、新材料安装
		8.2 机电工程施工新工艺	首次新施工新工艺施工过程

注：表中分部、分项工程编号引自《公路工程质量检验评定标准——第二册·机电工程》(JTG F80/2)。

附录三

监理记录

________工程项目巡视记录　　附表 3-1

编号________

施工单位		合同号	
巡视监理		日期	
起始时间		终止时间	
巡视范围、主要部位、工序			
施工单位主要施工项目、人员到位、工艺合规性简述			
巡视人主要巡检数据记录			
巡视人发现的问题及处理情况简述			

________工程项目旁站记录　　　　附表 3-2

编号________

施工单位		合同号	
旁站监理		日期	
到场时间		离场时间	
质检人员		部位或桩号	
天气			
旁站工序或主要工作内容			
施工过程简述			
监理工作简述			
主要数据记录			
发现问题及处理结果			

________工程项目监理日志

附表 3-3

编号________

监理机构		所辖合同号	
记录人		日期	
审核人		日期	
天气			
各合同段主要施工项目简述			
监理机构主要工作简述（审批、验收、旁站、指令、会议等）			
就有关问题与建设单位、施工单位等进行澄清或处理的情况简述			

______________工程项目监理指令单

附表 3-4

编号________

施工单位		合同号	
监理单位		监理机构	
签发人		日期	

致(施工单位)________:

(阐述指令依据、不符合规定的事实及整改要求等)。

请于________年________月________日前回复

抄报(送):

签收人		日期	

______________工程项目中间交工证书　　　　附表 3-5

编号________

施工单位		合同号	
监理单位		监理机构	
中间交工内容(桩号、项目划分、工程项目、工程数量)			
施工单位签字		申请日期	
监理接收人		接收日期	
监理机构对施工单位中间交工申请的评述意见及其结论			
监理机构签字		日期	
施工单位签字		日期	

附录四

试题及参考答案

2004 年公路工程监理工程师执业资格考试
《监理理论》试题

一、单选题(下列各题中,只有一个备选项最符合题意,请将该选项的代号填入括号,如果选错或不选不得分,每题 1 分,共 20 分)

1. 把对工程的(　　)交给监理工程师,是执行好监理制度的关键。

   A. 工程费用支付的签认和否决权　　B. 停工与返工权

   C. 旁站和验收权　　D. 验收和计量权

2. 在工程项目建设中,始终处于主要负责者地位的是(　　)。

   A. 项目法人　　B. 监理单位

   C. 承包人　　D. 政府建设主管部门

3. 监理工程师对结构物混凝土体积进行计量,应以(　　)为准。

   A. 合同图纸净尺寸　　B. 现场实际测量尺寸

   C. 与业主协商确定　　D. 与承包人共同确认

4. 在公路工程监理过程中,承包人应当按照(　　)的规定接受监理。

   A. 公路工程承包合同　　B. 公路工程监理合同

   C. 监理单位给承包人的书面通知　　D. 项目法人给承包人的书面通知书

5. (　　)是一项由业主提供给承包人用做开工费用的无息款项。

   A. 暂定金额　　B. 动员预付款

   C. 保留金　　D. 计日工

6. 承包人的质量控制主要靠(　　)来实现。

   A. 监理工程师的监控　　B. 质量监督部门的监督

   C. 承包人的质量自检体系　　D. 业主提供的条件

7. 公路工程施工质量监理程序的第一个环节是(　　)。

   A. 承包人自检　　B. 承包人填报《质量验收通知单》

   C. 承包人填报《开工申请单》　　D. 监理抽检质量

8. (　　)就是预先分析目标偏离的可能性,并拟订和采取各项预防性措施,以使计划目标得以实现。

A. 全面控制　　B. 主动控制

C. 被动控制　　D. 反馈控制

9. 某公路工程在缺陷责任期内，由于洪水造成了该公路的损坏，其修复费用应由(　　)承担。

A. 承包人　　B. 设计单位

C. 运营单位　　D. 业主

10. 命令源最多的组织结构形式是(　　)。

A. 直线式　　B. 职能式

C. 矩阵式　　D. 直线职能式

11. 风险管理中(　　)工作最重要。

A. 风险的预测和识别　　B. 风险分析和预估

C. 规定并决策　　D. 风险回避

12. 如果某项工作拖延的时间超过其局部时差但没有超过总时差，则(　　)

A. 其紧后工作不能按最早时间开工　　B. 会影响工程总工期

C. 该项工作会变成关键工作　　D. 对后续工作工期与总工期无影响

13. 承包人开挖基坑的范围超过了合同技术规范规定的超挖上限，虽然没有变更令，监理工程师(　　)。

A. 可以根据实际情况对超挖部分予以计量　B. 对超过上限部分不予计量

C. 与承包人协商处理

14. 路面水泥稳定基层摊铺时混合料的含水量宜高于最佳含水量的(　　)，以补偿摊铺及碾压过程中的水分损失。

A. 0.5% ~ 1.0%　　B. 1.0% ~ 1.5%

C. 1.0% ~ 2.0%　　D. 2.0% ~ 2.5%

15. 业主在选择监理工程师(单位)时考虑的因素有(　　)。

A. 技术评价　　B. 既考虑技术方面评价，也考虑费用的评价

C. 对监理单位的经济实力评价　　D. 费用评价

16. 监理合同的标的是(　　)。

A. 酬金　　B. 工程项目

C. 技术与酬金　　D. 设计图纸

17. 每一个控制过程都是经过投入、转换、(　　)、对比、纠正等基本步骤。

A. 检查　　B. 分析

C. 反馈　　D. 决策

18. 在建设工程的实施过程中，如果提高工程质量标准，一般会导致(　　)。

A. 投资增加，工期缩短　　B. 投资减少，工期延长

C. 投资增加，工期延长　　D. 投资减少，工期缩短

19. 在一组数据中最大值与最小值之差称为(　　)。

A. 中位数　　B. 极差

C. 标准差　　D. 变异系数

20. 在采用邀请招标方式选择公路工程监理单位时，邀请的监理投标单位最少不得少于(　　)家。

A. 3　　B. 4

C. 5　　D. 8

二、多选题(在下列各题的备选答案中，有两个及两个以上的备选选项符合题意，请将其代号填入括号内；若选项中有错误，该题不得分；选项正确但不完全的每个选项给 0.5 分；完全正确得满分。每题 2 分，共 40 分)

1. 下列违约中属于承包人一般违约的有(　　)。

A. 无正当理由不开工或拖延工期

B. 未按合同照管好工程

C. 由于承包人的责任，使业主的利益受到损害

D. 无视监理工程师的警告，使业主的利益受到损害

2. 组织设计的原则包括(　　)。

A. 目的性原则　　B. 有效管理跨度原则

C. 精简的原则　　D. 集权与分权相结合原则

E. 责、权、力、效、利相匹配的原则

3. 工程监理的相关学科是(　　)。

A. 系统工程　　B. 经济管理学

C. 投资学　　D. 技术经济学

E. 组织学　　F. 工程监理学

4. 监理工程师必须在确认延期事件中满足(　　)条件后，才能受理工程延期申请。

A. 由于非承包人的责任，工程不能按原定工期完工

B. 延期情况发生后，承包人在合同规定期限内向监理工程师发出工程延期的通知

C. 未经监理工程师同意，随意分包工程，或将整个工程分包出去

D. 延期时间终止后，承包人在合同规定的期限内，向监理工程师提交正式的延期申请报告

E. 承包人承诺继续按合同规定向监理工程师提交有关延期的相关资料，并根据监理工程师的要求随时提供有关证明

5. 我国《公路工程施工监理合同范本》由(　　)组成。

A. 合同协议书　　B. 合同通用条款

C. 合同所列的技术标准　　D. 合同所定的监理职责及业主授权

E. 合同专用条款　　F. 附件

6. 监理工程师对进度计划的审查内容为(　　)。

A. 工期安排的合理性　　B. 施工准备的可靠性

C. 计划与能力的适应性　　D. 机械设备的协调性

E. 实现目标的准确性

7. 在合同支付的项目中，业主先支付给承包人，并在一定期间又要扣回的款项有(　　)。

A. 保留金　　B. 动员预付款

C. 索赔费用　　D. 延迟付款利息
E. 材料预付款

8. 在工程网络计划中，关键线路是指(　　)的线路。
A. 双代号网络计划中没有虚箭线
B. 时标网络计划中没有波形线
C. 单代号网络计划中相邻两项工作之间间隔均为零
D. 双代号网络计划中由关键节点组成

9. 工作之间的逻辑关系包括(　　)。
A. 工艺关系　　B. 紧前工作
C. 紧后工作　　D. 组织关系
E. 先行工作　　F. 后续工作

10. 工程项目建设承发包的形式按计价方式不同分为(　　)。
A. 固定总价合同　　B. 固定单价合同
C. 计量估价合同　　D. 成本加酬金合同

11. 有节奏流水施工的种类有(　　)。
A. 等节奏流水施工　　B. 等步距异节奏
C. 异步距异节奏　　D. 变化步距节奏

12. 进度监理的基本方法有(　　)。
A. 横道图法　　B. S 曲线法
C. 斜条图法　　D. 网络计划图法

13. 公路工程计量的原则是(　　)。
A. 不符合合同文件要求的工程不计量
B. 承包人手续不全不计量
C. 按合同文件规定的方法、范围、内容、单位计量
D. 按监理工程师同意的方法计量
E. 按习惯计量的方法计量

14. 在工程项目实施过程中(　　)应接受政府监督。
A. 业主　　B. 监理单位
C. 材料设备供应单位　　D. 承包人

15. 在工程项目建设管理的组织结构模式有(　　)。
A. 工程项目总承包模式　　B. 工程指挥管理模式
C. 交钥匙管理模式　　D. 业主自管模式
E. 社会监理管理模式

16. 路基压实度可用(　　)检测。
A. 灌砂法　　B. 环刀法
C. 核子密度仪器法　　D. 钻孔取芯法

17. 质量控制中比较常用而有效的统计方法有(　　)。
A. 频数分布直方图法　　B. 排列图法

C. 控制图法　　　　D. 加权平均法

E. 因果分析图法

18. 在工程项目建设监理的目标中,(　　)必须优先予以保证。

A. 安全可靠性　　　　B. 投资费用

C. 使用功能　　　　D. 施工质量

E. 工程进度

19. 在工程量清单的编制工作中,工程量计算的依据是(　　)。

A. 设计图纸　　　　B. 工程定额

C. 项目编号　　　　D. 工程量计算规则

20. 工程质量监理的主要方法有(　　)。

A. 旁站　　　　B. 试验

C. 抽检　　　　D. 工序控制

三、判断题(正确的在括号内画"√",错误的画"×";每题1分,共10分)

1. 监理工程师是施工合同文件中授权承担工程监理工作的个人。(　　)

2. 当监理中心试验室试验结果与承包人的试验结果出现允许误差以外的差异时,一般以承包人的试验结果为准。(　　)

3. 承包人的质量负责人在工序施工中可不在现场,但在自检和监理工程师验收时,必须亲临现场。(　　)

4. 工程施工过程中的费用监理,主要是对工程计量与支付的监督和管理。(　　)

5. 业主如不同意项目总监理工程师下达的工程指令,可直接向承包人下达更改指令。(　　)

6. 监理工程师可指令承包人按设计完成特殊的、较小的变更工程或附加工程。(　　)

7. PDCA管理循环的四个阶段,符合"实践—认识—再实践—再认识"的规律。(　　)

8. 工程质量监理是监理工程师对一项工程实行全过程、全方位、全天候的旁站。(　　)

9. 只要业主同意,承包人就可雇佣任何分包商而无需监理审查批准。(　　)

10. 已经支付过材料预付款的材料,其所有权归业主。(　　)

四、简答题(要求简明扼要,每题5分,共10分)

1. 什么是合同的变更、转让?

2. 简述与工程施工监理活动相关的各行为主体之间的关系。

五、论述题(每题10分,共20分)

1. 某承包人在1月份完成了3座涵洞和500m^3土方,但是涵洞洞身混凝土试件的7天抗压强度试验结果未达到要求。试述监理工程师能否同意承包人申报1月份的工程量。

2. 试述监理工程师在质量监理、进度监理、费用监理方面的职责和权限。

参考答案

一、单选题

1. A;　2. A;　3. A;　4. A;　5. B;　6. C;　7. C;　8. B;　9. D;　10. B;

11. A； 12. A； 13. B； 14. A； 15. B； 16. C； 17. C； 18. C； 19. B； 20. A

二、多选题

1. BC； 2. ABDE； 3. CDEF； 4. ABDE； 5. ABEF；
6. ABC； 7. BE； 8. BC； 9. AD； 10. ABCD；
11. ABC； 12. ABCD； 13. ACD(或选 B 不扣分)； 14. ABCD；
15. BDE； 16. ABC； 17. ABCE； 18. ACD； 19. AD；
20. ABCD

三、判断题

1. ×； 2. ×； 3. ×； 4. √； 5. ×； 6. √； 7. √； 8. ×； 9. ×； 10. √

四、简答题

略。

五、论述题

略。

2005 年公路工程监理工程师执业资格考试
《监理理论》试题(A 卷)

一、单选题(下列各题中,只有一个备选项最符合题意,请将你认为最符合题意的一个备选项序号填在括号内,选错或不选不得分。每题 1 分,共 20 分)

1. 如果不具有(　　),监理就难以保证三大目标的实现。
A. 科学性　　B. 服务性
C. 独立性　　D. 委托性

2. 公路工程施工过程中,施工监理的主要依据是(　　)。
A. 监理委托合同及施工承包合同　　B. 建设单位的会议纪要
C. 设计合同文件　　D. 质量监督信息

3. 已经运到施工现场的施工机械设备是承包人资产,承包人可以(　　)。
A. 自由调用　　B. 经业主同意后,可自由调用
C. 经监理批准即可自由调用　　C. 经监理批准,业主同意,才能自由调用

4. 在法律上,合同的签订可分为要约和承诺两个阶段,一般认为(　　)。
A. 工程招标是要约,工程投标是承诺
B. 工程招标是要约,工程投标是再要约,定标则是承诺
C. 工程招标是要约邀请,工程投标是要约,定标则是承诺
D. 工程招标、投标是要约,定标则是承诺

5. 设计单位、监理工程师、承包人均可按照规定程序提出设计变更要求,但必须经过(　　)的批准才能生效。
A. 工程专家　　B. 监理工程师
C. 总监理工程师　　D. 业主

6. 承包人的费用索赔是指承包人由于(　　)原因而造成的费用损失或增加而向业主提

出的费用补偿要求。

A. 不可遇见因素　　B. 天气因素

C. 业主因素　　D. 非承包人自身

7. 按《公路工程施工监理规范》规定，各类高级监理人员一般应占监理人数的(　　)以上。

A. 5%　　B. 10%

C. 15%　　D. 20%

8. (　　)就是预先分析目标偏离的可能性，并拟订和采取各项预防性措施，以便计划目标得以实现。

A. 全面控制　　B. 主动控制

C. 被动控制　　D. 反馈控制

9. 下列属于工程进度监理职责与权限的是(　　)。

A. 主持开工前的第一次工地会议

B. 签发动员预付款支付证书

C. 审批承包人在开工前提交的现金流动计划

D. 签发各项工程的开工通知单

10. 进度控制中横道图是常用图之一，以下四项中哪一项不是其优点(　　)。

A. 形象直观　　B. 搭接关系明确

C. 逻辑关系严谨　　C. 制作方便快捷

11. (　　)不是确定关键线路的方法。

A. 线路枚举法　　B. 关键工作法

C. 关键节点法　　D. S 曲线法

12. 除工地试验室外，承包人试验室还包括(　　)。

A. 中心试验室　　B. 流动试验室

C. 检测中心　　D. 质检站试验室

13. (　　)不是质量检验的方法。

A. 目测法　　B. 量测法

C. 分层法　　D. 试验法

14. (　　)不是工程费用的部分。

A. 间接成本　　B. 设备费

C. 法定税金　　D. 利润

15. (　　)不是公路工程建设资金的筹资方式。

A. 政府特许经营　　B. 成立政府项目责任公司

C. 发放国债　　D. 群众集资

16. 工程计量时，应以(　　)的数量为准。

A. 图纸给定　　B. 工程量清单

C. 实际完成　　D. 实际完成并经监理签认

17. 工程支付必须以(　　)为基础。

A. 工程质量　　B. 工程进度

C. 工程计量　　D. 工程量清单

18. 质量缺陷的处理方案一般应由(　　)提出。

A. 施工单位　　B. 建设单位

C. 监理单位　　D. 设计单位

19. ( )不是监理月报的内容。

A. 工程描述　　B. 监理收发函件

C. 工程质量、进度、支付状况　　D. 监理工作执行情况

20.《公路工程施工监理规范》明确的监理技术档案不包括(　　)。

A. 现场指令　　B. 监理日报

C. 检查记录　　D. 试验记录

二、多选题(在下列各题的备选答案中,至少有两个选项符合题意,请将其代号填入括号内;若选项有错误,该题不得分;选项正确但不完全的每项给 0.5 分;完全正确得满分。每题 2 分,共 40 分)

1. (　　)属于项目监理组织内部工作制度。

A. 监理组织工作会议制度　　B. 监理工作日志制度

C. 施工图纸会审制度　　D. 监理周报制度

E. 技术经济签证制度

2. 公路建设必须招标的项目有(　　)。

A. 投资 3000 万元以上　　B. 单项合同价 200 万元以上

C. 材料设备单项合同 100 万元以上　　D. 设计、监理费单项合同 50 万元以上

E. 国家机密工程

3. 以下属于总监理工程师的职责与权限的有(　　)。

A. 审查批准工程建设合同　　B. 审查批准工程延期

C. 签发工程支付证书　　D. 处理重大质量事故

4. 在公路工程施工项目监理的目标中,(　　)必须优先予以保证。

A. 安全可靠性　　B. 投资费用

C. 使用功能　　D. 施工质量

E. 工程进度

5. 监理目标控制的前提工作是(　　)。

A. 目标规划和计划　　B. 落实好控制机构、人员和职能

C. 与被监理单位的充分协商　　D. 与业主合作监理

E. 落实全部项目建设资金

6. 月(季)度施工进度计划包括(　　)。

A. 工程施工总进度计划　　B. 分项工程施工进度计划

C. 设备、材料采购计划　　D. 资金流动计划与施工人员安排计划

7. 提交总进度计划应包括下述内容(　　)。

A. 总进度计划　　B. 关键工程进度计划

C. 现金流动计划　　D. 施工组织计划

E. 进度计划调整方案

8. 工程进度事中控制过程中应重点做好下列工作（ ）。

A. 编制项目实施总进度计划　　B. 工程进度检查

C. 按合同要求进行工程计量验收　　D. 进度计量签证

E. 建立工程进度状况监理日志

9. 施工进度滞后时，监理工程师可建议承包人加快进度的措施有（ ）。

A. 采取技术措施，缩短工艺流程　　B. 增加设备和人员

C. 改善劳动条件和福利　　D. 开辟新的工作面

E. 加班加点　　F. 加强现场管理

10.（ ）是评价项目施工质量的尺度。

A. 质量检验评定标准　　B. 合同文件

C. 设计文件　　D. 质量数据

E. 工程验收资料　　F. 质量评定资料

11. 质量监理分为（ ）几个阶段。

A. 施工准备阶段　　B. 施工阶段

C. 竣工验收阶段　　D. 交工及缺陷责任期阶段

12. 监理工程师书面指示进行某项检查试验，届时他既未出席，又未发布其他指令，承包人应（ ）。

A. 推迟试验等待监理工程师出席　　B. 自行试验

C. 将试验记录送监理工程师　　D. 质量是否合格由试验数据判定

E. 不必试验，书面请求监理工程师承诺该部分产品合格

13. 施工人员素质是影响工程质量的主要因素之一，除此之外还有（ ）。

A. 工程材料　　B. 机械设备

C. 工艺方法　　D. 环境条件

14. 根据建设任务、施工管理和质量检验评定需要，公路建设项目可划分为（ ）。

A. 单位工程　　B. 单项工程

C. 重点工程　　D. 一般工程

E. 部分工程　　F. 分项工程

15. 施工现场经费包括（ ）。

A. 施工技术装备费　　B. 临时设备费

C. 施工机构迁移费　　D. 现场管理费

16. 工程计量的主要文件（可能是依据）包括（ ）。

A. 工程量的主要及说明　　B. 合同图纸

C. 工程变更及修订的工程量清单　　D. 合同条件

E. 技术规范及有关计量的补充协议

17. 承包人在完成较小附加工程后申请计日工支付时，应提供（ ）。

A. 用工清单　　B. 材料清单

C. 设备清单　　D. 费用清单

E. 工程量清单

18. 竣工验收时,有关各方提交的工作报告应包括(　　)。

A. 设计工作报告　　B. 监理工作报告

C. 生产安全报告　　D. 项目执行报告

E. 质量监督工作报告及工程质量签定　　F. 环境保护情况报告

19. 第一次工地会议参加者应包括(　　)。

A. 业主　　B. 承包人

C. 监理工程师　　D. 项目部担任主要职务的部门负责人

E. 一般分包人

20. 公路工程施工监理合同协议书附件由(　　)组成。

A. 监理服务形式、范围、内容　　B. 业主提供的监理工作条件

C. 监理人员的数量、结构　　D. 监理费与支付

三、判断题(正确的在括号内画"✓",错误的画"×";每题 1 分,共 10 分)

1. 工程监理的实质是监理工程师在工程管理中处于核心地位,运用业主授予的权力,对三大目标实行全面监理。(　　)

2. 承包人提出的变更与监理提出的变更一样,一旦获得批准,承包人有权获得额外的费用补偿。(　　)

3.《公路工程施工监理招标评标办法》规定:国内项目工程监理投标价高于概算定额建安工程费的 1.4%,其投标无效。(　　)

4. 监理单位只有具备了维护其独立性、公正性需要的条件和从事监理工作应当具备的人员素质、专业技能、管理水平、监理经验等条件,才能有效地开展工程建设监理业务。(　　)

5 . 监理工程师在进行进度控制时,要明确进度计划不变是绝对的,变是相对的。(　　)

6. 在公路工程项目的实施性网络计划图中,关键线路的数量越多,每个工作的控制越能到位,进度监理就越容易。(　　)

7. 在工程缺陷责任期,如果发现已交工程的任何工程缺陷或工程质量不合格,若施工单位没有执行监理工程师的修复指示,建设单位有权安排修补缺陷,监理工程师应确定费用,并在支付承包人的款项中扣除。(　　)

8. 第一次工地会议是监理工程师检查承包人的施工准备情况的一次会议。(　　)

9. 对监理人员履行职责的能力、表现和职业道德进行评价、考核和处理是总监理工程师的职责和权限。(　　)

10. 对不符合技术规范和合同条件要求的工程项目,监理工程师有权暂时拒绝支付。(　　)

四、综合分析题(每题 15 分,共 30 分)

1. 简述监理工程师在施工准备阶段的主要任务。

2. 某高速公路工程全长 160km,跨甲、乙两省市,划分为甲 1、甲 2、甲 3 和乙 1、乙 2 五个施工合同段,并相应设置现场监理结构。请按照监理规范的要求,选择适当的监理组织形式,画出监理组织结构图,并分析该组织模式的优缺点。

参考答案

一、单选题

1. A；　2. A；　3. C；　4. C；　5. B；　6. D；　7. B；　8. B；　9. C；　10. C；
11. D；　12. B；　13. C；　14. B；　15. D；　16. D；　17. C；　18. A；　19. B；　20. B

二、多选题

1. ABD；　2. ABCD；　3. BCD；　4. ACD；　5. AB；
6. BCD；　7. BC；　8. BCDE；　9. ABDE；　10. ABC；
11. ABD；　12. BCD；　13. ABCD；　14. AEF；　15. BD；
16. ABCDE；　17. ABCD；　18. ABCDE；　19. ABCD；　20. ABD

三、判断题

1. ✓；　2. ×；　3. ×；　4. ✓；　5. ×；　6. ×；　7. ✓；　8. ×；　9. ✓；　10. ✓

四、综合分析题

1. 答：答案要点如下（参见《公路工程施工监理规范》3.3.1）：
(1)参加施工招标，熟悉施工设计文件；
(2)制订详细的监理工作计划；
(3)发布开工令；
(4)召开第一次工地会议；
(5)审批承包人的工程进度计划（含施工组织设计）；
(6)审批承包人的质量保证体系；
(7)检查承包人的进场材料；
(8)审批承包人的标准试验；
(9)检查承包人的保险及担保，支付动员预付款；
(10)审查承包人的施工机械设备；
(11)验收承包人的施工定线；
(12)验收承包人测定的地面线；
(13)审批承包人提前的施工图；
(14)检查承包人占用工程场地；
(15)监理其他与保证工期开工有关的施工准备工作。

2. 答：(1)按照现行《公路工程施工监理规范》，现场监理机构一般按工程招标合同段设置基层机构，可视情况分别设置一级、二级或三级监理结构。由于该工程为跨省市，根据监理机构设置的适用条件，应设置三级监理结构，有 4 种监理组织结构可供选择：直线式、职能式、直线—职能式、矩阵式，一般常用的是直线式或直线职能式。本题以直线式为例。

(2)画直线式结构图如附录图 5-1：

该项目采用直线式监理组织结构很适用。根据合同段的数量可设置五个合同段驻地办公室。

(3)直线式监理组织具有结构简单、职责分明、权力集中、命令统一、决策迅速、指挥灵活

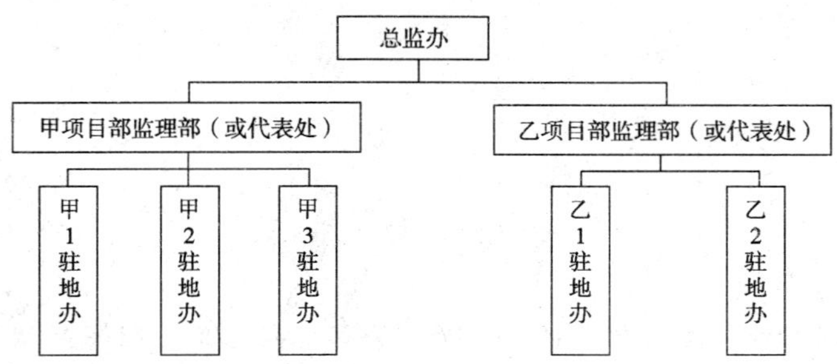

附图 5-1 直线式结构图

等优点;其缺点是结构呆板,专业分工差,横向联系困难等。

（如果采用直线—职能式等形式的特点叙述也可,但结构图要一致。）

参考文献

[1] 中华人民共和国行业标准. JTG G10—2006 公路工程施工监理规范. 北京:人民交通出版社,2006

[2] 中华人民共和国行业标准. 公路工程竣(交)工验收办法. 北京:人民交通出版社,2004

[3] 国际咨询工程师联合会(FIDIC). 土木工程施工合同条件应用指南. 北京:人民交通出版社,1992

[4] 中华人民共和国行业标准. 公路工程国内招标文件范本. 北京:人民交通出版社,1999

[5] 刘健新. 监理概论. 北京:人民交通出版社,1999

[6] 唐杰军,蒋玲. 公路施工监理. 北京:人民交通出版社,2006.9

[7] 林密. 土木工程监理概论. 北京:科学出版社,2004

[8] 巩天真,张泽平,梁晓春. 建设工程监理概论. 北京:北京大学出版社,2006

[9] 刘三会. 公路工程监理. 北京:机械工业出版社,2005

[10] 姜早龙,刘志彤. 建设工程监理基本理论与相关法规. 大连:大连理工大学出版社,2006

[11] 廖品槐,刘武. 公路工程监理. 北京:机械工业出版社,2005

[12] 李宇峙. 工程质量监理. 北京:人民交通出版社,1999

[13] 邬晓光. 工程进度监理. 北京:人民交通出版社,1999

[14] 张建仁. 工程费用监理. 北京:人民交通出版社,1999

[15] 文德云. 公路施工安全技术(公路施工现场技术人员培训教材). 北京:人民交通出版社,2003

[16] 文德云. 公路工程施工现场控制要点. 北京:人民交通出版社,2003

[17] 文德云. 公路工程施工监理质量控制技术手册. 北京:人民交通出版社,2006

[18] 交通公路司,等. 公路工程施工监理手册. 北京:人民交通出版社,1999

[19] 刘吉士. 公路工程施工监理实务. 北京:人民交通出版社,1999

[20] 熊焕荣. 公路路基路面施工监理指南. 北京:人民交通出版社,2001

[21] 公路工程建设与质量检验丛书编委会. 公路工程监理. 北京:中国标准出版社,2003

[22] 戴明新. 交通工程环境监理. 北京:人民交通出版社,2005

[23] 张晓强. 公路工程施工监理. 黄河水利出版社,2000

[24] 蒋玲. 道路建筑材料. 北京:机械工业出版社,2005

[25] 陈立道. 建设安全监理. 北京:中国电力出版社,2002

[26] 祁宁春,等. 工程建设监理概论. 北京:水利电力出版社,1999

[27] 李文不,公路工程施工监理基础. 北京:人民交通出版社,2002

[28] 杨劲,李世容. 建设项目进度控制. 北京:地震出版社,1993

[29] 雷俊卿,等. 土木工程项目管理手册. 北京:人民交通出版社,1995

[30] 浙江省交通厅工程质量监督站. 公路施工环境保护监理. 北京:人民交通出版社,2005
[31] 张向东,周宇. 工程建设监理概论. 北京:机械工业出版社,2005
[32] 李文儒,杨永顺. 实用公路工程监理指南. 北京:人民交通出版社,2002